教育部职业教育与成人教育司推荐教材
专业基础课教学用书

电工电子技术基础

（下 册 电 子）

教育部机械职业教育教学指导委员会
中国机械工业教育协会 组编
主编 夏奇兵
参编 刘志超 吴南星
程远东 李冬冬
主审 李怀甫

机械工业出版社

《电工电子技术基础》教材分上册、下册及实验与实训三部分，本书为下册（电子技术部分）。

本书内容包括：半导体二极管和整流电路，半导体三极管和基本放大电路，集成运算放大器，正弦波振荡电路，直流电源稳压、调压电路，逻辑门电路和组合逻辑电路，触发器和时序逻辑电路，脉冲信号的产生与整形，A/D 转换器和 D/A 转换器。

本书可作为高职高专数控技术应用、机电技术等专业基础课教材，也可供相关专业技术人员参考。

图书在版编目（CIP）数据

电工电子技术基础．下册，电子/夏奇兵主编．—北京：机械工业出版社，2005.1（2018.9 重印）
教育部职业教育与成人教育司推荐教材
专业基础课教学用书
ISBN 978-7-111-15983-4

Ⅰ．电…　Ⅱ．夏…　Ⅲ．①电工技术-高等学校：技术学校-教材②电子技术-高等学校：技术学校-教材
Ⅳ．①TM②TN

中国版本图书馆 CIP 数据核字（2004）第 143399 号

机械工业出版社（北京市百万庄大街 22 号　邮政编码 100037）
策划编辑：王世刚　于奇慧
责任编辑：高　倩　于奇慧
版式设计：冉晓华　责任校对：吴美英　责任印制：常天培
北京京丰印刷厂印刷
2018 年 9 月第 1 版 · 第 12 次印刷
184mm×260mm · 12.5 印张 · 304 千字
26 501—27 500 册
标准书号：ISBN 978-7-111-15983-4
定价：29.00 元

凡购本书，如有缺页、倒页、脱页，由本社发行部调换

电话服务	网络服务
社服务中心：(010) 88361066	教 材 网：http://www.cmpedu.com
销 售 一 部：(010) 68326294	机工官网：http://www.cmpbook.com
销 售 二 部：(010) 88379649	机工官博：http://weibo.com/cmp1952
读者购书热线：(010) 88379203	封面无防伪标均为盗版

前言

为了加强高等职业技术教育的教学改革，推进素质教育，培养面向生产、管理、服务第一线的应用型高级技术人才，根据教育部高职高专培养目标的要求，我们认真分析、研讨了五年制高等职业技术教育机电类专业教学计划，根据机电类各专业对电工电子技术的基本要求，编写了《电工电子技术基础》教材。本套教材分上册、下册及实验与实训三部分，本书为下册（电子技术部分）。

本书结合高职高专教育的特点和要求，注重以人为本的教学理念，同时结合五年制学生的生源特点，突出以能力为本位和学以致用的原则，在内容的编排方面，以培养学生会思考、会学习、会应用为出发点，简明扼要，注意讲清基本概念，注重基本概念的应用，减少理论推导，力求深入浅出，分析准确，内容适度、够用，结合专业实际，不仅开拓学生视野，还为学生学习后续课程打下一定基础。在充分考虑教学需要、自学需要和从事实际工作需要的基础上，力求遵循理论联系实际、用理论指导实践的教学原则，在问题的阐述方面力求作到通俗易懂、突出实际应用。

本书由上海电机学院的夏奇兵任主编，上海电机学院的刘志超、安徽机电职业技术学院的吴南星、四川省电子工业学校的程远东、辽宁机电职业技术学院的李冬冬参编。其中第一章和第四章由程远东编写，第二章由刘志超编写，第三章由吴南星编写，第六章由李冬冬编写，第五章、第七章、第八章和第九章由夏奇兵编写。

本书由四川省电子工业学校的李怀甫副教授主审，他对全书进行了认真、仔细的审阅，提出了许多具体、宝贵的意见，谨在此表示诚挚的感谢。

由于我们水平有限，编写时间仓促，书中难免有错误和不当之处，恳请广大读者批评指正。

编　者

目　录

第一章　半导体二极管和整流电路

半导体二极管是用半导体晶体材料制成的，所以，又称晶体二极管。半导体二极管在各种电子线路中有着广泛的用途。本章先讨论半导体的基本知识，再介绍二极管的结构、特点和主要参数，然后分别介绍整流电路、滤波电路、稳压电路及二极管的测试。

第一节　半导体二极管

一、半导体概述

自然界存在各种不同性质的物质，按导电能力强弱可分为导体、绝缘体和半导体，导电能力介于导体和绝缘体之间的物质叫半导体。常用的半导体材料有硅、锗、硒、砷化镓等，硅和锗都是四价元素，原子核最外层有四个价电子。

半导体还具有一些特殊的性质，如光敏特性、热敏特性及掺杂特性等。即半导体受到光照和热的辐射，或在纯净的半导体中掺入微量的其他元素（也叫“杂质”）后，它的导电能力将有明显的改善。利用半导体的这些特性可制造出具有不同性能的半导体器件。

1. 本征半导体

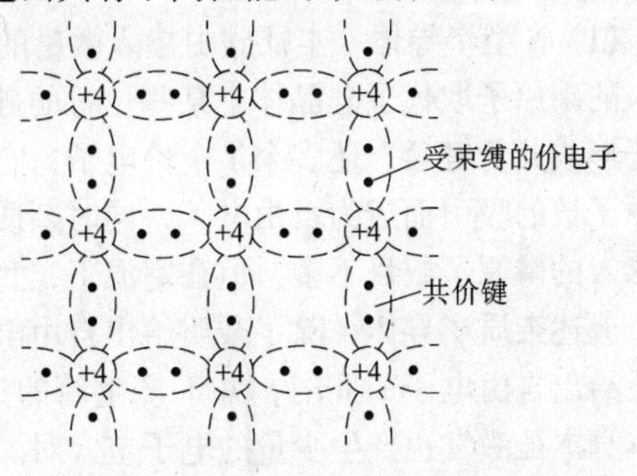

图 1-1　硅晶体的共价键结构

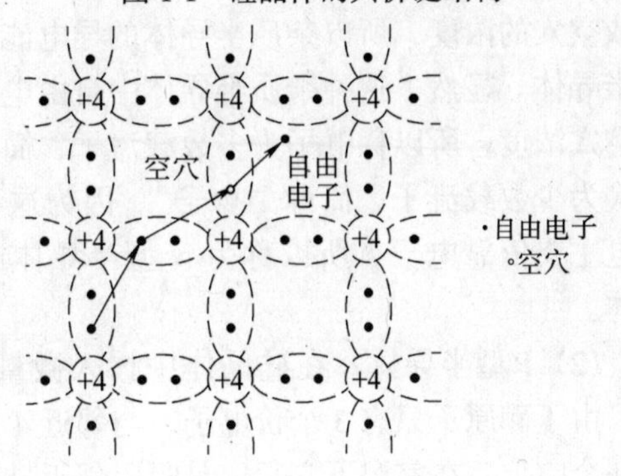

图 1-2　本征激发产生电子空穴对及其移动

完全纯净的半导体晶体，叫做本征半导体。以硅晶体为例，它们的原子排列很有规律，并且每两个相邻原子共有一对价电子，这样的组合叫做共价键结构，如图 1-1 所示。共价键中的价电子受两个原子核的制约，如果没有足够的能量就无法挣脱共价键的约束。因此，在热力学温度 0K（－273．16°C），且无外界能量的激发时，本征半导体中虽有大量的价电子，但却没有自由电子，和绝缘体一样不导电。在常温（热力学温度 300K）下，或者受到光照，将有少数价电子获得足够的能量，挣脱共价键的束缚，跳到键外，成为自由电子。值得注意的是，价电子挣脱共价键成为自由电子后，在原来的共价键的相应位置处就留下空位，这个空位称为“空穴”，如图 1-2 所示，空位处因为少了一个带负电的价电子而呈正极性，因此空穴带有一个单位正电荷。显然，自由电子和空穴总是相伴而生，成对出现的，所以称之“电子空穴对”。可见，半导体仍呈电中性。我们把在热或光的作用下，本征半导体中产生电子空穴对的现象，称为本征激发。

本征激发产生空穴后，在其附近作热运动的价电子很容易被这个正电荷所吸引，从而填补到这个空位上，这个电子原来的位置又留下新的空位，这就相当于空穴移动了一个位置，因此，带正电荷的空穴也能像自由电子一样，在晶体中作热运动，如图 1-2 所示。此时若在半导体上加上电压，自由电子将朝外电源正极的方向移动，产生电子电流；空穴将朝相反方向（外电源负极）移动，形成半导体中的空穴电流。可见，在外电场力的作用下，两种载流子（自由电子和空穴）的运动会产生电流。自由电子和空穴的运动方向是相反的，但它们产生的电流方向是一致的，电路电流为二者之和。

对于本征半导体，由于热激发而产生的自由电子和空穴会不会不断增多呢？不会的，因为在热运动中自由电子和空穴一旦相遇，空位子就会被自由电子填补掉，两者便一道消失，这个过程叫做自由电子和空穴的复合过程。在一定温度下，电子空穴对既产生又复合，达到相对的动态平衡。这时，产生与复合过程虽然在进行，但是电子空穴对却维持一定的数目。载流子的浓度不仅与半导体材料的性质有关，还对温度十分敏感。对于硅材料，温度每升高 8℃，载流子的浓度大约增加 1 倍；对于锗材料，温度每升高 12℃，载流子的浓度大约增加 1 倍。

2. 杂质半导体

本征半导体中，载流子的数目有限，导电能力很低，本身用处不大。但如果在本征半导体中掺入微量的杂质，导电性能却会发生显著改变。由于掺入杂质的性质不同，分成 N 型半导体和 P 型半导体。

（1）N 型半导体　本征硅中掺入微量的五价元素，例如磷（P）、砷（As）、锑（Sb）等。掺入的磷原子取代了硅晶体中某些位置的硅原子。由于磷原子有 5 个价电子，与邻近 4 个硅原子形成共价键后，还多余 1 个价电子，它不受共价键束缚，只要获得很少的能量就能挣脱磷原子核的吸引而成为自由电子，同时杂质磷原子变成带正电荷的离子，如图 1-3 所示。虽然掺入的磷原子数目不多，但在室温下，每掺入一个磷原子便产生一个自由电子。

上述杂质半导体，除了杂质给出自由电子外（注意杂质给出自由电子的同时，并不产生新的空穴），原晶体本身本征激发也产生少量的电子空穴对。通常，掺杂所产生的自由电子浓度远大于本征激发所产生的自由电子或空穴的浓度，所以杂质半导体的导电能力远超过本征半导体。显然，这种杂质半导体中自由电子浓度远大于空穴浓度，所以称电子为多数载流子，简称“多子”，空穴为少数载流子，简称“少子”。因为这种半导体的导电主要依靠电子，所以称为 N 型半导体或电子型半导体。

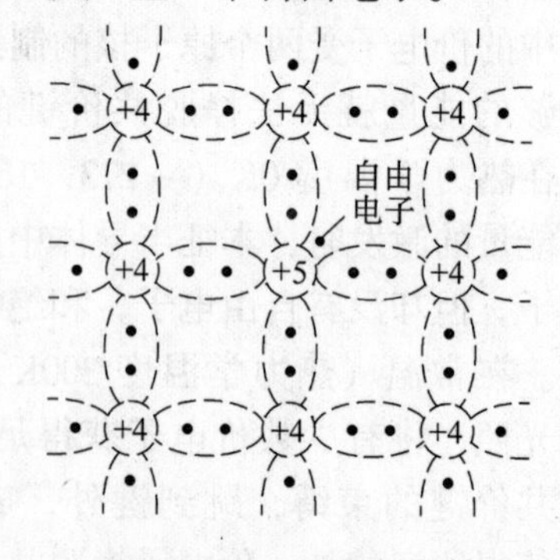

图 1-3　N 型半导体结构

（2）P 型半导体　在硅晶体中掺入微量的三价元素，例如硼（B）、铟（In）、镓（Ga）等。由于硼原子只有 3 个价电子，与邻近 4 个硅原子形成共价键时，缺少了 1 个价电子而产生一个空位，在室温下它很容易吸引邻近硅原子的价电子来填充，于是杂质原子变为带负电荷的离子，而邻近硅原子的共价键因缺少一个电子，出现了一个空穴，如图 1-4 所示。这样每个杂质原子都会提供一个空穴，从而使空穴载流子的数目大大增加成为多子，自由电子成为少子，故这种杂质半导体叫做P型半导体或空穴型半导体。

综上所述，杂质半导体中，多子的浓度取决于所掺杂质的浓度，与温度无关，而少子是由本征激发产生的，故它的浓度与温度或光照密切相关。杂质半导体中正负电荷数量相等，因此仍然保持电中性。

3. PN结

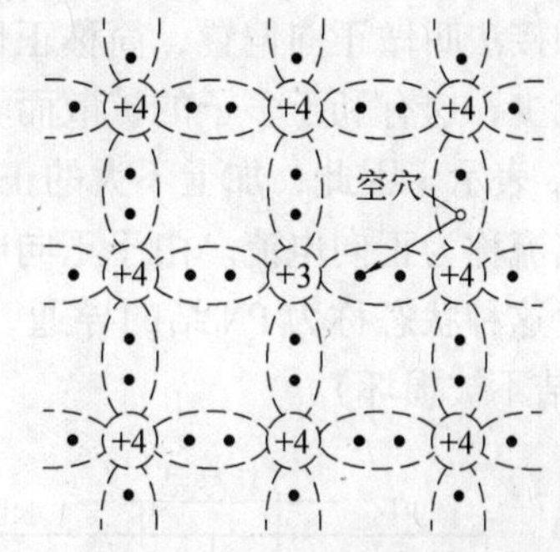

图1-4 P型半导体结构

单纯的P型半导体或N型半导体，仅仅是导电能力增强了，并不能做成我们所需要的半导体器件。若在一块本征半导体基片上，通过掺杂使一侧形成N型半导体，另一侧形成P型半导体，则在两种半导体的交界面附近形成一个具有特殊性质的薄层，叫做PN结。PN结是构成各种半导体器件的基础。

（1）PN结的形成　P型半导体和N型半导体结合在一起时，在交界的地方必然发生由于电子与空穴的浓度不均匀分布，而引起的载流子从浓度高的区域向浓度低的区域扩散的现象，如图1-5a所示。扩散至N区的空穴与电子复合，扩散至P区的电子与空穴复合，在交界面附近，出现了由不能移动的带电离子组成的空间电荷区（由于载流子消耗尽了，又叫耗尽层）。P型侧为负离子区，N型侧为正离子区，它们形成了一个由N区指向P区的内建电场（简称内电场）。载流子浓度差愈大，则空间电荷区愈宽，内电场也愈强。内电场的这种方向，将给载流子的运动带来两种影响：一是内电场阻碍两区多子的扩散运动，二是内电场使P区和N区的少数载流子产生与扩散方向相反的运动。我们把载流子在电场力作用下的定向运动叫做漂移运动。从N区漂移到P区的空穴，填补了P区失去的空穴；从P区漂移到N区的电子，填补了N区失去的电子，从而使空间电荷减少，内电场削弱，又有利于扩散而不利于漂移。结果，因载流子的扩散运动而建立的空间电荷区又因载流子的漂移运动而变窄。

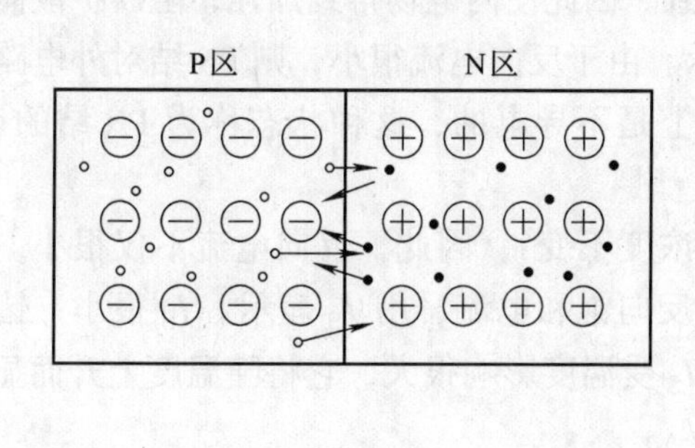

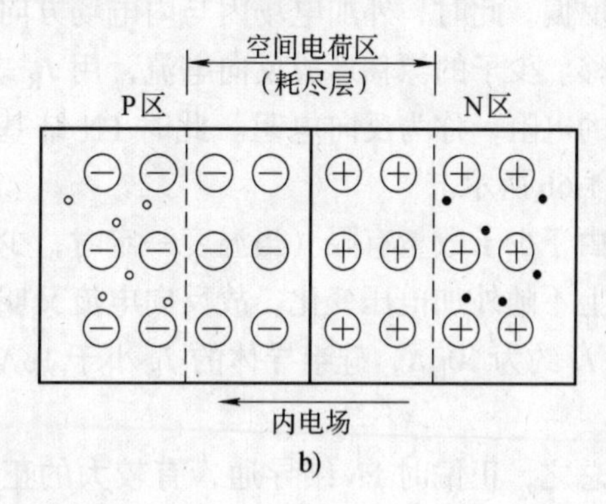

图1-5　PN结的形成

a）载流子的扩散运动　b）平衡状态下的PN结

由此可见，扩散与漂移既相互联系，又相互矛盾。扩散使空间电荷区加宽，内电场增强，反转来对扩散阻力加大，使漂移容易进行；而漂移又使空间电荷区变窄，内电场削弱，这又使扩散容易而阻碍漂移。开始时，扩散占优势，随着扩散进行，空间电荷区加宽，内电场增强，于是漂移也不断增强，当漂移运动与扩散运动达到相等时，便处于动态平衡状态，如图1-5b所示。此时，两边虽然仍有载流子的往返，但扩散电流与漂移电流大小相等，方向相反，流过 PN 结中的电流为零，空间电荷的宽度和内电场强度都是定值。至此，“PN 结”宣告形成。

(2) PN 结的单向导电性　PN 结外加正向电压，即 P 区接电源正极，N 区接电源负极，这种接法叫做正向偏置，简称正偏。此时，内电场因与外电场方向相反而受到削弱，空间电荷减少，这有利于多子的扩散而不利于少子的漂移。多子的扩散通过外电路形成正向电流，用 I_F 表示。因此，加上不大的正向电压，就可产生相当大的电流，我们把正偏时 PN 结流过的电流称为正向电流。由于正向电流较大，则 PN 结对外电路呈现较小的电阻，称为正向电阻，这种状态称为 PN 结的导通，如图 1-6a 所示（图中电阻 R 为限流电阻，其作用是保护 PN 结不被损坏）。

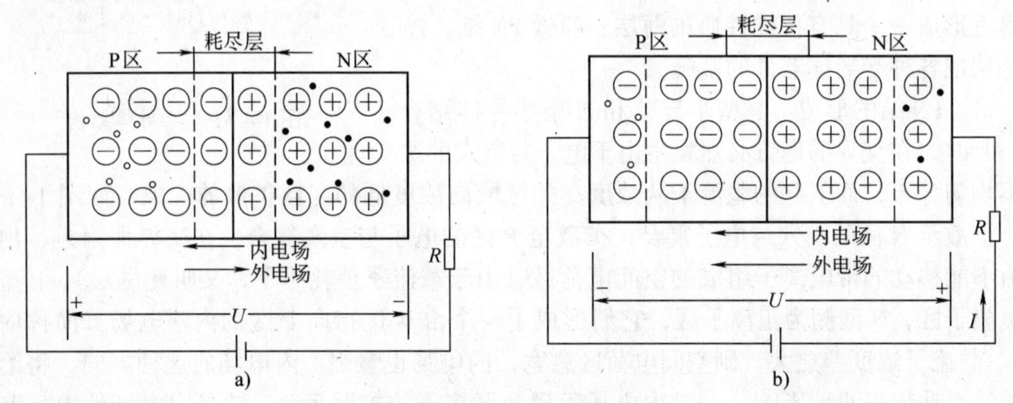

图 1-6　外加电压时的 PN 结
a) 正偏　b) 反偏

PN 结外加反向电压，就是 P 区接电源负极，N 区接电源正极，这种接法叫做反向偏置，简称反偏。此时，外加电场因与内电场方向一致，因此使内电场得到加强，阻碍扩散而有利于漂移。少子的漂移形成反向电流，用 I_R 表示。由于反向电流很小，则 PN 结对外电路呈现很大的电阻，称为反向电阻。此时 PN 结基本上是不导电的，这种状态称为 PN 结的截止，如图 1-6b 所示。

由于少子数量有限（当温度一定时，少子浓度不变），因此，反向电流不仅很小，而且基本上不随外加电压变化，故反向电流又叫做反向饱和电流，用 I_S 表示。I_S 很小，锗半导体的 I_S 约为 10μA，硅半导体的 I_S 小于 1μA。I_S 受温度影响很大，它将随温度上升而显著增加。

总之，正偏时 PN 结导通，有较大的正向电流流过，呈现较小的正向电阻；反偏时 PN 结截止，仅有微小反向饱和电流流过，几乎不导电，呈现很大的反向电阻。这就是 PN 结的单向导电性。

(3) PN 结的电容效应　PN 结具有电容效应，按产生的原因不同分为势垒电容 C_b 和扩散电容 C_d 两种。

1) 势垒电容 C_b：PN 结的空间电荷随外加电压（无论是正偏还是反偏）变化而形成的电容效应，叫做势垒电容，记为 C_b。例如，当外加正向电压增加时，由于空穴的扩散，中和一部分带电粒子，空间电荷量减少，就像一部分电子和空穴“存入”PN 结，相当于势垒电容充电；外加正向电压减少时，又有一部分电子和空穴离开PN结，好似电子和空穴从PN结中“取出”，相当于势垒电容放电；当外加电压不变时，空间电荷量保持不变，势垒电容无充放电现象。因此，势垒电容只在外加电压变化时才起作用，外加电压频率越高，其作用越显著。

2）扩散电容 C_d：外加正向电压时，PN结两边的载流子向对方区域作扩散运动，扩散到对方区域的载流子并不立即复合消失，而是在一定路程内，一边扩散，一边复合消失。于是，P区积累（存入）大量的电子，N区存入大量的空穴。存入电荷的多少随外加电压变化，也是一种电容效应，称为扩散电容，用 C_d 来描述。

PN结的结电容 C_j 为势垒电容与扩散电容之和，即

$$C_j = C_b + C_d \tag{1-1}$$

正向偏置时，$C_b \ll C_d$，结电容以扩散电容为主；反向偏置时，$C_b \gg C_d$，C_j 主要由势垒电容决定。

二、二极管的结构和类型

二极管是用一个PN结做成管芯，在P区和N区两侧各接上电极引线，并以管壳封装而成，如图1-7a所示。P区引出电极叫阳极（或正极），用a表示，N区引出电极叫阴极（或负极），用k表示。二极管的符号如图1-7b所示，其中三角箭头表示正向电流的方向，即正向电流从二极管的阳极流入，阴极流出。

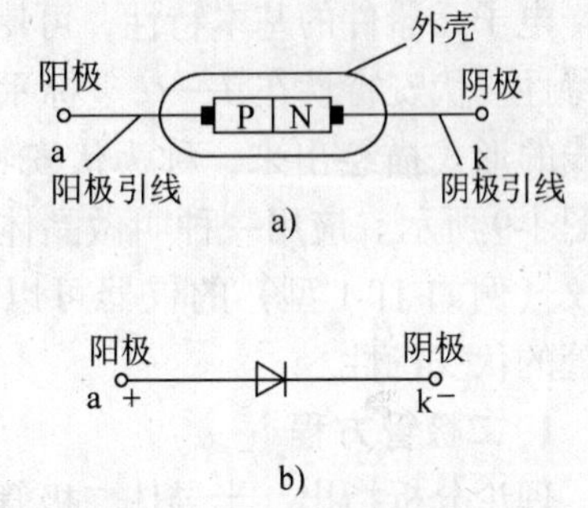

图1-7　二极管的组成和符号

a）组成　b）符号

二极管的类型很多，按所用的半导体材料的不同分，有硅二极管和锗二极管。按内部结构的不同分，有点接触型、面接触型和平面型，如图1-8所示。

点接触型二极管PN结结面积很小，不允许通过较大的电流，但它的结电容小，可以在高频下工作，因此，适用于小电流整流、高频检波、混频等。国产二极管中的2AP、2AK型，就属于点接触型。

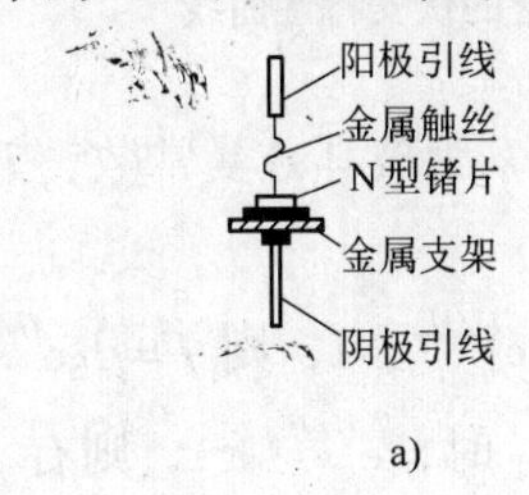

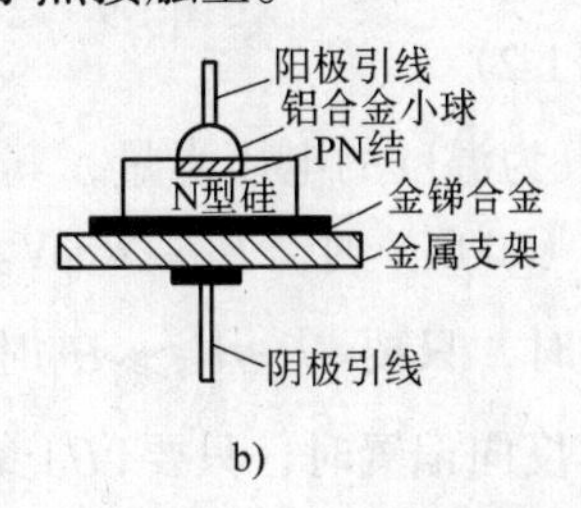

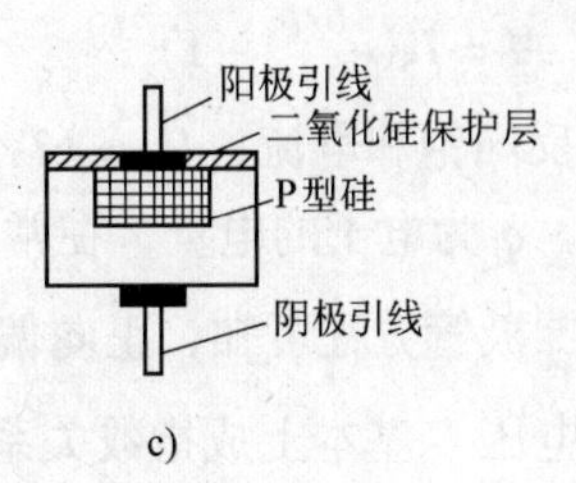

图1-8　二极管的内部结构

a）点接触型　b）面接触型　c）平面型

面接触型二极管的PN结是用合金法或扩散法做成的，它的PN结结面积大，可通过较大的电流，但结电容也较大，因此不能在高频情况下工作，只能用于较大电流整流等低频电路中。国产二极管中的2CP、2CZ型，就属于面接触型。

硅平面型二极管是采用制造平面管的工艺制成的。其中PN结面积较大的管子可通过较

大的电流，适用于大功率整流；结面积较小的管子因其结电容小，适用于脉冲数字电路中作开关管。

此外，还有若干利用 PN 结的各种特性制出的特殊二极管。

常用二极管的型号及用途见表 1-1。

表 1-1　常用二极管的型号、意义和用途

型　号	意　义	用　途
2AP	锗普通二极管	检波、限幅、小电流整流
2AK	锗开关二极管	开关电路或检波、整流
2CP	硅普通二极管	整流
2CZ	硅整流二极管	电源中整流
2CK	硅开关二极管	高速开关电路、高频电路
2DP	硅普通二极管	高压整流
2DZ	硅整流二极管	电源中整流
2AN	锗阻尼二极管	黑白电视机中阻尼与升压
2CN	硅阻尼二极管	电视机中阻尼与升压、大电流中速开关
2CW、2DW	硅稳压二极管	稳压

三、二极管的伏安特性

电子元器件的基本特性，可用流过它的电流 I 与它两端电压 U 的关系来描述，这就是伏安特性。伏安特性在 I—U 坐标平面上是以曲线的形式描绘出来，称为伏安特性曲线，如图 1-9 所示。应用一种叫做晶体管特性图示仪（例如 JT-1 型）的仪器可以观察到晶体管的伏安特性。

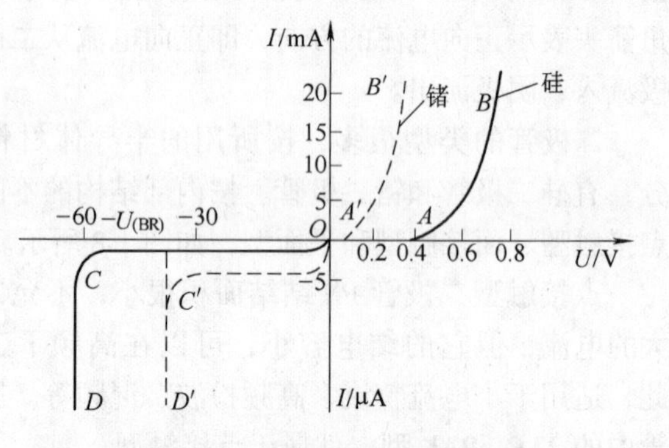

图 1-9　二极管的伏安特性曲线

1. 二极管方程

理论分析指出，半导体二极管的伏安特性（反向击穿前）可以用二极管方程表示，即

$$I = I_S(e^{U/U_T} - 1) \qquad (1\text{-}2)$$

式中，I_S 为反向饱和电流；$U_T = kT/q$，为温度的电压当量，其中 k 为玻耳兹曼常数，T 为热力学温度，q 为电子的电量，在常温（300K）时，$U_T \approx 26\text{mV}$。

由理想二极管方程可知，正向偏置时，只要 $U = U_F \gg U_T$ 时，$e^{U/U_T} \gg 1$，则 $I = I_S e^{U/U_T}$，即电流 I 与电压 U 基本上成指数关系。反向偏置时，只要 $|U| \gg U_T$ 时，$e^{U/U_T} \ll 1$，则有 $I \approx -I_S$。即反向电压达到一定值后，反向电流 I 就是反向饱和电流 $-I_S$。

2. 二极管的伏安特性曲线

由图 1-9 可看出，二极管的伏安特性具有下述的特点：

（1）正向特性　正向特性曲线开始部分（图 1-9 中 OA 段）变化很平缓，说明当正向电压小于某一数值 U_{th} 时，由于外电场还不足以克服内电场，扩散运动难以进行，正向电流几乎为零，二极管呈现较大的电阻，这个区域叫做死区，U_{th} 叫做阈值电压（门坎电压或死区电压）。硅管 $U_{th} = 0.5\text{V}$，锗管 $U_{th} = 0.1\text{V}$。死区以后的正向特性曲线上升较快（图中 AB

段），说明当正向电压超过 U_{th}后，内电场大大削弱，有利于多子的扩散，正向电阻较小，正向电流基本上按指数规律增长，二极管处于导通状态。硅管的导通压降为0.6～0.8V，锗管的导通压降为0.1～0.3V。

（2）反向特性　反向特性曲线（图中 OC 段）靠近横轴，说明二极管外加反向电压时，反向饱和电流 I_S 很小，管子处于反向截止状态，呈现很大的电阻，而且反向饱和电流 I_S 几乎不随反向电压的增大而变化。小功率硅管的反向电流一般小于 0.1μA，而锗管通常为几十微安。

（3）反向击穿特性　在图中，当由 C 点继续增大反向电压时，反向电流将突然上升，这种现象叫反向击穿。$U_{(BR)}$叫反向击穿电压，一般为几十伏以上（高反压管可达几千伏）。

反向击穿有电击穿和热击穿。电击穿是可逆的，只要反向电压降低后，二极管仍可恢复正常。但是，电击穿时如果没有适当的限流措施，就会因电流大，电压高，使管子过热造成永久性损坏，这叫做热击穿。电击穿往往为人们所利用（如稳压管），而热击穿必须避免。

3. 温度对二极管伏安特性的影响

由于二极管主要由 PN 结构成，所以它的特性对温度很敏感，如图 1-10 所示。在同一正向电流下，随着温度的升高，二极管的正向压降反而减小，即 PN 结具有负的温度特性。通常当温度每升高 1°C，正向压降减小 2mV 左右。再看反向特性，随着温度的升高，反向饱和电流 I_S 急剧增大。通常温度每升高 10°C，I_S 约增大一倍。此外，温度升高时，由于 $U_{(BR)}>7V$ 的二极管的 $U_{(BR)}$增大，$U_{(BR)}<4V$ 的二极管的 $U_{(BR)}$减小，而一般硅二极管的 $U_{(BR)}$均大于 7V，因此反向特性左移。

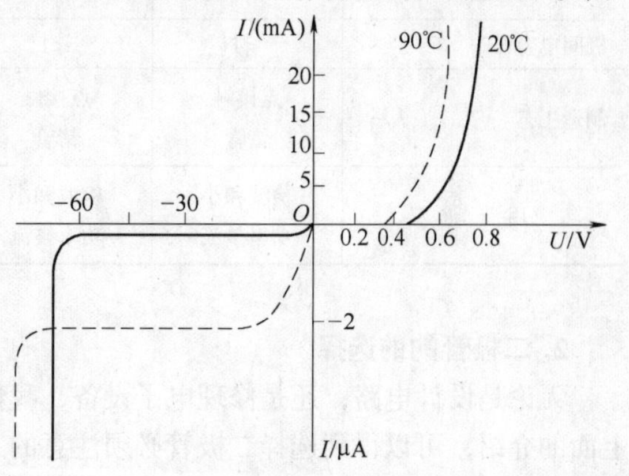

图 1-10　温度对硅二极管伏安特性曲线的影响

四、二极管的主要参数及其选择

1. 二极管的主要参数

二极管的性能除了用伏安特性表示外，还可以用一些参数来描述。参数是用来定量描述管子性能的指标，它表明管子的应用范围。它是正确使用和合理选择管子的依据。二极管的主要参数有：

（1）最大整流电流 I_F　它是指二极管长期运行时，允许通过的最大正向平均电流。实际使用时的工作电流应小于 I_F，如果超过此值，将引起 PN 结过热而损坏。

（2）最高反向工作电压 U_R　U_R 为工作时二极管两端所允许加的最大反向电压。为安全起见，一般取 $U_R=U_{(BR)}/2$。在实际运用时二极管所承受的最高反向工作电压不应超过 U_R，否则二极管就有发生反向击穿的危险。

（3）反向电流 I_R　I_R 是指二极管未被反向击穿时的反向电流值。此值越小，二极管的单向导电性越好。由于温度升高时 I_R 将急剧增大，所以使用时要注意温度的影响。

（4）最高工作频率 f_M　f_M 是由 PN 结的结电容大小决定的参数。如果信号频率超过管子的 f_M，则结电容的容抗变小，高频电流将直接从结电容通过，管子的单向导电性变差。

表 1-2 列出了几种国产二极管的参数，以供参考。

表 1-2　几种国产二极管的参数

参　数	型		号		
	2A P1—2A P7	2A P11—2A P17	2C P1—2C P28	2C K1—2C K19	2C Z11—2C Z13
最大整流电流/mA	12 ~ 25	15 ~ 40	5 ~ 400	30 ~ 100	1000 ~ 5000
最高反向工作电压/V	20 ~ 100	10 ~ 100	25 ~ 800	10 ~ 180	50 ~ 1000
反向电流/μA	≤250	≤250	≤5 ~ 250	≤1	≤0.6 ~ 2/mA
最高工作频率/MHz	≤150	≤40	3 ~ 50	反向恢复时间 ≤150ns	3kHz
极间电容/pF	≤1	≤1	≤5 ~ 250	≤3 ~ 30	
制造工艺	点接触锗管	点接触锗管	面结型硅 管	平面型开关管	硅扩散型整流管
用　途	检波和小功率整流	检波和小功率整流	小功率整流和一般整流	开关、脉冲及超高频电路	大功率整 流

2. 二极管的的选择

无论是设计电路，还是修理电子设备，我们都会面临一个如何选择二极管的问题。根据上面的介绍，可以得到选择二极管必须注意的几点：

(1) 设计电路时，根据电路对二极管的要求查阅半导体器件手册，从而确定选用的二极管型号。确定选用管子型号时，选用的二极管极限参数 I_F、U_R 和 f_M 应分别大于电路对二极管的最大平均电流、最大反向工作电压和最高工作频率的要求。并应注意：要求导通电压低时选锗管，要求反向电流 I_R 小时选硅管，要求反向击穿电压高时选硅管，要求工作频率高时选 f_M 高的点接触型号，要求工作环境温度高时选硅管。

(2) 在修理电子设备时，如果发现二极管损坏，则用同型号的管子来替换。如果找不到同型号的管子而改用其他型号二极管来替代时，则替代管子极限参数 I_F、U_R 和 f_M 应不低于原管，且替代管子的材料类型（硅管和锗管）一般应和原管相同。

第二节　整 流 电 路

整流电路是小功率（200W 以下）直流稳压电源的组成部分，其主要功能是利用二极管的单向导电性，将市电电网的单相正弦交流电压转变成单方向脉动的直流电压。然后，再经滤波电路和稳压电路，得到平滑而稳定的直流电压源，为电子电路提供能源。

常见的单相整流电路有半波、全波、桥式及倍压整流电路。我们重点讨论单相半波整流电路和单相桥式整流电路。

一、整流电路的技术指标

1. 整流电路的性能指标

(1) 输出电压的平均值 $U_{o(AV)}$　它是输出电压 u_o 在一个周期内的平均值，即 u_o 的直流分量。它的大小反映整流电路将交流电压转换成直流电压的能力。

(2) 脉动系数 S 它定义为整流后的输出电压 u_o 中基波分量幅值 U_{o1M} 与平均值 $U_{o(AV)}$ 之比。即

$$S = \frac{U_{o1M}}{U_{o(AV)}} \tag{1-3}$$

它说明整流电路输出电压中交流成分的大小，是用来衡量整流电路输出平滑程度的指标。

2. 整流二极管的参数

(1) 流过整流二极管的正向平均电流 $I_{V(AV)}$ 选择整流二极管时，应满足 $I_F > I_{V(AV)}$。

(2) 整流二极管所承受的最大反向电压 U_{RM} 选择整流二极管时，应满足 $U_R > U_{RM}$。同时注意，除满足上述条件外，还要留有充分的余量。

二、单相半波整流电路

半波整流电路如图 1-11a 所示。通常由降压电源变压器 TR，整流二极管 VD 和电阻性负载 R_L 组成。

1. 工作原理

设变压器二次绕组交流电压 $u_2 = U_{2m}\sin\omega t = \sqrt{2}U_2\sin\omega t$，其中 U_{2m} 为其幅值，U_2 为有效值。当 u_2 处于正半周时，二极管 VD 受正向偏置电压而导通（为简化分析，假设整流管为理想二极管，正向压降为零，反向电阻为无穷大），$u_o = u_2$；当 u_2 处于负半周时，二极管 VD 处于反向偏置状态而截止，$u_o = 0$。即

$$u_o = \begin{cases} \sqrt{2}u_2\sin\omega t & 0 \leqslant \omega t \leqslant \pi \\ 0 & \pi < \omega t \leqslant 2\pi \end{cases} \tag{1-4}$$

u_o 的波形如图 1-11b 所示，它是一个单相脉动电压，好像将正弦波削掉一半，所以称它为半波整流电路。

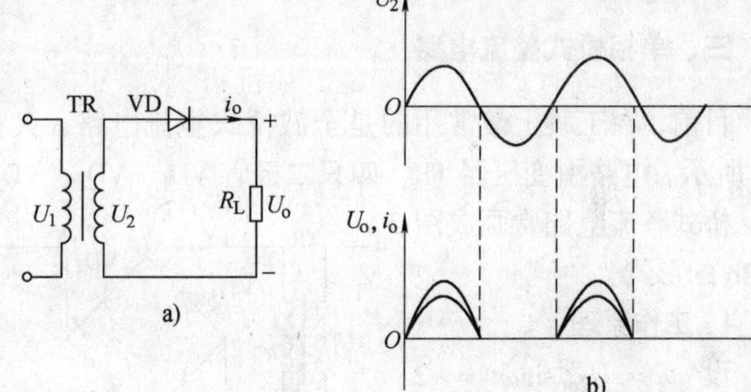

图 1-11 半波整流电路
a) 电路 b) 波形图

2. 电路的分析

(1) 输出电压的平均值 $U_{o(AV)}$ 将图 1-11b 中的电压 u_o 用傅里叶级数分解为

$$u_o = \sqrt{2}U_2\left(\frac{1}{\pi} + \frac{1}{2}\sin\omega t - \frac{2}{3\pi}\cos2\omega t - \cdots\right) \tag{1-5}$$

其中的直流分量就是 $U_{o(AV)}$。所以

$$U_{o(AV)} = \frac{\sqrt{2}}{\pi}U_2 \approx 0.45U_2 \tag{1-6}$$

由式（1-6）可知，单相半波整流电路输出电压的平均值（直流分量）只是变压器二次电压有效值的 45%。它的转换效率较低。

(2) 输出电压的脉动系数 S 由式（1-5）可得

$$U_{o1M}=\frac{\sqrt{2}}{2}U_2 \tag{1-7}$$

将式（1-6）和式（1-7）代入式（1-3），求出

$$S=\frac{\sqrt{2}U_2/2}{\sqrt{2}U_2/\pi}=\frac{\pi}{2}\approx 1.57 \tag{1-8}$$

由式（1-8）可知，单相半波整流电路输出电压的脉动较大，因此只能用在对脉动要求不高的场合。

（3）整流二极管的平均电流 $I_{V(AV)}$　由图 1-11a 可知，通过整流二极管的电流与负载电流相同，所以

$$I_{V(AV)}=I_{o(AV)}=\frac{U_{o(AV)}}{R_L}\approx\frac{0.45U_2}{R_L} \tag{1-9}$$

（4）整流二极管承受的最大反向电压 U_{RM}　在单相半波整流电路中，当 u_2 处于负半周时，电路中 i_o 和 u_o 均为零。此时，二极管承受的反向电压就是 u_2，其最大值就是 u_2 的峰值。即

$$U_{RM}=\sqrt{2}U_2 \tag{1-10}$$

由以上分析可知，单相半波整流电路结构简单，所用二极管少，但缺点是转换效率低，输出电压的平均值小、脉动大。

三、单相桥式整流电路

目前，在工程上最常用的是全波桥式整流电路，又称桥式整流器。其典型电路如图 1-12a 所示。电路由变压器 TR，四只二极管 VD_1、VD_2、VD_3、VD_4 和负载 R_L 组成。为了绘图方便，桥式整流电路常画成图 1-12b 的形式。

1. 工作原理

设 $u_2=U_{2m}\sin\omega t=\sqrt{2}U_2\sin\omega t$，在电压 u_2 的正半周时，即上正下负，二极管 VD_1、VD_3 因受正向偏压而导通；VD_2、VD_4 因承受反向电压而截止。电流 i_o 的通路是由 A 端→VD_1→R_L→VD_3→B 端。于是在负载 R_L 上得到 u_L 的半波电压。

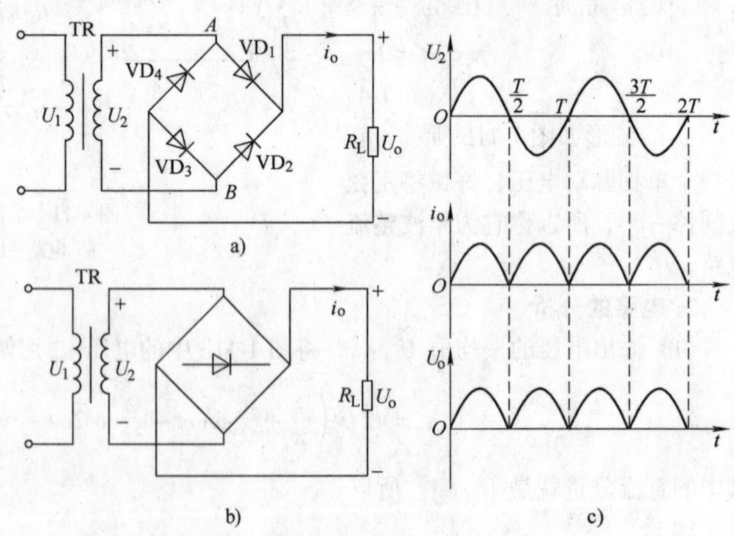

图 1-12　桥式整流电路

在电压 u_2 的负半周内，即上负下正，二极管 VD_1、VD_3 均截止，VD_2、VD_4 均导通，电流 i_o 的通路是由 B 端→VD_2→R_L→VD_4→A 端。同样，在负载 R_L 上得到与正半周时的电压波形相同的半波电压。

因此，当电源变化一个周期后，在负载电阻 R_L 上得到的电压和电流是单向全波脉动波

形，如图 1-12c 所示。

2. 电路的分析

(1) 输出电压的平均值 $U_{o(AV)}$　将图 1-12c 中的电压 u_o 用傅里叶级数分解为

$$u_o = \sqrt{2}U_2\left(\frac{2}{\pi} - \frac{4}{3\pi}\cos2\omega t - \frac{4}{15\pi}\cos4\omega t - \cdots\right) \tag{1-11}$$

其中的直流分量就是 $U_{o(AV)}$。所以

$$U_{o(AV)} = \frac{2\sqrt{2}}{\pi}U_2 \approx 0.9U_2 \tag{1-12}$$

可见桥式整流电路输出电压的平均值是半波整流电路的两倍。

(2) 输出电压的脉动系数 S

$$S = \frac{4\sqrt{2}U_2/3\pi}{2\sqrt{2}U_2/\pi} = \frac{2}{3} \approx 0.67 \tag{1-13}$$

可见桥式整流电路输出电压的脉动情况较半波整流电路大有改善。

(3) 整流二极管的平均电流 $I_{V(AV)}$　因为两管轮流导通半个周期，所以

$$I_{V(AV)} = \frac{1}{2}I_{o(AV)} = \frac{1}{2}\ \frac{U_{o(AV)}}{R_L} \approx \frac{0.45U_2}{R_L} \tag{1-14}$$

$I_{V(AV)}$与半波整流电路相同。

(4) 整流二极管承受的最大反向电压 U_{RM}　从图 1-12a 可看出，跨接在变压器二次绕组两端的两个二极管（如 VD_1 和 VD_2），每次只有一个导通，而另一个承受的最大反向电压

$$U_{RM} = \sqrt{2}U_2 \tag{1-15}$$

桥式整流电路的优点是输出电压高，脉动系数小，每管所承受的工作反压低，电源电压利用率高，因而整流效率也较高。缺点是使用的二极管数量多，但是，由于它具有上述的一些优点，所以在小功率整流电路中获得广泛应用。

例 1-1　一桥式整流电路如图1-12a 所示，要求输出直流电压 70V 和直流电流 3.5A，如何选择整流二极管?

解　变压器二次电压

$$U_2 = \frac{U_{o(AV)}}{0.9} = \frac{70\text{V}}{0.9} = 77.8\text{V}$$

流过每只二极管的电流为　$I_{V(AV)} = I_{o(AV)}/2 = 3.5\text{A}/2 = 1.75\text{A}$

每只二极管承受的最大反向电压为　$U_{RM} = U_2 = 110\text{V}$。

选用 2CZ12C 管，其参数为 $I_F = 3\text{A}$，$U_R = 200\text{V}$，满足计算条件。

第三节　滤 波 电 路

由第二节分析可知，全波整流电路的脉动系数 $S \approx 0.67$，尽管较之半波已有很大的进步，但它仍含有较多的交流成分。直接用它做放大电路的电源时，会引起严重的谐波干扰。为此必须采取措施，保留整流后输出电压中的直流成分，滤除交流成分，使输出电压接近于理想直流电压。这就是滤波电路的任务。

滤波电路的种类很多，这里我们主要介绍常用的三种滤波电路。

一、电容滤波电路

电容滤波是一种并联滤波。图形 1-13a 是一个桥式整流电容滤波的电路，滤波电容直接并联在负载两端。

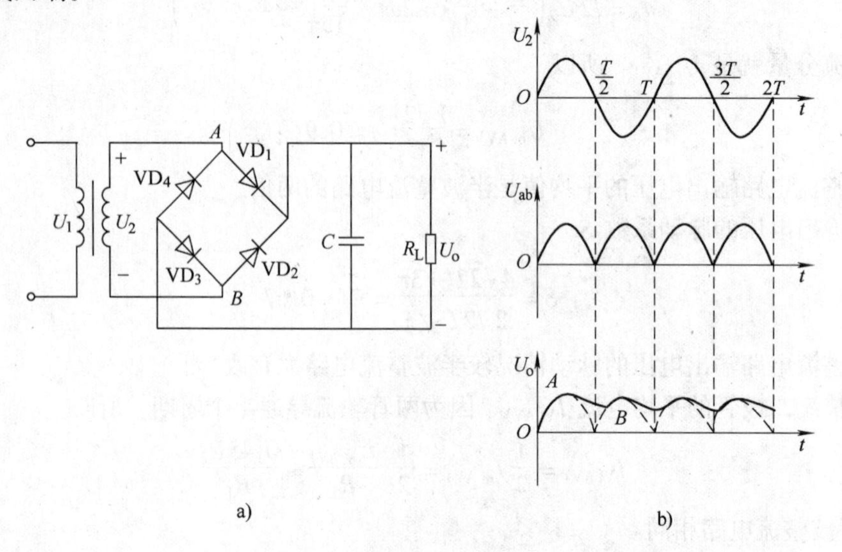

图 1-13　桥式整流电容滤波电路

a）电路　b）波形图

1. 工作原理

电容的特点是能够存储电荷。在图 1-13b 中，U_{ab}即桥式整流电路的输出电压，设 u_C（电容两端电压）的初始值为零，在接通电源的瞬间，当 u_2 由零开始上升，二极管 VD_1、VD_3 导通，电源向负载供电的同时，也向电容 C 充电，两端电压跟随上升，$u_o = u_2$，如图中 OA 段，达到峰值后 u_2 减少，当 $u_o \geqslant u_2$ 时，二极管截止，电容 C 上的电荷将通过 R_L 放电，时间常数 $\tau_{放} = R_L C$，直到图中 B 点，此后电源又通过 VD_2、VD_4 对 C 充电，如此周而复始得图 1-13b 中所示波形 u_o。与无滤波的桥式整流电路相比较，在电容滤波电路中，负载上得到的直流电压脉动情况已大大改善。

2. 电路分析

（1）电路特点

1）电路结构简单，当 R_L 较大时，滤波效果好。但因二次绕组及二极管正向电阻很小，在接通电源，二极管导通的瞬间，充电电流很大，对整流管的冲击很大。实际应用时，一般要在每个整流管的支路中，串入 $(0.05 \sim 0.1) R_L$ 作限流电阻，并在整流管两端并接一小容量的电容器，以此来保护二极管，但这将增大损耗和电源内阻。

2）决定放电快慢的是时间常数是 CR_L，该值越大，放电过程就越慢，电容 C 上的存储电荷变化就越小，负载上得到的直流电压也就越平滑，当 $R_L = \infty$时，电容 C 上电压最高可达$\sqrt{2}U_2$值。相反，CR_L 越小，则放电越快，输出电压脉动幅度越大，说明负载能力差。可见电容滤波只适用于负载电流较小的场合。

（2）滤波电容 C 的选择与负载上直流电压的估算　为了输出平滑的直流电压，一般要求取 $R_L C$ 为脉动电压中最低次谐波周期的 3 ~ 5 倍，对于全波整流电路，最低次谐波频率等

于电源频率的二倍，即 $R_LC \geqslant (3\sim5)\frac{T}{2}$

由此可确定电容 C 的值为

$$C \geqslant (3\sim5)\frac{T}{2R_L} \tag{1-16}$$

滤波电容一般采用电解电容或油浸纸质电容器，使用电解电容时，应注意其极性不能接反。此外，当负载断开时，电容器两端的电压将升高至$\sqrt{2}U_2$，故电容器的耐压应大于此值，通常取 $(1.5\sim2)U_2$。

在满足式（1-16）的条件下，电容器两端，也就是负载上的直流电压一般为

$$U_{o(AV)} = (1\sim1.2)U_2 \tag{1-17}$$

（3）整流二极管的选择　当滤波电容进入稳态工作时，电路的充电电流平均值等于放电电流的平均值，因此，二极管的最大整流电流的选择计算式为

$$I_F \geqslant I_V = 1/2I_{o(AV)} \tag{1-18}$$

二极管的最大反向工作电压为

$$U_{RM} \geqslant \sqrt{2}U_2 \tag{1-19}$$

例 1-2　一个桥式整流电容滤波电路，如图1-13a 所示。电源由 220V、50Hz 的交流电压经变压器降压供电，要求输出直流电压为 30V，电流为 500mA，试选择整流二极管的型号和滤波电容的规格。

解　①选择整流二极管

通过每只二极管的平均电流，按式（1-18）计算

$$I_V = 1/2I_{o(AV)} = 250\text{mA}$$

有负载时的直流输出电压，按式（1-15）估算　$U_{o(AV)} = 1.2U_2$

故变压器二次电压有效值为　$U_2 = 30\text{V}/1.2 = 25\text{V}$

每只二极管承受的最大反向电压，按式（1-19）计算

$$U_{RM} = \sqrt{2}U_2 = \sqrt{2}\times25\text{V} = 35\text{V}$$

根据 I_V 和 U_{RM}选管，可选取 2CZ54B 二极管 4 只（$I_F = 0.5\text{A}$，$U_R = 50\text{V}$）。

②选择滤波电容器

由式（1-16）可得

$$C \geqslant 5\frac{T}{2R_L} = 5\times\frac{0.02}{2\times(30\div0.5)}\text{F} \approx 830\times10^{-6}\text{F} = 830\mu\text{F}$$

取标称值 1000μF；电容器耐压为 $(1.5\sim2)U_2 = 37.5\sim50\text{V}$。最后确定选 1000$\mu$F/50V 的电解电容器 1 只。

二、电感滤波电路

电容滤波电路的负载能力差，且每次打开电源时，有浪涌电流对整流管冲击，容易造成整流管的损坏，若采用电感滤波则可以避免这种情况。

1. 电路及工作原理

图 1-14a 是一个桥式整流电感滤波电路。滤波电感与负载相串联，所以，这是一种串联滤波器。

我们可以把全波整流的输出电压，如图 1-14b 所示，看成由直流分量和交流分量叠加而成。由于电感器的直流电阻很小，交流电抗很大，所以直流分量在电感上的压降很小，负载上的直流分量就很大；交流分量几乎全部降落在电感器上，负载 R_L 上的交流分量就很小。由此看来，经过串联滤波后，负载两端的输出电压脉动程度便大大减小了。输出电流与电压的波形如图 1-14b 所示。

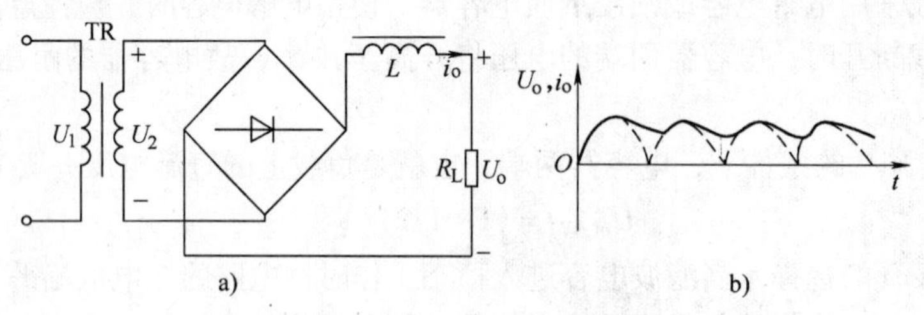

图 1-14 桥式整流电感滤波电路

a）电路图 b）波形图

2. 电路特点

(1) 通过二极管的电流不会出现瞬间值过大，对二极管的安全工作有利。

(2) 当不考虑 L 的直流电阻时，L 对直流无影响，对交流起分压作用。L 选得越大，R_L 越小，滤波效果愈好。但 L 大会使电路体积大，笨重，成本高，不利于小型化。

(3) 因 L 的直流电阻很小，负载上得到的输出电压和纯电阻负载相同，即 $U_{o(AV)} = U_{RL} = 0.9U_2$，实际输出电压比 $0.9U_2$ 有所降低。

可见，电感滤波电路适用于电流较大、负载较重的场合。

三、组合滤波电路

为了进一步减小输出电压中的脉动成分，可以将并联电容和串联电感组合成复式滤波电路。如图 1-15 所示为常见的组合滤波电路。

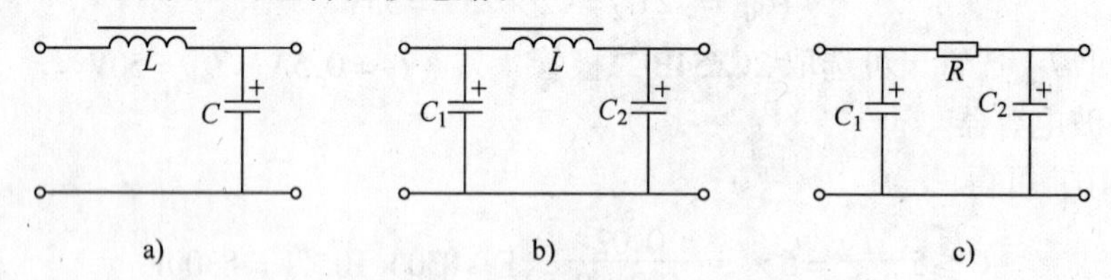

图 1-15 常见组合滤波电路

a）倒 L 型 b）Ⅱ型 LC c）Ⅱ型 RC

1. 倒 L 型滤波电路

倒 L 型滤波电路分电感输入式和电容输入式两种类型，如图 1-15a 所示为电感输入式组合滤波电路。脉动信号经电感 L 滤波后，再接一级电容 C 与负载并联，就构成倒 L 型 LC 滤波电路。双重滤波后输出电压更加平直。这种电路先经电感滤波，其性能和应用场合与电感滤波电路基本相同。

2. Ⅱ型滤波电路

如图 1-15b 所示，经电容 C_1 滤波后，再接一级倒 L 型 *LC* 滤波就构成Ⅱ型 *LC* 滤波电路。由于先经电容滤波，它的性能和应用场合与电容滤波基本相同。

在负载电流较小的场合，为了使电路简单经济，常用一个适当的电阻 *R* 代替电感 *L*，组成Ⅱ型 *RC* 滤波电路，如图 1-15c 所示。

以上这些滤波电路的特点和使用场合已归纳在表 1-3 中，可供选用参考。

表 1-3　各种滤波电路的比较

电　路	优　点	缺　点	使用场合
电容滤波电路	1. 输出电压高 2. 在小电流时滤波效果较好	1. 负载能力差 2. 电源接通瞬间因充电电流很大，整流管要承受很大正向浪涌电流	负载电流较小的场合
电感滤波电路	1. 负载能力较好 2. 对变动的负载滤波效果较好 3. 整流管不会受到浪涌电流的损害	1. 负载电流大时扼流圈铁心要很大才能有较好的滤波效果 2. 输出电压较低 3. 变动的电流在电感上的反电动势可能击穿半导体器件	适宜于负载变动大，负载电流大的场合。在可控硅整流电源中用得较多
倒 L 型滤波电路	1. 输出电流较大 2. 负载能力较好 3. 滤波效果好	电感线圈体积大，成本高	适宜于负载变动大，负载电流较大的场合
Ⅱ型 *LC* 滤波电路	1. 输出电压高 2. 滤波效果好	1. 输出电流较小 2. 负载能力差	适宜于负载电流较小，要求稳定的场合
Ⅱ型 *RC* 滤波电路	1. 滤波效果较好 2. 结构简单经济 3. 能兼起降压、限流作用	1. 输出电流较小 2. 负载能力差	适宜于负载电流小的场合

第四节　稳压管和简单的稳压电路

经过整流和滤波后的直流电压 *U*，虽然脉动已较小，但是它的幅值的稳定性还很差。而用输出电压不稳定的直流电源为电子设备供电，将会引起直流放大器的零点漂移；交流放大器的噪声增大；测量仪表的准确度降低等等。为了满足各种电子线路的要求，必须进行稳压。稳压管稳压电路是最简单的稳压电路，它因简单、实用而被广泛应用。

一、稳压管

稳压管即稳压二极管，它是一种用特殊工艺制造成的面接触型硅半导体二极管。电路符号如图 1-16a 所示。

1. 稳压管的伏安特性

稳压管是利用 PN 结的反向击穿特性所具有的稳压性能而做成的。伏安特性曲线如图 1-16b 所示。其正向特性曲线与普通二极管相似，反向击穿特性比普通二极管陡，正常工作在反向击穿区。当外加反向电压小于击穿电压（为稳压管的稳定电压）时，反向电流很小；当反向电压增加到击穿电压后，反向电流将急剧增加，管子已处于反向击穿状态。只要在电路中串入适当的限流电阻，就不会导致热击穿。即利用该区内电流在很大范围内变化，而管子两端的电压却变化很小的特性进行稳压。

2. 稳压管的主要参数

(1) 稳定电压 U_Z　稳定电压是指稳压管中的电流为最小稳定值时，稳压管两端的电压值。粗略地看，U_Z 近似等于反向击穿电压 $U_{(BR)}$。由于制造工艺上的原因，即便是同一型号的管子稳定电压也不完全相同，U_Z 的分散性较大，允许有一个范围。注意，对一个稳压管来说，某一工作电流时的稳定电压只有一个确定的值。

(2) 稳定电流 I_Z　稳定电流是稳压管正常工作时的最小工作电流值。工作电流低于此值时，稳压效果变差。高于此值，只要不超过额定功耗 P_Z，均可正常工作，而且电流愈大，稳压效果愈好。

(3) 动态电阻 r_Z　稳压管两端电压变化量与相应的电流变化量之比叫做动态电阻，即 $r_Z = \Delta U_Z / \Delta I_Z$，其值越小，稳压效果越好。$r_Z$ 的数值一般为几欧至几十欧之间。

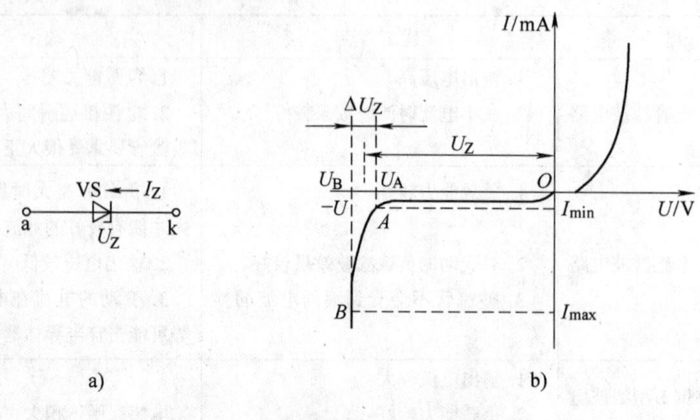

图 1-16　稳压管的伏安特性及符号

(4) 最小稳定电流 I_{Zmin} 和最大稳定电流 I_{Zmax}　如图 1-16b 所示，若稳压管电流小于 I_{Zmin}，其两端电压可能不稳定；若电流大于 I_{Zmax}，则稳压管可能因功耗超过允许的耗散功率而损坏。一般小功率稳压管的 I_{Zmin} 为 1～2mA，I_{Zmax} 可由额定功耗 P_Z 推出。

(5) 额定功耗 P_Z　额定功耗为稳定电压和最大稳定电流的乘积，即 $P_Z = U_Z I_{Zmax}$。是由稳压管允许温升所决定的参数，工作时的耗散功率超过此值，稳压管将出现热击穿而烧坏。

(6) 稳定电压的温度系数 α_Z　温度系数为温度每升高 1℃ 稳定电压的相对变化量，它表明 U_Z 受温度影响的程度。α_Z 越小，稳定电压受温度影响越小，稳压管的性能也越好。通常 U_Z 高于 7V 的稳压管具有正温度系数（温度升高，U_Z 增加）；U_Z 低于 4V 时，具有负的温度系数（温度升高，U_Z 减小）；U_Z 为 4～7V 时，α_Z 很小。因此，稳压性能要求高的场合，一般采用 U_Z 为 4～7V 的稳压管。

二、稳压管稳压电路

图 1-17a 为硅稳压管稳压电路。R 是限流电阻，R_L 是负载电阻，VS 是稳压二极管。稳压管与负载相并联，又称并联式稳压电路。

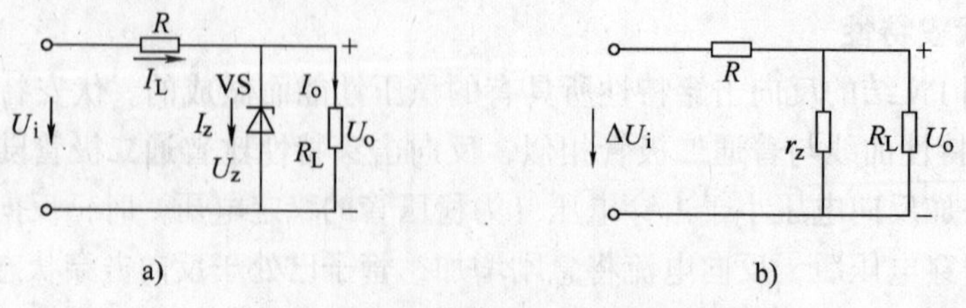

图 1-17　稳压管稳压电路及等效电路

1. 稳压原理

整流滤波电路的输出电压作为稳压电路的输入电压 U_i，稳压电路的输出电压 U_o 就是稳压管两端的电压，即稳压值 U_Z。在电路中若能使稳压管始终工作在 $I_{Zmin} < I_Z < I_{Zmax}$ 的区域内，则其输出电压 U_o 基本上是稳定的。

(1) 电网电压波动时，使 U_i 变化时的稳压过程　当负载电阻 R_L 稳定，电网电压的波动，会使 U_i 波动，U_o 也随之波动，稳压管两端的电压也增加。从特性曲线看，U_o 增加会使 I_Z 增加，于是 $I_R = I_Z + I_o$ 增加，限流电阻上的电压 U_R 也即增加，使得 U_2 增加的部分大都降落在 R 上，从而使 U_o 基本不变。具体过程如下（$U_o = U_i - U_R$）

$$U_i\uparrow \rightarrow U_o\uparrow \rightarrow I_Z\uparrow \rightarrow I_R\uparrow \rightarrow U_R\uparrow \rightarrow U_o\downarrow$$

当电网电压下降时，其稳压过程与上述相反。

(2) 负载变化时的稳压过程　当负载变化以后，也同样会有如下的电压稳定过程

$$R_L\downarrow \rightarrow I_o\uparrow \rightarrow I_R\uparrow \rightarrow U_R\uparrow \rightarrow U_o\downarrow \rightarrow I_Z\downarrow \rightarrow I_R\downarrow \rightarrow U_R\downarrow \rightarrow U_o\uparrow$$

由以上分析可知，稳压管稳压电路是利用稳压管调节自身的电流大小（U_Z 不变）来满足负载电流的改变，并和限流电阻相配合，将电流的变化转化成电压的变化，以适应电网电压或者负载电阻的变化，达到稳定输出电压的目的。

2. 限流电阻的计算

由稳压原理可知，稳压管稳压电路的稳压过程，实际上是使通过稳压管的电流增加或减小来调节限流电阻上的电压而保持输出电压稳定不变，因此限流电阻的合理选择将会直接影响稳压电路的性能指标。选取限流电阻的基本原则是：保证稳压管处于反向工作的安全区，即处在图 1-16 中的 $I_{Zmin} \sim I_{Zmax}$ 区域。I_Z 过小，管子稳压性能差或不能稳压，过大会损坏稳压管。因此，选择限流电阻应遵从的条件为：$I_{Zmin} < I_Z < I_{Zmax}$。

稳压管正常工作的限定条件，实际上对应了两种极端情况：

1) 当输入电压 U_i 最高和负载电流 $I_o = I_{omin}$（即负载最小）时，流过稳压二极管的电流最大，但不能超过 I_{Zmax}，为此限流电阻要取得足够大，即

$$R \geqslant \frac{U_{imax} - U_Z}{I_{Zmax} + I_{omin}} \tag{1-20}$$

2) 当输入电压最低和负载电流最大时，流过稳压二极管的电流最小，但不能小于 I_{Zmin}，为此限流电阻应尽量取小，即：

$$R \leqslant \frac{U_{imin} - U_Z}{I_{Zmin} + I_{omax}} \tag{1-21}$$

限流电阻 R 应在其可选的最大值与最小值之间选取，即

$$\frac{U_{imax} - U_Z}{I_{Zmax} + I_{omin}} \leqslant R \leqslant \frac{U_{imin} - U_Z}{I_{Zmin} + I_{omax}} \tag{1-22}$$

限流电阻的额定功率是以最大耗散功率的 2～3 倍来选择，即

$$P_R = (2 \sim 3)\frac{(U_{imax} - U_Z)^2}{R} \tag{1-23}$$

例 1-3　电路如图 1-17a，负载电阻 R_L 由开路变到 1.5kΩ，输入电压 $U_i = 30V$，变化率为 ±10%，要求 $U_o = 10V$，试选择稳压管和限流电阻 R。

解　根据 $U_o = 10V$ 的要求，负载电流 $I_{omax} = U_o/R_L = 10V/1.5k\Omega = 6.67mA$。

选稳压管 VS 为 2CW18，参数为：$I_{Zmin}=5mA$，$I_{Zmax}=20mA$，$U_Z\in[10,12]V$，能满足要求。

$$U_{imax}=30V+30V\times10\%=33V$$

$$U_{imin}=30V-30V\times10\%=27V$$

根据式（1-22）可求出限流电阻的选取范围为

$$\frac{U_{imax}-U_Z}{I_{Zmax}+I_{omin}}\leqslant R\leqslant\frac{U_{imin}-U_Z}{I_{Zmin}+I_{omax}}$$

$$1050\Omega\leqslant R\leqslant1460\Omega$$

限流电阻应在 1050 ~ 1460Ω 范围内选取，取 $R=1.3k\Omega$。其功率为

$$P_R=2.5\times\frac{(U_{imax}-U_Z)^2}{R}=2.5\times\frac{(33-10)^2}{1300}W=1.02W$$

取 $R=1.3k\Omega$，功率为 1W 的电阻。（电阻应取标称系列值）

3. 稳压电路的主要技术指标

（1）稳压系数 S_r　常常用输出电压和输入电压的相对变化量之比来表征电源的稳压性能，被称之为稳压系数。即

$$S_r=\frac{\Delta U_o}{U_o}\bigg/\frac{\Delta U_i}{U_i}=\frac{\Delta U_o}{\Delta U_i}\cdot\frac{U_i}{U_o} \tag{1-24}$$

如果只考虑变化量，稳压管电路可用图 1-17b 的等效电路来描述。则有

$$\frac{\Delta U_o}{\Delta U_i}=\frac{R'_L}{R+R'_L}\approx\frac{r_Z}{R+r_Z}\ (R'_L=R_L/\!/r_Z\approx r_Z，一般\ r_Z\ll R_L)$$

故有

$$S_r=\frac{\Delta U_o}{\Delta U_i}\cdot\frac{U_i}{U_o}\approx\frac{r_Z}{R+r_Z}\cdot\frac{U_i}{U_o} \tag{1-25}$$

（2）输出电阻 R_o　从图 1-17b 可看出，输出电阻

$$R_o=r_Z/\!/R_L\approx r_Z \tag{1-26}$$

从式（1-25）可知，r_Z 越小，S_r 就愈小，稳压性能就越好。所以由稳压管构成的稳压电路，其输出阻抗越小越好。

4. 稳压管稳压电路的特点

优点是：电路简单，工作可靠，稳压效果也较好。缺点是：输出电压的大小要由稳压管的稳压值来决定，不能根据需要加以调节；负载电流 I_o 变化时，要靠 I_Z 的变化来补偿，而 I_Z 的变化范围仅在 I_{Zmin} 和 I_{Zmax} 之间，负载变化小；而且电压稳定度不够高，动态内阻还比较大（约几欧到几十欧姆）。

稳压管稳压电路一般用于要求不太高，功率比较小，负载电流比较小且负载变化不大的场合，如作晶体管稳压电源中的“基准电压”或“辅助电源”之用等。

第五节　二极管的测试及其应用举例

一、二极管的测试

晶体二极管内部实质上是一个 PN 结。当外加正向电压，即 P 端电位大于 N 端电位时，

二极管导通呈低电阻；当外加反向电压，也即N端电位大于P端电位时，二极管截止呈高电阻。因此可用万用表的电阻挡鉴别二极管的极性和判别其质量的好坏。

图1-18所示为万用表电阻挡的等效电路。R_o是电阻挡表面刻度中心阻值，n是电阻挡旋钮所指倍率，E_o是万用表内电源。由图1-18可知，表外电路的电流方向从万用表的黑表笔流向红表笔，即万用表处于电阻挡时，其黑表笔接表内电池的正极，红表笔接表内电池的负极。

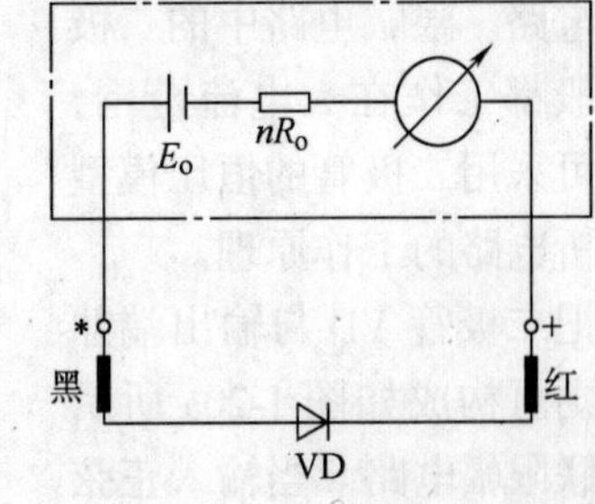

图1-18 万用表电阻挡的等效电路

1. 鉴别正负极性

将万用表欧姆挡的量程拨到$R\times100$或$R\times1k$挡，并将两表笔分别接到二极管的两端。若红表笔接负极，黑接正极，则二极管处于正向偏置状态，因而呈现出低电阻，此时万用表指示的电阻通常小于几千欧。反之，若将红表笔接二极管的正极，黑表笔接负极，则二极管被反向偏置，此时万用表指示的电阻值将达几百千欧（以上）。

2. 测试性能

将万用表的黑表笔接二极管的正极，红表笔接二极管负极，可测得二极管的正向电阻，此电阻一般在几千欧以下为好。通常要求二极管的正向电阻越小越好。将红表笔接二极管正极，黑表笔接负极，可测出反向电阻。一般要求二极管的反向电阻应大于200千欧以上。

若反向电阻太小，则二极管失去单向导电作用。如果正、反向电阻都为无穷大，表明管子已断路；反之，如二者都为零，表明管子短路。

二、二极管应用举例

利用二极管的单向导电性，可以组成整流、限幅、检波、开关等应用电路。二极管整流电路前面已做详细讨论，此处简单介绍二极管限幅、检波电路。

1. 二极管检波电路

在电视、广播及通信中，为了使图像、声音能远距离传送，需要将这一低频电信号驮载在高频信号上，以便于从工作天线上发射出去。其中高频信号的振幅、频率或相位随低频信号变化，这个过程叫做调制。检波就是将低频信号从已调制信号（高频信号）中取出。电路及信号波形图如图1-19所示，图中的输入信号为已调制信号，由电视机、收音机接收后，首先由检波二极管VD将已调制信号的负半周去掉，然后利用电容将高频信号滤去，留下低频信号，再经放大电路放大，送给负载显像管或扬声器，还原成图像或声音。

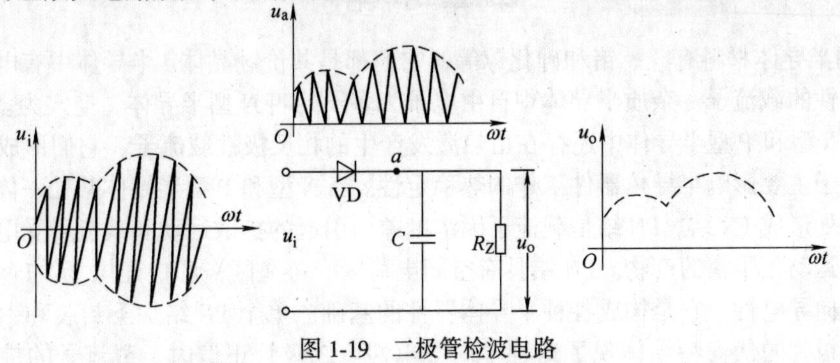

图1-19 二极管检波电路

2. 二极管限幅电路

“限幅”是指限制电路的输出幅值。输入信号的波形经限幅电路后，只有其中的一部分传到输出端，其余部分则被限制而消失了。在模拟电子电路中，常用限幅电路来减小和限制某些信号的幅值，以适应电路的不同要求，或作为保护措施。在脉冲电路中，常用限幅电路来处理信号波形。限幅电路是用具有非线性特性的器件来实现的，二极管可用来组成简单的限幅电路。限幅电路中的二极管一般都工作在大电流范围，所以可采用二极管的恒压模型来分析电路的工作原理。

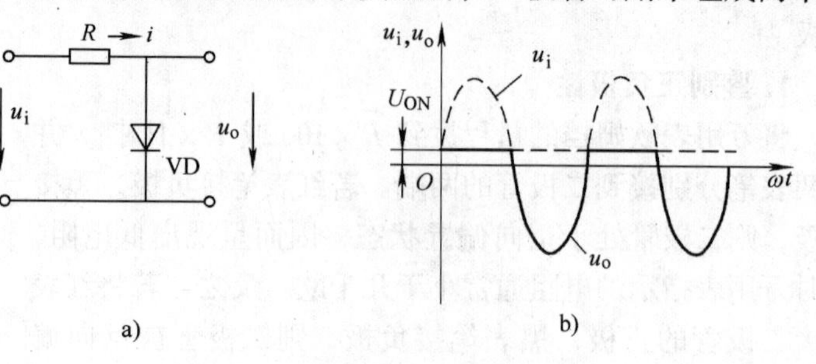

图 1-20　并联限幅电路

把二极管 VD 与输出端并联，则可构成如图 1-20a 所示的并联限幅电路。当输入正弦信号处于正半周且数值大于二极管 VD 导通时的恒压 U_{ON} 时，二极管导通，此时输出电压 $u_o = U_{ON}$，当 u_i 小于 U_{ON}或 u_i 处于负半周时，二极管处于死区或因反偏而截止。此时的波形全部传送到输出端，即 $u_o = u_i$，波形如图 1-20b 所示。并联电路限制了信号的正半周。

将两个二极管 VD_1 和 VD_2 反向并联在电路输出端，即构成双向限幅电路，如图 1-21a 所示。根据并联限幅电路的工作原理，可得如图 1-21b 所示的输出波形。由图可见，双向限幅电路限制了输入信号的正负幅度，使输出电压的最大幅值为 $\pm U_{ON}$。

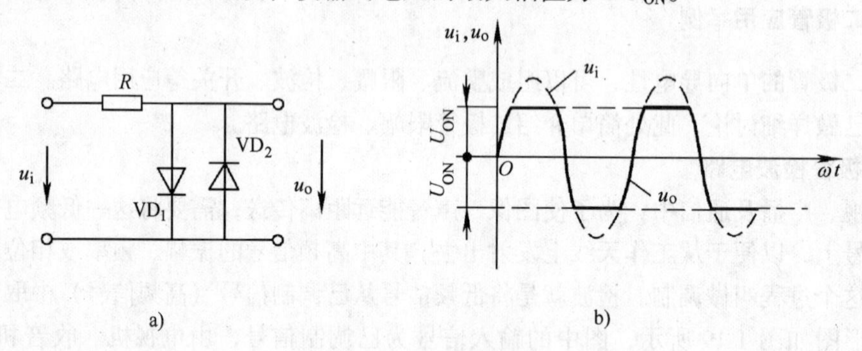

图 1-21　双向限幅电路

本 章 小 结

1. 常用半导体材料有硅、锗和砷化镓等，它们都是共价键晶体。半导体中有电子和空穴两种相反极性的载流子。杂质半导体中自由电子为多子的叫 N 型半导体，空穴为多子的叫 P 型半导体。N 型和 P 型半导体中还存在由热激发产生的相反极性载流子，它们形成半导体中的少子，少子主要影响半导体器件工作的热稳定性。当 N 型和 P 型半导体共处一体时，在它们的交界面处形成 PN 结。PN 结是载流子因浓度差而引起的扩散运动和载流子受电场力作用形成的漂移运动相平衡的产物。PN 结具有空间电荷区（势垒区）和内建电场。PN 结的可贵性是它的单向导电性，它是构成各种半导体器件的基础。单个 PN 结加上封装和引线就构成二极管，二极管的伏安特性体现了这种单向导电性。二极管正偏时，载流子的扩散超过漂移，PN 结导通，表现出很小的正向电阻；二极管反偏时，阻挡层加宽，多子扩散受阻，PN 结截止，少子电流极小，表现出很大的反向电阻。

2. 二极管的主要用途就是用作整流器件。常见的整流电路有单相半波、桥式整流两种电路。选择整流二极管考虑的主要参数为 I_F 和 U_R。

3. 整流出来的是单方向的脉动电压，含有交流成分，会干扰用电设备的正常工作。交流成分必须加以滤除。常用的滤波元件有电容器和电感。L 和 C 都有储能作用，这种储能作用表现在电容 C 阻止其两端电压波动的能力，所以用作并联滤波器；电感 L 有阻止流过它的电流变化的能力，所以用作串联滤波器。L 和 C 及它们组成的复式滤波电路的滤波效果更好。

4. 硅稳压二极管是基于反向击穿特性的特殊二极管。为了保护稳压管避免击穿发热而损坏，工作中应串联限流电阻 R，稳压管两端具有陡削的伏安特性，其电压 U_Z 相当稳定，可与负载并联，构成并联稳压电路。此电路中需注意限流电阻 R 的选择。

5. 利用万用表的欧姆挡可对二极管进行极性识别及性能测试。二极管应用除了整流，还可以用于检波、限幅等。

习 题 一

1. P 型半导体的多数载流子是什么？P 型半导体带正电吗？N 型半导体的多数载流子是什么？N 型半导体带负电吗？为什么？

2. 在室温附近，温度升高，杂质半导体中是多数载流子还是少数载流子浓度明显增加？为什么？

3. 当 PN 结未加外部电压时，有无电流流过？有无载流子通过？

4. PN 结两端存在内建电位差，若将 PN 结短路，问有无电流流过？

5. 温度对二极管的正向特性影响小，对其反向特性影响大，为什么？

6. 怎样利用万用表判断二极管正、负极性与好坏？

7. 二极管电路如图 1-22 所示，$R = 6\text{k}\Omega$，判断图中二极管是导通还是截止（将二极管视为理想器件），并确定各电路的输出电压 u_o。

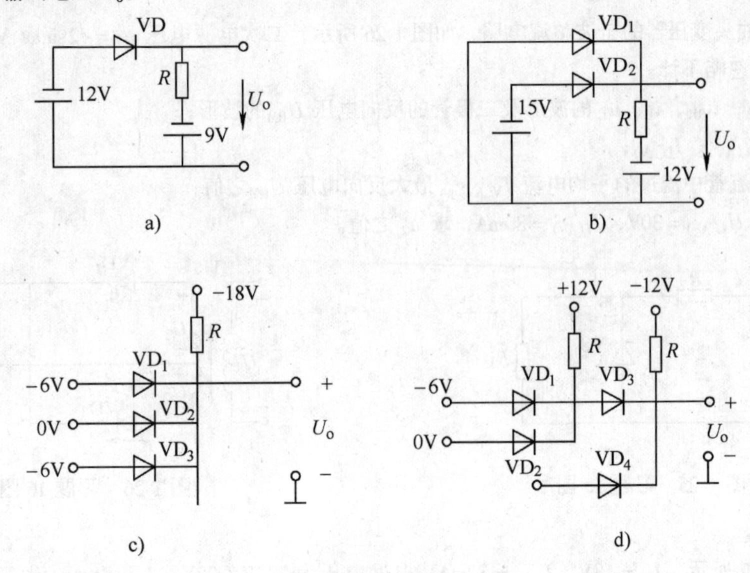

图 1-22 习题 7 图

8. 由理想二极管组成的电路如图 1-23 所示，设二极管正向压降和反向电流均可忽略，且 $u_i = 8\sin100\pi t$ V，$R = 1\text{k}\Omega$，试画出输出电压 u_o 的波形。

9. 电路如图 1-24 所示，设 $u_i = 10\sin\omega t$ V，稳压管的稳定电压为 $U_Z = 8$V，正向压降为 0.7V，R 为限流电阻，试近似画出 u_o 的波形。

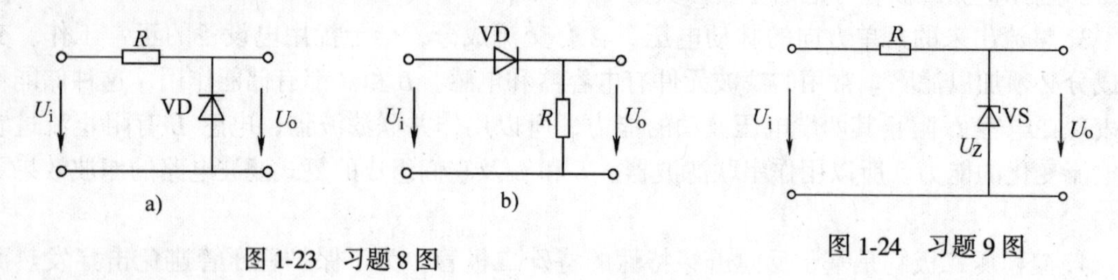

图 1-23 习题 8 图

图 1-24 习题 9 图

10. 若某硅二极管的伏安特性为 $I = 5\times10^{-12}(e^{U/U_T}-1)$ A，式中 $U_T = 26$mV。

(1) 若用一节 1.5V 的干电池以正偏形式接在二极管两端，计算流过二极管的电流。问计算结果与实际情况是否相符？

(2) 若干电池内阻为 1Ω，问流过二极管的电流最大可能为多少？

11. 有 A、B 两个二极管，它们的反向饱和电流分别为 5μA 和 0.2μA；在外加相同的正向电压时的电流分别为 20mA 和 8mA。你认为哪一个管子的性能较好？

12. 某二极管的反向饱和电流在 25°C 时是 10μA，设温度每增加 10°C 反向电流就增大一倍。问在65°C 时，它的反向电流是多少？

13. 在用万用表的 $R\times10$、$R\times100$ 和 $R\times1\text{k}$ 三个欧姆挡测量某二极管的正向电阻时，共测得三个数值：4kΩ、85Ω 和 680Ω，试判断它们各是哪一挡测出的。

14. 两只硅稳压管的稳定电压分别为 $U_{Z1} = 6$V、$U_{Z2} = 3.2$V。若把它们串联起来，则可得到几种稳定电压？各为多少？若把它们并联起来呢？

15. 在图 1-25 所示电路中，设稳压管的 $I_{Zmax} = 20$mA，$I_{Zmin} = 5$mA，$U_Z = 7$V。求：

(1) R_L 开路时的限流电阻 R 的取值范围；

(2) 接入负载的最小值 R_{Lmin}（设 $R = 800\Omega$）。

16. 有中心抽头变压器的全波整流电路，如图 1-26 所示，二次电源电压 $u_2 = \sqrt{2}\sin\omega t$ V，二极管正向压降和变压器内阻忽略不计。

(1) 画出 u_2、i_{VD1}、i_L、u_L 的波形及二极管的反向电压 U_{RM} 的波形；

(2) 求出 $U_{L(AV)}$，$I_{L(AV)}$；

(3) 计算整流管中流过的平均电流 $I_{V(AV)}$，最大反向电压 U_{RM} 之值；

(4) 若已知 $U_{L(AV)} = 30$V，$I_{L(AV)} = 80$mA，求 u_2 之值。

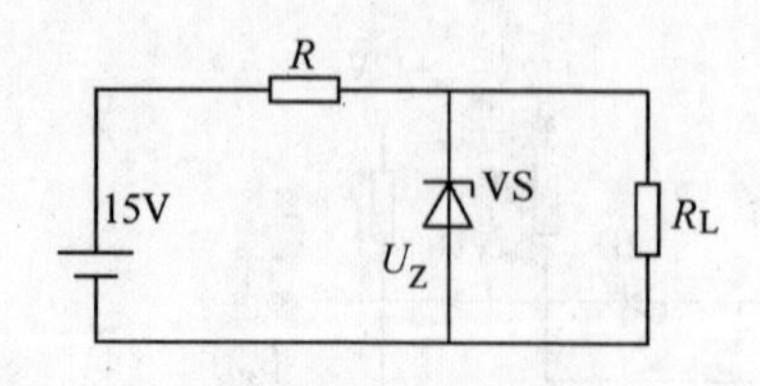

图 1-25 习题 15 图

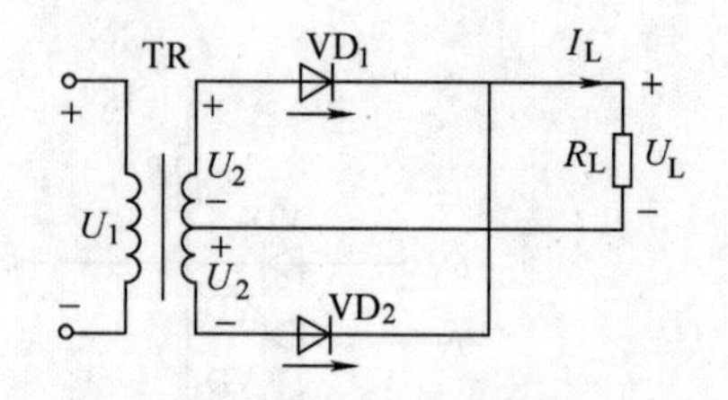

图 1-26 习题 16 图

17. 如图 1-27 所示，$U_o = 18$V，$I_{omax} = 30$mA，电网电压为 220V ± 22V，$I_Z \geqslant 5$mA，设 $U_2 = 36$V，问 R 应如何选择？

18. 已知一典型的桥式全波整流电路如图 1-28 所示。$U_1 = 220V$，$U_2 = 20V$，现用直流电压表测量负载 R_L 上的电压值为 U_L，试分析下列数据中哪些属于正常？哪些说明电路有故障？有何故障？

（1）$U_L = 28V$；

（2）$U_L = 18V$；

（3）$U_L = 24V$；

（4）$U_L = 9V$。

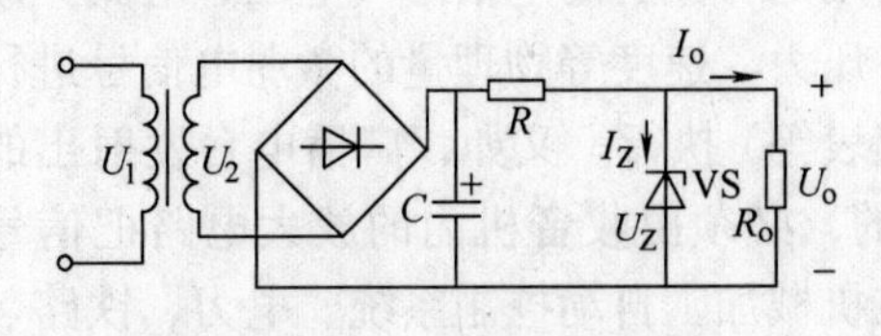

图 1-27　习题 17 图

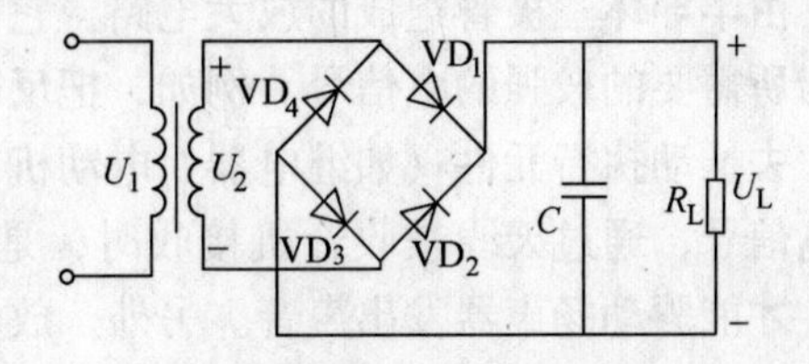

图 1-28　习题 18 图

第二章　半导体三极管和基本放大电路

由半导体三极管组成的放大电路，它的主要作用是将微弱的电信号（电压、电流）放大成为所需要的较强的电信号。例如，把反映温度、压力、速度等物理量的微弱电信号进行放大，去推动执行元件（如继电器、电动机、指示仪表等）执行。又如，广播电台发射出的无线电信号，通过天线被收音机接收时，是很微弱的，必须由收音机内的放大电路把信号放大，才能驱动扬声器发出声音。另外，放大电路在机械加工自动控制系统、电力、铁路、地质勘探、地震预报、建筑施工自动化等方面均获得广泛应用。总之，半导体三极管放大电路在生产、科研及日常生活中的应用是极其广泛的。

本章主要介绍半导体三极管、交流放大电路的基本工作原理、基本分析方法，常用的典型放大电路，负反馈在放大电路中的应用，差动放大电路等，最后对场效应晶体管及其放大电路作简要介绍。

第一节　半导体三极管

半导体三极管常简称为晶体管或三极管，是最重要的一种半导体器件。

一、晶体管的结构

晶体管的种类很多，外形不同，但是它们的基本结构相同，都是通过一定的工艺在一块半导体基片上制成两个 PN 结，再引出三个电极，然后用管壳封装而成。因此，它是一种具有两个 PN 结、三个电极的半导体器件。图 2-1 所示是常见的几种晶体管的外形，其中 3AD6 型晶体管的三个电极中的一个电极是管壳。

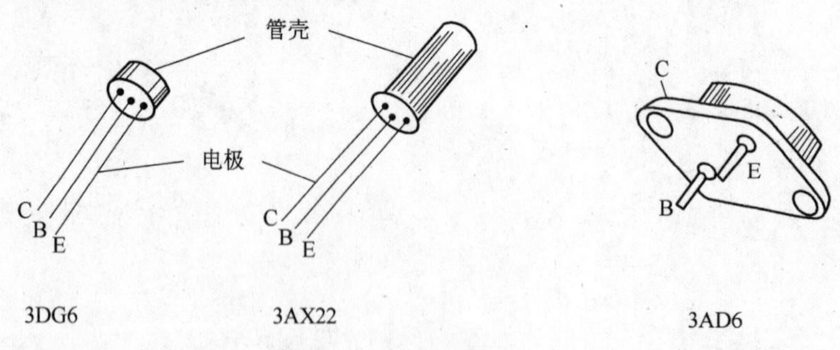

图 2-1　晶体管的外形

晶体管的管芯结构，目前最常见的有平面型和合金型两类，如图 2-2 所示。硅管主要是平面型，锗管多为合金型。不论是平面型或合金型，都是由三层不同的半导体构成的。根据结构不同，可分成两种类型：NPN 型和 PNP 型。

图 2-3 所示为晶体管结构示意图。NPN 型或者 PNP 型管的三层半导体形成三个不同的导电区。中间薄层半导体，厚度只有几微米～几十微米，掺入杂质最少，因而多数载流子浓度

最低，称为基区。基区两边为同型半导体，但两者掺入杂质的浓度不同，因而多数载流子的浓度不同。多数载流子浓度大的一边称为发射区，是用来发射多数载流子的。另一边多数载流子浓度较小的半导体称为集电区，是用来收集载流子的。发射区和基区交界处的 PN 结称为发射结。基区和集电区交界处的 PN 结称为集电结。集电结面积比发射结的大，以保证集电区能有效地收集载流子。从发射区、基区和集电区引出的三个电极分别称为发射极、基极和集电极，并分别用字母 E、B、C 表示。

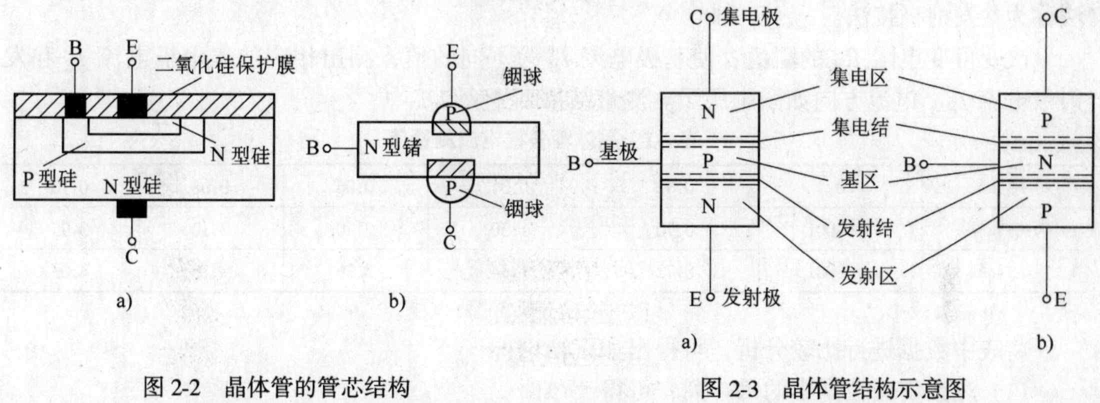

图 2-2　晶体管的管芯结构

a）平面型　b）合金型

图 2-3　晶体管结构示意图

a）NPN 型　b）PNP 型

NPN 型和 PNP 型晶体管的电路图形符号如图 2-4 所示。图中发射极的箭头方向表示电流方向。

晶体管按用途分为：低频小功率管、低频大功率管、高频小功率管、高频大功率管、开关管等。

目前我国生产的硅管多为 NPN 型，如 3DG6、3 DD4、3 DK4 等；锗管多为 PNP 型，如 3AX 31、3AD6 等。

二、晶体管的电流分配关系和电流放大作用

晶体管有两个按一定关系配置的 PN 结。由于两个 PN 结之间的互相影响，使晶体管表现出不同于单个 PN 结的特性。晶体管最重要的特性是具有电流放大作用。

NPN 型和 PNP 型晶体管的工作原理类似，但在使用时电源极性连接不同。下面以 NPN 型晶体管为例来分析。

为了解晶体管的电流分配关系和电流放大原理，先做一个简单的实验，实验电路如图 2-5 所示。

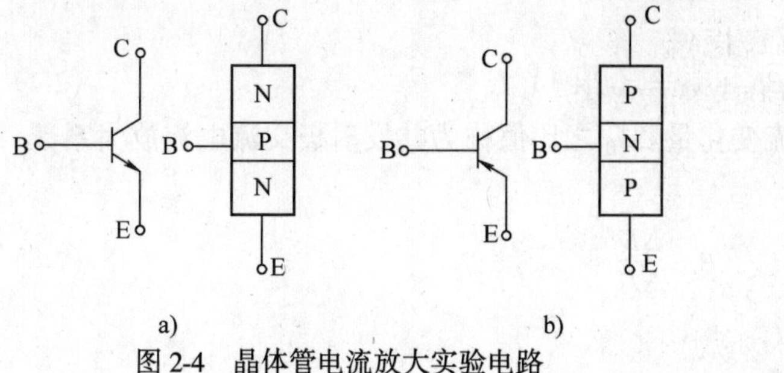

图 2-4　晶体管电流放大实验电路

a）NPN 型　b）PNP 型

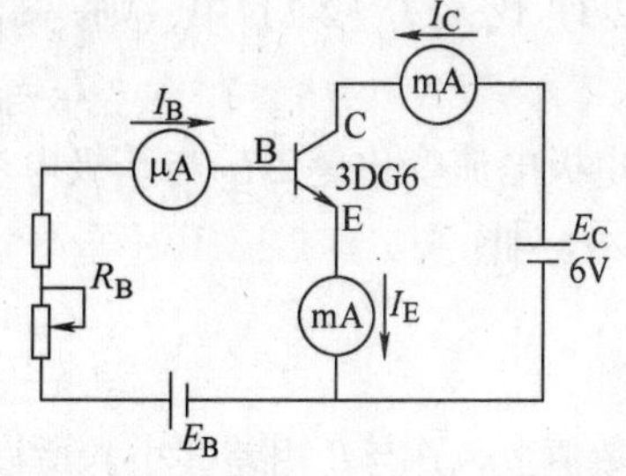

图 2-5　晶体管电流放大实验电路

如前所述，晶体管的发射区的作用是向基区发射载流子，基区是传送和控制载流子的，而集电区是收集载流子的。因此，要使晶体管能正常工作，必须外加合适的电压。首先，发射区要向基区发射电子，因此要在发射结加上正向电压（正向偏置）。其次，要保证发射到基区的电子绝大多数经过基区能传输到集电区，为此必须在集电结加上反向电压（反向偏置）。如图 2-5 所示，晶体管的发射结由直流电源 E_B 供给较低的正向电压，一般 $U_{BE}<1V$；集电结由直流电源 E_C 供给较高的（几伏到几十伏）反向电压。这种以发射极为公共端的接法称为共发射极接法。

改变可变电阻 R_B 的阻值，使基极电流 I_B 为不同的值，测出相应的集电极电流 I_C 和发射极电流 I_E。电流方向如图中所示。测量结果列于表 2-1 中。

表 2-1　晶体管各极电流测量值

I_B/mA	0	0.02	0.04	0.06	0.08	0.10
I_C/mA	<0.001	0.70	1.50	2.30	3.10	3.95
I_E/mA	<0.001	0.72	1.54	2.36	3.18	4.05

将表中数据进行比较分析，可得出如下结论：

（1）观察实验数据中的每一列，可得

$$I_E = I_B + I_C \tag{2-1}$$

三个电流之间的关系符合基尔霍夫电流定律。

（2）I_C 稍小于 I_E，而比 I_B 大得多。I_C 与 I_B 的比值远大于 1，且在一定范围内基本不变。例如由表 2-1 中第三列和第四列的数据，可得

$$\frac{I_C}{I_B}=\frac{1.50}{0.04}=37.5 \qquad \frac{I_C}{I_B}=\frac{2.30}{0.06}=38.3$$

特别是在基极电流产生微小变化 ΔI_B 时，集电极电流则产生较大的变化 ΔI_C。例如由表 2-1 中第三列和第四列数据，可得

$$\frac{\Delta I_C}{\Delta I_B}=\frac{2.30-1.50}{0.06-0.04}=40$$

这就是晶体管的电流放大作用。把集电极电流 I_C 与基极电流 I_B 之比值称为共发射极直流电流放大系数，用 $\overline{\beta}$ 表示，即

$$\overline{\beta}=\frac{I_C}{I_B} \tag{2-2}$$

所以

$$I_C=\overline{\beta}I_B \tag{2-3}$$

将式（2-3）代入式（2-1）中，则

$$I_E=\overline{\beta}I_B+I_B=(\overline{\beta}+1)\ I_B \tag{2-4}$$

集电极电流变化量 ΔI_C 与基极电流变化量 ΔI_B 之比值称为共发射极交流电流放大系数，用 β 表示，即

$$\beta=\frac{\Delta I_C}{\Delta I_B} \tag{2-5}$$

在数值上，$\overline{\beta}$ 与 β 相差甚小，所以

$$I_C\approx\beta I_B \tag{2-6}$$

$$I_E \approx (\beta + 1) I_B \tag{2-7}$$

晶体管的电流放大作用可通过晶体管内部载流子的运动过程来说明。由发射区扩散到基区的电子，少部分与基区的空穴复合而形成基极电流，绝大部分将越过集电结而构成集电极电流 I_C。故 $I_E = I_B + I_C$，因 I_B 很小，故 $I_E \approx I_C$。I_C 值为 I_E 值的 90% 以上（典型值为 98%），即 $I_C >> I_B$，且二者具有一定的比例关系，晶体管制成以后，这个比例关系便基本确定。如果 I_B 发生变化，I_C 也将随之变化。但因 I_B 和 I_C 具有基本确定的比例关系，故 I_B 的变化量 ΔI_B 也比 I_C 的变化量 ΔI_C 小得多，即微小的 I_B 的变化将引起很大的 I_C 变化，这就是晶体管的电流放大作用。

要实现晶体管的电流放大作用，一方面要使发射区的多数载流子的浓度远大于基区的多数载流子浓度，另一方面发射结要正向偏置，集电结要反向偏置。

三、特性曲线

晶体管的特性曲线是指晶体管各电极电压与电流之间的关系曲线，它是晶体管内部载流子运动规律的外部表现，它反映出晶体管的性能，是分析晶体管放大电路的重要依据。由于晶体管和二极管一样也是非线性器件，所以通常用伏安特性曲线描述其特性。因此，了解晶体管的特性曲线，才能正确使用晶体管。最常用的是共发射极接法时的输入特性曲线和输出特性曲线。这些特性曲线，可利用专用图示仪进行直观显示，或通过实验测量绘制出来。各种型号晶体管的典型特性曲线可从产品手册中查到。

图 2-6 所示是测量 NPN 型晶体管特性曲线的实验电路。E_B 和 E_C 是供给基极和集电极回路的可调直流电源。R_B 和 R_C 是限流电阻，用以防止因电源电压调节过高时晶体管出现过大电流而损坏。

1. 输入特性曲线

输入特性曲线是指当集电极与发射极之间的电压 U_{CE}为某一常数时，输入回路中基极电流 I_B 与基极-发射极电压 U_{BE}之间的关系曲线，用函数关系表示为

$$I_B = f(U_{BE})\Big|_{U_{CE}=常数}$$

图 2-7 所示为 NPN 型硅管的输入特性曲线。

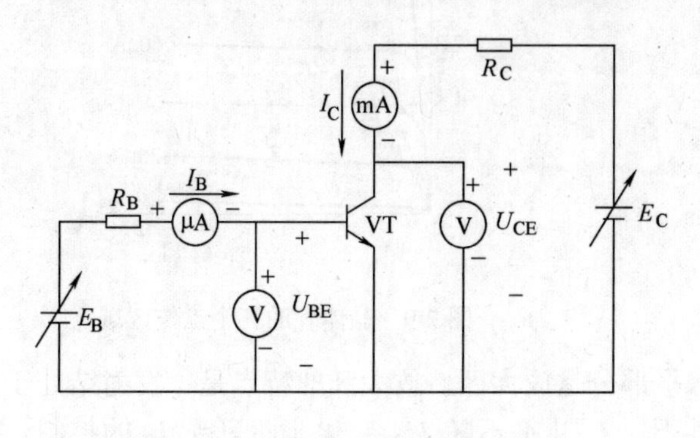

图 2-6　晶体管特性曲线的实验电路

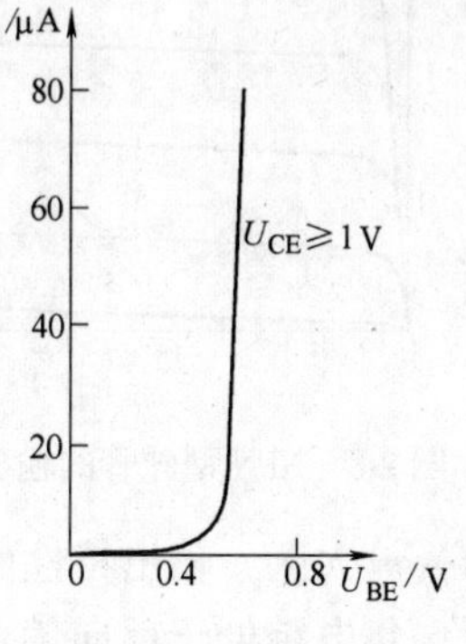

图 2-7　NPN 型硅管的输入特性曲线

对于硅管，当 $U_{CE} \geqslant 1V$ 时，集电结已反向偏置，只要 U_{BE}相同，则从发射区发射到基区的电子数基本相同，而集电结所加的反向电压已能把这些电子中的绝大部分拉入集电区，以

至 U_{CE}再增加，I_B 也不再明显减小。就是说，$U_{CE}>1V$ 后的输入特性基本上是重合的。由于实际使用时，$U_{CE}>1V$，所以通常只画出 $U_{CE}\geqslant 1V$ 的一条输入特性曲线。

由输入特性曲线可见，当 U_{BE}较小时，$I_B=0$。$I_B=0$ 的这段区域称为死区。这表明晶体管的输入特性曲线与二极管的正向伏安特性曲线相似，也有一段死区。只有在发射结外加电压 U_{BE}大于死区电压时，晶体管才会出现 I_B。硅管死区电压约为 0.5V，锗管死区电压约为 0.2V。在管子正常工作情况下，硅管发射结压降 $U_{BE}=0.6\sim0.7V$；锗管的 $U_{BE}=0.2\sim0.3V$（这里的电压值均为绝对值）。

2. 输出特性曲线

输出特性曲线是指在基极电流 I_B 为常数时，晶体管的输出回路（集电极回路）中集电极电流 I_C 与集-射极电压 U_{CE}之间的关系曲线，用函数关系表示为

$$I_C=f(U_{CE})\Big|_{I_B=\text{常数}}$$

由于 I_C 不仅与 U_{CE}有关，而且与 I_B 有关，因此需要使 I_B 保持为某一定值时测量相应的 U_{CE}和 I_C。例如，设定 $I_B=20\mu A$，然后改变 E_C，每改变一次 E_C，测一次 U_{CE}和 I_C。将多次所测数据在 $I_C—U_{CE}$直角坐标平面上用点标出来，并连成一条曲线，这就是 $I_B=20\mu A$ 的输出特性曲线。再设定 $I_B=40\mu A$，用同样方法绘出另一条输出特性曲线。依此类推，就可得到一族对应于不同 I_B 的 $I_C—U_{CE}$关系曲线，如图 2-8 所示。

由图 2-8 可见，各条特性曲线的形状基本上一样。每一条特性曲线的起始部分陡斜上升，然后弯曲变为平坦，这表明在一定的 I_B 下，U_{CE}较小时，I_C 随 U_{CE}而变化，而且 U_{CE}略有增加，I_C 增加很快，但是当 U_{CE}超过约 1V 以后，I_C 几乎不受 U_{CE}变化的影响。这反映出晶体管的恒流特性。

当 I_B 增大时，相应的 I_C 也增大，曲线上移，而且 I_C 比 I_B 增加的要多得多，这就是前面所说的晶体管的电流放大作用。

根据晶体管工作状态不同，输出特性曲线通常可分成三个工作区域，如图 2-9 所示。

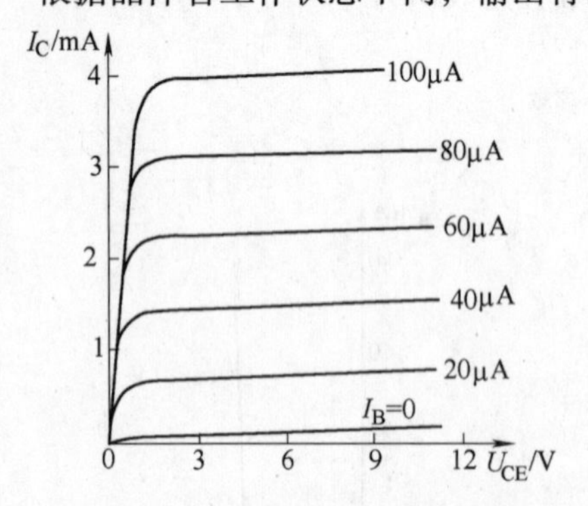

图 2-8 NPN 型硅管的输出特性曲线

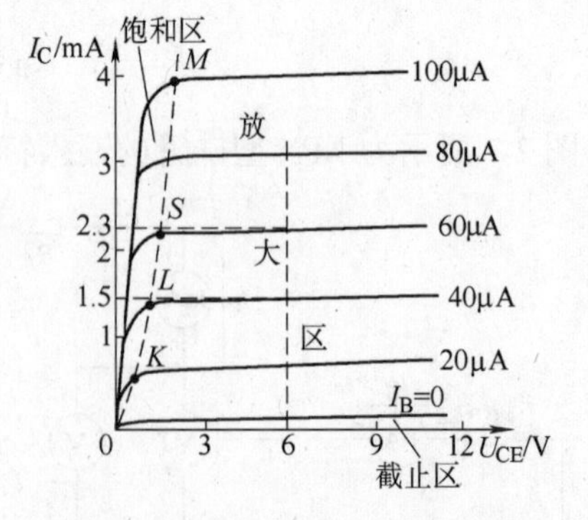

图 2-9 晶体管的三个工作区域

（1）放大区 输出特性曲线的近于水平部分是放大区。放大区的特点是：发射结处于正向偏置，集电结处于反向偏置，在此条件下，I_C 几乎不随 U_{CE}变化，而只受 I_B 的控制，并且 I_C 的变化量远大于 I_B 的变化量，这反映出晶体管的电流放大作用。在放大区，$I_C=\beta I_B$。

由放大区的特性曲线可求出电流放大系数 β。例如，设 I_B 从 $40\mu A$ 变到 $60\mu A$，其变化量 $\Delta I_B=0.02mA$，相应地 I_C 则从 1.5mA 变到 2.3mA，其变化量 $\Delta I_C=0.8mA$，所以晶体管的电

流放大系数

$$\beta = \frac{\Delta I_C}{\Delta I_B} = \frac{0.8\text{mA}}{0.04\text{mA}} = 40$$

由此可见，各条输出特性曲线水平部分之间的距离直接反映出电流放大系数 β 的大小。

（2）截止区　$I_B = 0$ 的这条曲线以下的区域称为截止区。$I_B = 0$ 时，$I_C = I_{CEO}$。I_{CEO} 称为穿透电流，其数值在常温下很小，$I_B = 0$ 的曲线几乎与横轴重合，所以可以认为此时晶体管处于截止状态。NPN 型硅管在 $U_{BE} = 0.5\text{V}$ 时，即已截止。但是为了使截止可靠，常使 $U_{BE} \leqslant 0$。因此，晶体管工作在截止区时，发射结和集电结均处于反向偏置状态。

（3）饱和区　如图 2-9 所示，各条输出特性曲线上对应于集电结处于零电压状态（即 $U_{CE} = U_{BE}$，$U_{CB} = U_{CE} - U_{BE} = 0$）的各点的连线，称为临界饱和线。在此临界饱和线左侧的区域称为饱和区。在饱和区，$U_{CE} < U_{BE}$，集电结处于正偏状态，其内电场被削弱，不能把从发射区扩散到集电结边缘的电子全部拉入集电区，而只能把其中的一部分电子拉入集电区形成 I_C。因此在 U_{CE} 一定时，I_B 增加，I_C 不能相应地增加，这种现象就称为饱和。在此区域内，当 U_{CE} 变化时，因集电结内电场变化，拉入集电区的电子数也变化，I_C 因而随 U_{CE} 变化。由此可见，在饱和区内，晶体管处于饱和导通状态，I_B 对 I_C 的控制作用减弱，两者不成正比，因而失去像在放大区那样的线性放大作用。此时的 U_{CE} 称为饱和管压降 U_{CES}，一般硅管的饱和管压降约为 0.3～0.5V，锗管的饱和管压降约为 0.1～0.2V。晶体管饱和时，发射结和集电结均处于正向偏置。

四、主要参数

晶体管的特性除用特性曲线表示外，还可用一些数据来说明，这些数据就是晶体管的参数。晶体管的参数用来表征管子的性能优劣和适用范围，是正确选用的依据。下面介绍一些主要参数。

1. 电流放大系数

电流放大系数是表示晶体管放大能力的重要参数。

晶体管在接成共发射极放大电路时，根据工作状态不同，有直流电流放大系数 $\overline{\beta}$ 和交流电流放大系数 β。

共发射极直流放大系数

$$\overline{\beta} = \frac{I_C}{I_B}$$

上式表明，晶体管集电极的直流电流 I_C 与基极的直流电流 I_B 的比值，就是晶体管接成共发射极电路的直流电流放大系数。它是晶体管在无输入信号情况下（称为静态）电流放大能力的参数。

共发射极交流电流放大系数

$$\beta = \frac{\Delta I_C}{\Delta I_B}$$

上式表明，当晶体管工作在有信号输入情况下处于交流工作状态（称为动态）时，基极电流的变化量 ΔI_B 引起集电极电流的变化量为 ΔI_C。因此，β 表示晶体管交流工作状态的电流放大能力。

由上述可见，$\overline{\beta}$与β的含义不同，但两者数值较为接近，所以在电路分析估算时，常用$\overline{\beta}\approx\beta$这个近似关系式。

由于制造工艺的分散性，即使相同型号的晶体管，β值也有差异。常用的晶体管的β值在20～100之间。

2. 极间反向电流

（1）集-基极反向饱和电流I_{CBO}　I_{CBO}是在发射极开路的情况下集电极与基极间加反向电压时的反向电流，如图2-10所示。它实际上和单个PN结的反向电流是一样的，因此它受温度的影响大。在一定温度下，I_{CBO}基本上是个常数，因此称为反向饱和电流。室温下，小功率锗管的I_{CBO}约为几微安到几十微安，小功率硅管的I_{CBO}小于1μA。显然I_{CBO}越小，管子工作稳定性越好。在温度变化范围大的工作环境应选用硅管。

（2）集-射极反向穿透电流I_{CEO}　I_{CEO}是在基极开路的情况下，集电极与发射极间加上一定反向电压时的集电极电流，其测量电路如图2-11所示。由于这个电流是从集电区穿过基区流至发射区，所以称为穿透电流。根据载流子在晶体管内部的运动规律及电流分配关系，可推导出

$$I_{CEO}=(\beta+1)I_{CBO} \tag{2-8}$$

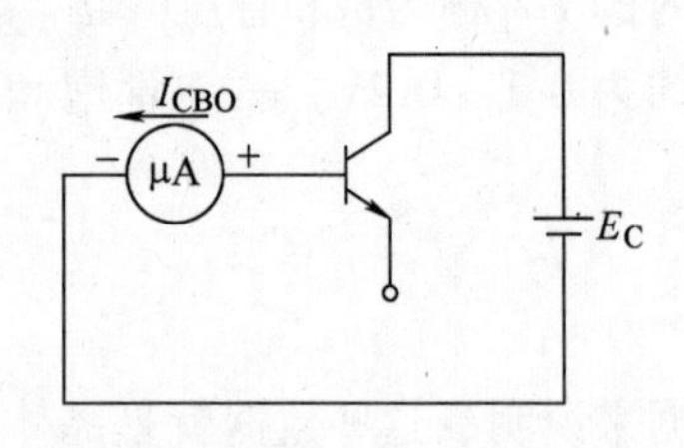

图2-10　I_{CBO}的测量电路

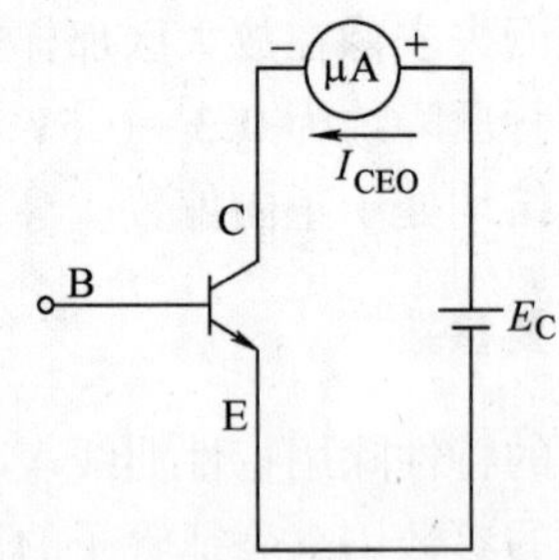

图2-11　穿透电流I_{CEO}的测试电路

在共发射极电路中，当有基极电流I_B存在并考虑穿透电流I_{CEO}时，可得集电极电流I_C的精确表达式

$$I_C=\beta I_B+I_{CEO} \tag{2-9}$$

温度升高时，β和I_{CBO}都随温度升高而增大，故I_C也要增加，所以晶体管的温度稳定性较差。因此，I_{CEO}和I_{CBO}都是衡量晶体管稳定性的重要参数，由于I_{CEO}和I_{CBO}随温度的变化而变化，因而对晶体管的工作影响也更大。小功率锗管的I_{CEO}约为几十微安到几百微安，硅管在几微安以下。由于I_{CEO}与β及I_{CBO}有关，因此在选用晶体管时，要求I_{CBO}尽可能小些，而β值以不超过100为宜。

3. 极限参数

（1）集电极最大允许电流I_{CM}　集电极电流超过某一定值时，电流放大系数β值就要下降。I_{CM}就是β下降到其正常值的2/3时的集电极电流。使用晶体管时，I_C超过I_{CM}，晶体管并不一定会损坏，但β值将显著下降。

（2）集-射极反向击穿电压$U_{(BR)CEO}$　$U_{(BR)CEO}$是在基极开路时加在集-射极间的最大允许电压。当晶体管的集-射极电压U_{CE}大于$U_{(BR)CEO}$时，I_{CEO}突然剧增，说明晶体管已被击穿。手册中给出的$U_{(BR)CEO}$一般是常温（25℃）时的值，在较高温度下，$U_{(BR)CEO}$的值将要降低，

使用时应注意。

(3) 集电极最大允许耗散功率 P_{CM}　当集电极电流通过集电结时，要消耗功率而使集电结发热，若集电结温度过高，则会引起晶体管参数变化，甚至烧毁管子。因此规定当晶体管因受热而引起的参数变化不超过允许值时集电极所消耗的最大功率为集电极最大允许耗散功率 P_{CM}。

根据晶体管的 P_{CM}值，由

$$P_{CM} = I_C U_{CE}$$

可在输出特性曲线上画出一条 P_{CM}曲线，称为集电极功耗曲线，如图 2-12 所示，它是一条双曲线。在曲线右侧，集电极耗散功率 $I_C U_{CE} > P_{CM}$，这个区域称为过损耗区。而在曲线的左侧，$I_C U_{CE} < P_{CM}$，所以由 I_{CM}、$U_{(BR)CEO}$、P_{CM}三者共同确定了晶体管的安全工作区，如图 2-12 所示。

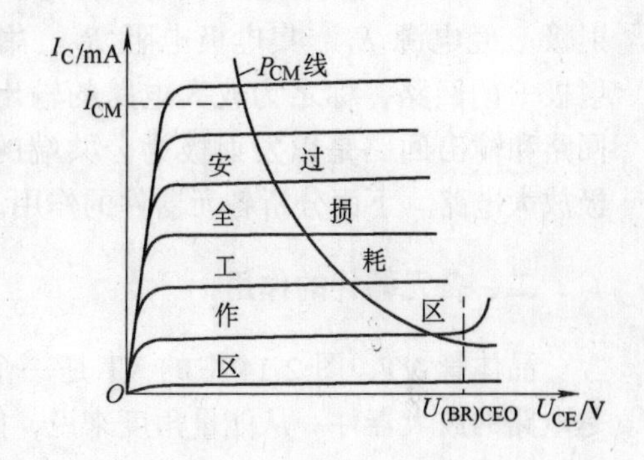

图 2-12　晶体管的功耗曲线和安全工作区

P_{CM}值与环境温度有关，温度越高，则 P_{CM}值越小。为了提高 P_{CM}值，常采用散热装置。

以上所介绍的几个主要参数，其中 β、I_{CBO}和 I_{CEO}是表示晶体管性能优劣的主要指标；I_{CM}、$U_{(BR)CEO}$和 P_{CM}都是极限参数，用以说明晶体管的使用范围。特别要注意，晶体管工作时，不允许同时达到 I_{CM}和 $U_{(BR)CEO}$，否则集电极功耗将大大超过 P_{CM}值而使晶体管损坏。同时还要考虑温度对 P_{CM}的影响。此外，晶体管还有一些说明其他特性的参数，例如截止频率 f_β、结温 T_j 等。

第二节　交流放大电路的结构和工作特点

放大电路通常有两部分，如图 2-13 所示，第一部分为电压放大电路，它的任务是将微弱的电信号加以放大去推动功率放大电路，一般它的输出电流较小；电压放大电路是整个放大电路的前置级。第二部分为功率放大电路，是放大电路的输出级，它的任务是输出足够大的功率去推动执行元件（如继电器、电动机、扬声器、指示仪表等）工作。功率放大电路的输出电压和电流都比较大。我们先讨论电压放大电路。

在工业电子技术中，常用交流放大电路的输入交流信号的频率一般在 20 ~ 20 000Hz 范围内，这类放大电路通常称为低频放大电路。

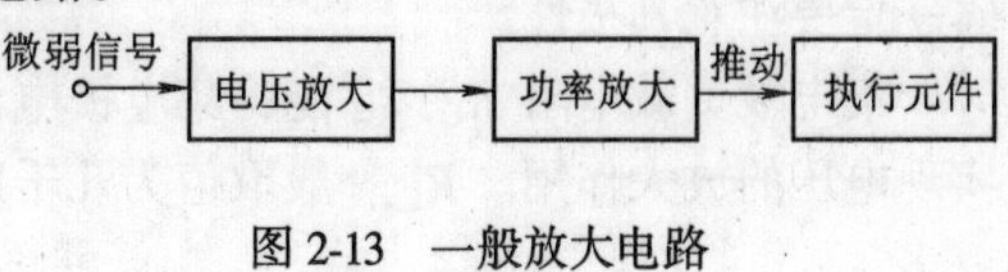

图 2-13　一般放大电路

一、基本电压放大电路的组成

晶体管组成放大电路的基本原则是：

1）晶体管应工作在放大状态，即发射结正向偏置，集电结反向偏置。

2）信号电路应畅通。输入信号能从放大电路的输入端加到晶体管的输入极上，信号放大后能顺利地从输出端输出。

3）希望放大电路工作点稳定，信号失真不超过允许范围。

图 2-14 为根据上述要求由 NPN 型晶体管组成的电压放大电路。它由直流电源、晶体管、电阻和电容组成。它是最基本的交流放大单元电路。许多放大电路都以它为基础而构成。因此，掌握它的工作原理及分析方法是分析其他放大电路的基础。

图 2-14 所示的单管放大电路中有两个电流回路：一个是由发射极 E、信号源、电容 C_1、基极 B 回到发射极 E，称之为放大电路的输入回路；另一个是从发射极 E 经电源 E_C、集电极电阻 R_C、集电极 C 回到发射极 E 的回路，称之为放大电路的输出回路。因输入回路和输出回路是以发射极为公共端的，故称为共射极放大电路。下面分析各元器件的作用。

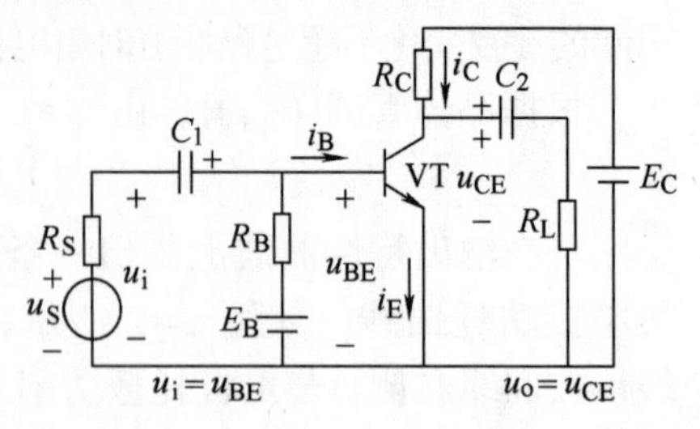

图 2-14 共射单管放大电路

二、各元器件的作用

晶体管 VT：图 2-14 中的 VT 是一个 NPN 型硅管，是电路的放大器件。从能量角度来说，能量是守恒的，不能放大。输出的较多的能量来自直流电源 E_C。由于输出端得到的能量较大的信号是通过晶体管，受输入电流 I_B 控制的，故也可说晶体管是一个控制元件。

集电极直流电源 E_C：它一方面保证集电结处于反向偏置，以使晶体管起放大作用，另一方面又是放大电路的能源。E_C 一般为几伏到几十伏。

基极电源 E_B 和基极电阻 R_B：它们的作用是使发射结处于正向偏置，串联 R_B 是为了控制基极电流 I_B 的大小，使放大电路获得较合适的工作状态。R_B 的阻值较大，一般约为几十千欧至几百千欧。

电容 C_1、C_2：C_1、C_2 分别为输入、输出隔直电容，又称耦合电容。它们具有两个作用，其一起隔直作用，C_1 隔断信号源与放大电路的直流通路，C_2 隔断放大电路与负载之间的直流通路，使三者之间（信号源、放大电路、负载）无直流联系，互不影响；其二起交流耦合作用，使交流信号畅通无阻。当输入端加上信号电压时，可以通过 C_1 送到晶体管的基极与发射极之间，而放大了的信号电压则从负载 R_L 两端取出。C_1、C_2 容量较大，一般取值 $5\sim50\mu F$。容量大对通交流是有利的，当信号频率足够大时，在分析放大电路的交流通路时，C_1、C_2 对交流信号可视作短路。C_1、C_2 一般采用极性电容（如电解电容），因此连接时一定要注意其极性。

集电极负载电阻 R_C：它能将集电极电流 i_C 的变化转换成集-射极间电压 U_{CE}的变化，以实现电压的放大作用。R_C 一般取值为几千欧～几十千欧。

三、交流放大电路的工作特点

图 2-14 用 E_B 和 E_C 两个电源供电，为减少电源的数目，使用方便，考虑到 E_B 和 E_C 的负极是接在一起的，因此可用 E_C 来代替 E_B。一般 E_C 大于 E_B，这样只要适当增大 R_B，即可产生合适的基极电流 I_B。在放大电路中，通常假设公共端电位为“零”，作为电路中其他各点电位的参考点，在电路图上用接

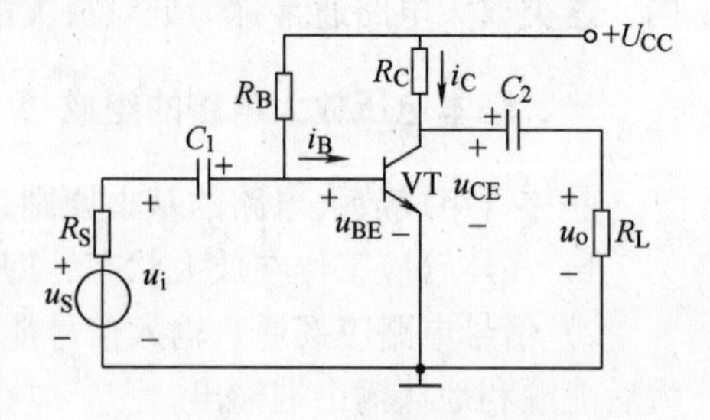

图 2-15 共发射极的放大电路

"地"符号表示；在实际装置中，公共端一般接在金属底板或金属外壳上，同时为了简化电路的画法，习惯上常不画出电源 E_C，而只在连接其正极的一端标出它对"地"的电压值 U_{CC}和极性（"+"或"-"），这样图 2-14 所示的共射极基本放大电路可绘成图 2-15 所示的简单形式。

第三节　基本放大电路的静态分析

静态分析的主要任务是确定放大电路的静态值（直流值）I_B、I_C、U_{CE}和 U_{BE}。放大电路的质量与静态值关系很大。动态分析的任务是确定放大电路的电压放大倍数 A_u、输入电阻 r_i 和输出电阻 r_o 等。

为了便于分析，我们对放大电路中的各个电压和电流的符号作统一的规定，见表 2-2。

表 2-2　晶体管放大电路中电压和电流符号

名称	静态值	交流分量		总电压或总电流		直流电源
		瞬时值	有效值	瞬时值	平均值	
基极电流	I_B	i_b	I_b	i_B	$I_{B(AV)}$	
集电极电流	I_C	i_c	I_c	i_C	$I_{C(AV)}$	
发射极电流	I_E	i_e	I_e	i_E	$I_{E(AV)}$	
集-射极电压	U_{CE}	u_{ce}	U_{ce}	u_{CE}	$U_{CE(AV)}$	
基-射极电压	U_{BE}	u_{be}	U_{be}	u_{BE}	$U_{BE(AV)}$	
基极电源						U_{CC}
集电极电源						U_{BB}
基极电源						U_{EE}

放大电路输入端无输入信号，即 $U_i=0$ 时，电路中只有直流电压和直流电流，为了确定静态值，通常可通过估算法和图解法求得。

1. 估算法——用放大电路的直流通路确定静态值

静态值既然是直流，故可用交流放大电路的直流通路分析。由于电容 C_1、C_2 的隔直作用，图 2-15 可简化成图 2-16 所示的形式。它包含有两个独立回路：由直流电源 U_{CC}、基极电阻 R_B、晶体管的基极-发射极组成基极回路；由直流电源 U_{CC}、集电极负载电阻 R_C、晶体管的集电极-发射极组成集电极回路。

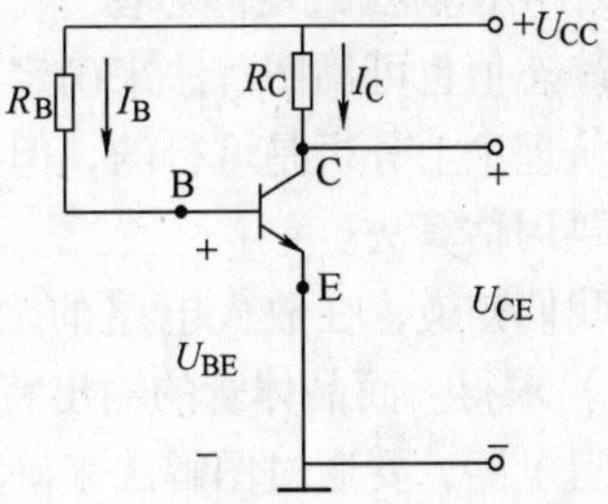

图 2-16　共发射极放大电路简化图

根据图 2-16 可得

$$U_{CC}=I_BR_B+U_{BE} \tag{2-10}$$

则

$$I_B=\frac{U_{CC}-U_{BE}}{R_B} \tag{2-11}$$

式中，U_{BE}为晶体管发射结的正向压降。当发射结处于正向导通状态时，它类似于一个二极管，其导通压降约为 0.7V（锗管约为 0.3V）。通常 $U_{CC}\gg U_{BE}$，故

$$I_B \approx \frac{U_{CC}}{R_B} \tag{2-12}$$

即基极电流 I_B 主要由 U_{CC}和 R_B 决定。显然当 U_{CC}和 R_B 确定后，静态基极电流 I_B 就近似为一个固定值，因此，常把这种电路称作固定式偏置放大电路。I_B 称为固定偏置电流，R_B 称为固定偏置电阻。

由 I_B 可求出静态时的集电极电流

$$I_C = \beta I_B \tag{2-13}$$

静态时的集-射极电压为

$$U_{CE} = U_{CC} - I_C R_C \tag{2-14}$$

静态时 I_B、I_C、U_{CE}的值称为放大电路的静态工作点。

例 2-1 在图 2-16 中，已知 $U_{CC} = 12V$，$R_C = 2k\Omega$，$R_B = 200k\Omega$，$\beta = 50$，试求放大电路的静态值。

解

$$I_B \approx \frac{U_{CC}}{R_B} = \frac{12V}{200 \times 10^3\Omega} = 6 \times 10^{-5}A = 60\mu A$$

$$I_C = \beta I_B = 50 \times 60\mu A = 3mA$$

$$U_{CE} = U_{CC} - I_C R_C = (12 - 3 \times 2)V = 6V$$

例 2-2 在例 2-1 中若 $U_{CC} = 24V$，$\beta = 50$，已选定 $I_C = 2mA$，$U_{CE} = 8V$，试估算 R_B 和 R_C 的阻值。

解

$$I_B = \frac{I_C}{\beta} = \frac{2 \times 10^{-3}}{50}A = 40\mu A$$

$$R_B \approx \frac{U_{CC}}{I_B} = \frac{24V}{40 \times 10^{-6}A} = 600k\Omega$$

$$R_c = \frac{U_{CC} - U_{CE}}{I_C} = \frac{(24 - 8)\ V}{2mA} = 8k\Omega$$

2. 用图解法确定静态值

静态值也可用图解法来确定，并能直观地分析和了解静态值的变化对放大电路工作的影响。从理论上分析是可行的，但因半导体手册并不给出晶体管的特性曲线，因此在具体应用时主要用估算法。

我们知道，在放大电路的输入回路中，只有基极电流 I_B 是需要计算的，可以通过式(2-11) 求得。而晶体管的输出特性曲线是非线性的，因此放大电路的输出回路是一个非线性电阻电路，要通过图解法来确定静态工作点。所谓图解法，即电路的工作情况由负载线和非线性元器件的伏安特性曲线的交点确定。这个交点就是静态工作点。它既要符合非线性元器件上的电压与电流的关系，同时也要符合线性电路中电压与电流的关系。

晶体管是一种非线性器件，它的输出特性曲线如图 2-17a 所示。在图 2-16 所示的直流通路中，晶体管与集电极负载电阻 R_C 串联后接于电源 U_{CC}，我们可以列出

$$U_{CE} = U_{CC} - I_C R_C$$

或

$$I_C = -\frac{1}{R_C} U_{CE} + \frac{U_{CC}}{R_C} \tag{2-15}$$

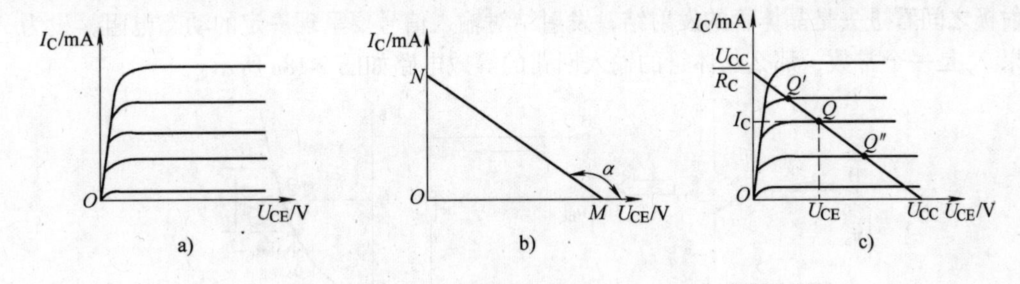

图 2-17　图解法求解静态工作点

这是一个直线方程，其斜率为 $\tan\alpha = -1/R_C$，$I_C = 0$ 时，在图 2-17b 横轴上的截距为 U_{CC}，得 M 点；$U_{CE} = 0$ 时，在纵轴上的截距为 U_{CC}/R_C，得 N 点，连接这两点即为一直线。由于此直线是通过直流通路得出的，且与集电极负载电阻 R_C 有关，故称之为直流负载线。负载线与晶体管的某条（由 I_B 确定）输出特性曲线的交点 Q，即为放大电路的静态工作点。Q 点所对应的电流、电压值即为晶体管静态工作时的电流（I_B、I_C）和电压值（U_{CE}）。

若放大电路的 U_{CC}、R_C 等参数均保持不变，只调节电阻 R_B，即改变基极电流 I_B 的大小，则静态工作点 Q 的位置也随之而改变。$R_B\uparrow\rightarrow I_B\downarrow\rightarrow Q$ 点沿着直流负载线下移，如图 2-17c 中的 Q''，$R_B\downarrow\rightarrow I_B\uparrow\rightarrow Q$ 点沿着负载线上移，如图 2-17 中 Q'。因此，在放大电路中，为了获得合适的工作点，使晶体管工作于特性曲线的放大区，通常通过改变 R_B 的阻值大小来调整基极电流 I_B 的大小。

第四节　放大电路的动态分析

微变等效电路法和图解法是放大电路动态分析的两种基本方法。但是用图解法必须有晶体管的特性曲线，而同一类型的晶体管特性曲线又各有差异，同时图解法分析不仅比较麻烦，而且存在误差大及无法计算输入电阻、输出电阻等动态参数的缺点，故动态分析时，多采用微变等效电路分析法。因此，动态分析我们只介绍微变等效电路分析法。

所谓放大电路的微变等效电路，就是把由非线性器件晶体管组成的放大电路等效为一个线性电路。

一般分析放大器，在输入小信号情况下工作时采用微变等效电路。比如一般应变仪中的输入信号、从传声器输出到放大电路中的信号都是小信号；而驱动记录装置、扬声器的输入信号都是大信号。

当小信号（微变量）输入时，放大器运行于静态工作点的附近，在这一范围内，晶体管的特性曲线可以近似为一直线。在这种情况下，就可以把由非线性器件晶体管组成的放大电路等效为一个线性电路来分析。

微变等效电路是在交流通路基础上建立的，只能对交流等效，只能用来分析交流动态，计算交流分量，而不能用来分析直流分量。

一、晶体管的微变等效电路

分析一个放大电路，一般首先从晶体管的输入回路着手。我们知道，从晶体管的基极、发射极之间看进去是晶体管的发射结，发射结对输入信号要呈现一定的动态电阻，设为 r_{be}。如果 r_{be}是一个常数，那么晶体管的输入回路的等效电路如图 2-18a 所示。

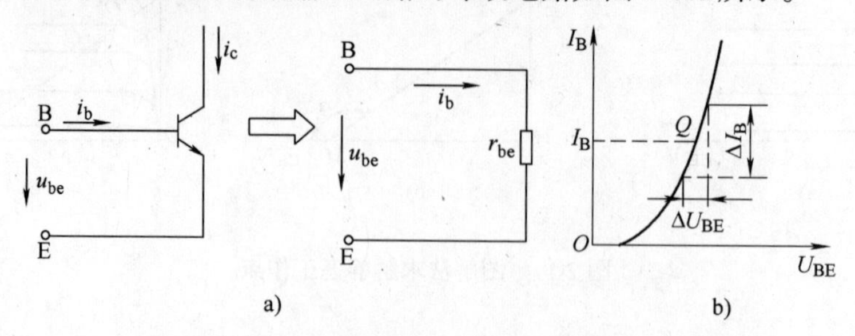

图 2-18　晶体管输入回路的等效电路及输入特性曲线

a）晶体管 B-E 间的等效电路　b）由输入特性曲线求 r_{be}

晶体管的输入特性曲线是非线性的，各点切线斜率是不相同的，因此 r_{be}大小也不一样，也就是说 r_{be}与静态工作点 Q 有关。如果在输入信号很小的情况下，如图 2-18b 所示，则静态工作点 Q 附近的工作段可认为是直线，这样 Q 点的切线与原特性曲线重合，使 r_{be}成为一个常数，所以有

$$r_{be}=\frac{\Delta U_{BE}}{\Delta I_B}\bigg|_{U_{CE}=常数}=\frac{u_{be}}{i_b}\bigg|_{U_{CE}=常数}$$

动态电阻 r_{be}称作晶体管的输入电阻。对于低频小功率管，输入电阻常用的估算式为：

$$r_{be}=300\Omega+（\beta+1）\frac{26\text{mV}}{I_E} \tag{2-16}$$

式中，I_E 为发射极电流静态值，单位为 mA。r_{be}的值一般为几百欧到几千欧。

下面分析晶体管的输出回路，如图 2-19 所示。图 2-19b 为晶体管的输出特性曲线，对于输出特性，当 I_B 一定时，I_C 在放大区内近似恒定。

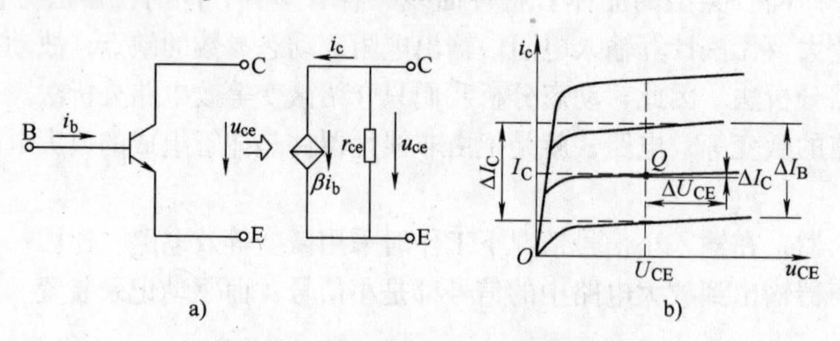

图 2-19　由晶体管的输出特性曲线求 r_{ce}、β

a）等效电路　b）输出特性曲线

当 U_{CE} = 常数时，ΔI_C 与 ΔI_B 之比为

$$\beta=\frac{\Delta I_C}{\Delta I_B}\bigg|_{U_{CE}=常数}=\frac{i_c}{i_b}\bigg|_{U_{CE}=常数}$$

若特性曲线的间距相等时，则为一常数。所以晶体管的电流放大作用可以用一等效电流源 $i_c=\beta i_b$ 来代替。在放大区内 i_c 是受 i_b 控制的，因此我们这里所说的电流源是个受控电流源。

另外从输出特性曲线可以看出，输出特性曲线不完全与横轴平行，因此有下式成立：

$$r_{ce}=\left.\frac{\Delta U_{CE}}{\Delta I_C}\right|_{I_B=常数}=\left.\frac{u_{ce}}{i_c}\right|_{I_B=常数}$$

r_{ce}称作晶体管的输出电阻。由此可见晶体管的输出回路并非为恒流源，而是具有内阻r_{ce}的电流源。即输出回路应由βi_b和内阻r_{ce}并联组成，如图2-19a所示。图2-20为我们所得出的晶体管微变等效电路。但是由于r_{ce}的阻值很高，约几十千欧至几百千欧，因此在画微变等效电路时一般并不画出。

由此可得出放大电路的微变等效电路。对小信号输入放大电路进行动态分析时，首先应画出放大电路的交流通路，然后根据交流通路画出微变等效电路。

图2-20　晶体管的微变等效电路

二、电压放大倍数的计算

利用微变等效电路计算放大电路的电压放大倍数是非常方便的，首先应画出放大电路的交流通路，再将交流通路的晶体管用它的微变等效电路来代替，如图2-21所示。

由图2-21c的输入回路可得

$$\dot{U}_i=\dot{I}_b r_{be} \tag{2-17}$$

由输出回路得

$$\dot{U}_o=-\dot{I}_C R'_L=-\beta\dot{I}_b R'_L \tag{2-18}$$

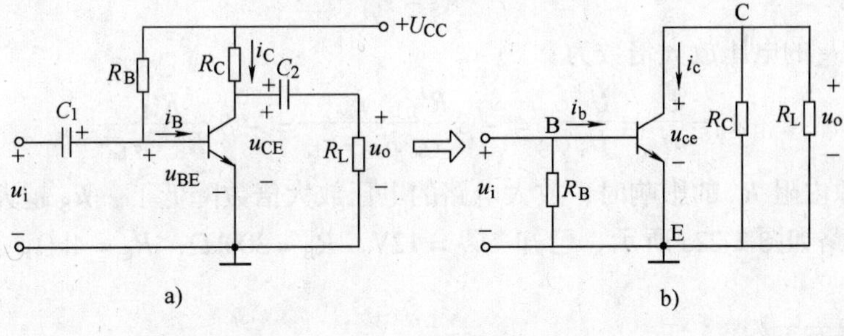

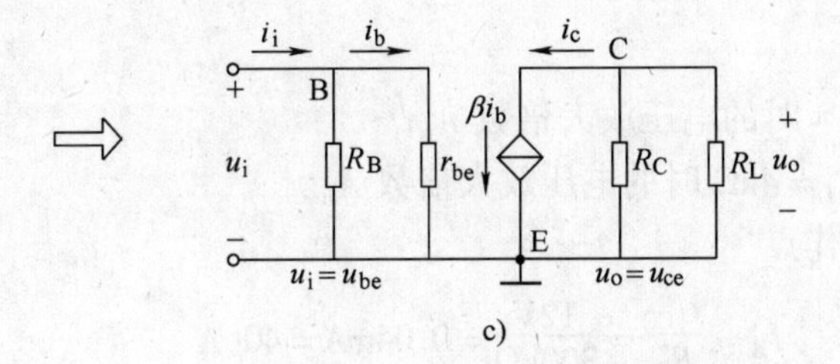

图2-21　放大电路微变等效电路简化过程

a）原电路　b）交流通路　c）微变等效电路

所以电压放大倍数

$$A_u=\frac{\dot{U}_o}{\dot{U}_i}=-\beta\frac{R'_L}{r_{be}} \tag{2-19}$$

式中，$R'_L=R_C/\!/R_L$，R'_L称为等效负载电阻。

若 $R_L=\infty$ 时，则有

$$A_u = -\beta\frac{R_C}{r_{be}} \tag{2-20}$$

式2-20中负号表示输出电压与输入电压相位相反。

信号源含有的内阻 R_s 不可忽略，则其微变等效电路如图2-22所示。因放大电路的实际输入信号电压 $\dot{U}_i<\dot{U}_S$，所以输出信号电压 $\dot{U}_o$ 也相应地减小，即对 $\dot{U}_S$ 而言电压放大倍数降低了。

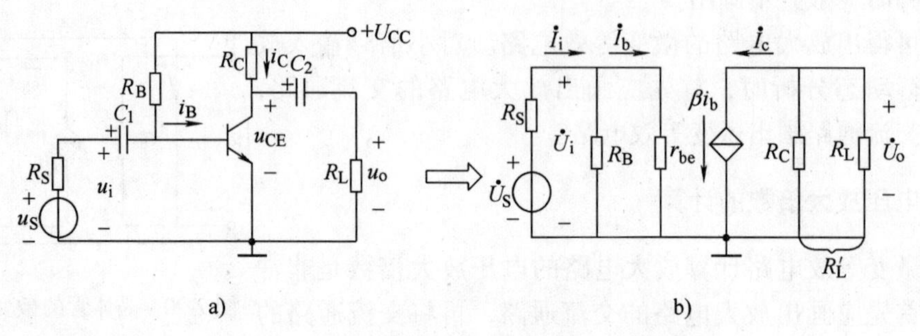

图2-22 信号源含有内阻的微变等效电路
a）电路图 b）微变等效电路

由图2-22b可知

$$\dot{U}_i = \frac{\dot{U}_S}{R_S+r_{be}}r_{be} \tag{2-21}$$

因此对信号源 U_S 的电压放大倍数为

$$A_u = \frac{\dot{U}_o}{\dot{U}_S} = \frac{\dot{U}_o}{\dot{U}_i}\frac{\dot{U}_i}{\dot{U}_S} = -\beta\frac{R'_L}{r_{be}}\frac{r_{be}}{R_S+r_{be}} = -\beta\frac{R'_L}{R_S+r_{be}} \tag{2-22}$$

可见考虑信号源内阻 R_S 的影响时，放大电路的电压放大倍数降低了，R_S 越大，A_u 越小。

例2-3 电路如图2-22a所示，已知 $U_{CC}=12V$，$R_B=300k\Omega$，$R_C=4k\Omega$，晶体管 $\beta=40$，试求：

（1）估算静态工作点；

（2）估算 r_{be}；

（3）当 $R_S=0$ 和 $R_L=\infty$ 时的电压放大倍数 A_u；

（4）当 $R_S=0.5k\Omega$，$R_L=4k\Omega$ 时的电压放大倍数 A_u。

解 （1）估算静态工作点

$$I_B \approx \frac{U_{CC}}{R_B} = \frac{12V}{300k\Omega} = 0.04mA = 40\mu A$$

$$I_C = \beta I_B = 40\times 0.04mA = 1.6mA$$

$$U_{CE} = U_{CC} - I_C R_C = (12-1.6\times 4)V = 5.6V$$

(2)估算 r_{be}。

$$I_E = I_B + I_C = (0.04+1.6)mA = 1.64mA$$

所以

$$r_{be} = 300\Omega + (\beta+1)\frac{26}{1.64}\Omega = 950\Omega$$

（3）因 $R_S=0$，放大电路输出端开路，使用式（2-20）计算电压放大倍数

$$A_u=-\beta\frac{R_C}{r_{be}}=-40\times\frac{4\times10^3}{950}\approx-168$$

（4）当 $R_S=0.5\text{k}\Omega$，接入负载电阻 $R_L=4\text{k}\Omega$ 时

则
$$R'_L=R_C/\!/R_L=\frac{4\times4}{4+4}\text{k}\Omega=2\text{k}\Omega$$

此时的电压放大倍数为

$$A_u=-\beta\frac{R'_L}{R_S+r_{be}}=-40\times\frac{2\times10^3}{500+950}\approx-55$$

电压放大倍数是信号放大电路的一个重要性能指标，通过例 2-3 可知，信号源内阻 R_S 对放大倍数影响很大，R_S 愈大，A_u 愈小。从放大电路本身来说，要提高电压放大倍数，只要选用 β 大的管子，增加 R_L（或 R_C）和减小管子输入电阻 r_{be} 就能获得，实际上这三个参数之间是互相影响的，从式（2-16）可以看出，β 大的管子，r_{be} 也较大。如果将发射极静态电流 I_E 提高，在一定的范围内因 I_E 增加，r_{be} 减小，将使 A_u 显著增大，但 I_E 不能无限制地增大，因 I_E 增大时，放大电路的静态工作点 Q 将沿着负载线向上移动，就可能使放大电路产生饱和失真。

另外 A_u 与 R'_L 成正比，所以放大电路输出端负载增加（即 R_L 减小）时，使 A_u 下降，而且 R_L 越小，A_u 下降的越多。

负载电阻 R_L 往往是确定了的，所以要提高 A_u 可适当增大 R_C，但 R_C 太大易产生波形失真，在低频小信号放大电路中，通常 R_C 约为几千欧至几十千欧。由上面分析可知，要想提高 A_u，必须对 R_C、β、r_{be} 三者作综合考虑，一般情况下可选用 β 大的管子，但 β 值不宜超过 100。

三、放大电路输入电阻和输出电阻的计算

1. 放大电路的输入电阻

如图 2-23 所示，从放大电路的输入端看进去所呈现的交流等效电阻称为放大电路的输入电阻 r_i。此时，放大电路对信号源而言，相当于负载，故可用一个等效电阻来代替，这个等效电阻就是放大电路本身的输入电阻。对于图 2-23 所示的共射极放大电路，有

$$r_i=\frac{\dot{U}_i}{\dot{I}_i}$$

而
$$\dot{I}_i=\dot{I}_{RB}+\dot{I}_b=\left(\frac{1}{R_B}+\frac{1}{r_{be}}\right)\dot{U}_i=\frac{1}{r_i}\dot{U}_i$$

所以
$$r_i=R_B/\!/r_{be}=\frac{R_B r_{be}}{R_B+r_{be}} \tag{2-23}$$

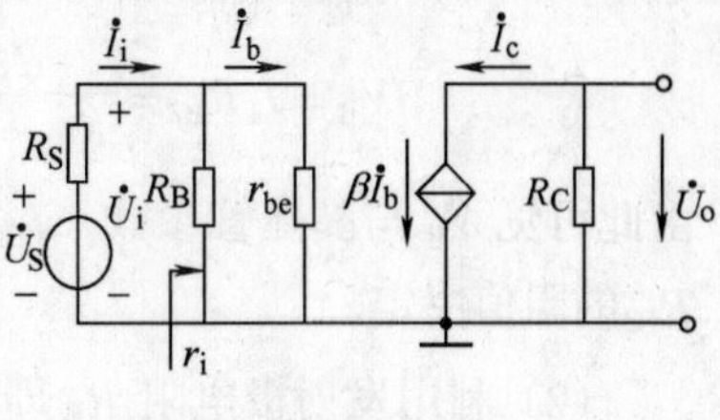

图 2-23 求输入电阻 r_i

由于 $R_B>>r_{be}$，所以 $r_i\approx r_{be}$

通常希望放大电路的输入电阻高一些好，一是可以减轻信号源负担；二是可提高电压放大倍数。（注意：r_i 和 r_{be} 意义不同，不能混淆。）

2. 放大电路的输出电阻

从放大电路的输出端看进去所呈现的交流等效电阻，称为放大电路的输出电阻 r_o。此时放大电路对负载 R_L 而言，相当于信号源，其内阻即为放大电路本身的输出电阻。放大电路的输出电阻 r_o 是在输入信号源短接和负载电阻 R_L 开路情况下求得的，如图 2-24 所示。

当，$\dot{U}_S=0$，$\dot{I}_b=0$，（即 $\dot{I}_c=0$），此时的 r_o 为晶体管的输出电阻 r_{ce}（其数值很大，前面简化时已忽略），这样在输出端加电源 $\dot{U}_o$，即产生电流 $\dot{I}_o$，于是电路的输出电阻为

$$r_o=\frac{\dot{U}_o}{\dot{I}_o}$$

而
$$\dot{I}_o=\left(\frac{1}{R_C}+\frac{1}{r'_o}\right)\dot{U}_o=\frac{\dot{U}_o}{r_o}$$

所以
$$r_o=R_C/\!/ r'_o\approx R_C$$

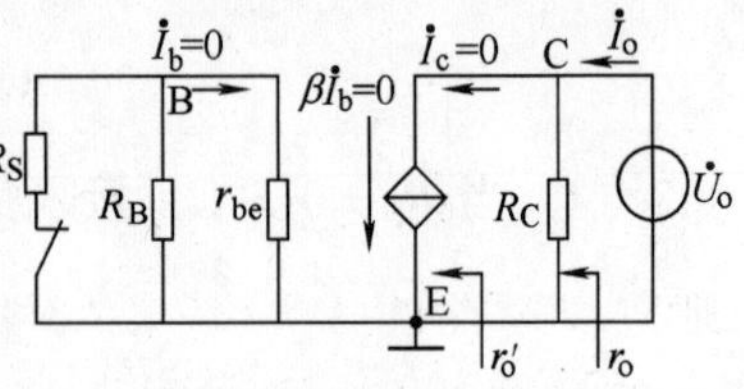

图 2-24　求输出电阻 r_o

R_C 一般为几千欧，因此，共射极放大电路的输出电阻较高。

第五节　静态工作点的确定

合理地设置静态工作点是保证放大器正常工作的先决条件。固定偏置放大电路的优点是：电路简单，容易调整。但也有它的不足之处，当它受到外部因素（如温度变化、电源电压的波动、晶体管老化等）影响时，均会引起静态工作点的变化，严重时可导致放大电路无法正常工作。

一、分压式偏置放大电路

图 2-25 是应用比较典型的分压式偏置单管放大电路，它能够提供合适的偏流 I_B，又能自动稳定静态工作点。

1. 基本特点

（1）利用 R_{B1}、R_{B2}分压来固定基极电位 V_B。由电路可知

$$I_1=I_2+I_B$$

若要
$$I_1\gg I_B \tag{2-24}$$

则有 $I_1\approx I_2\approx\dfrac{U_{CC}}{R_{B1}+R_{B2}}$

$$V_B=I_1R_{B2}=\frac{R_{B2}}{R_{B1}+R_{B2}}U_{CC} \tag{2-25}$$

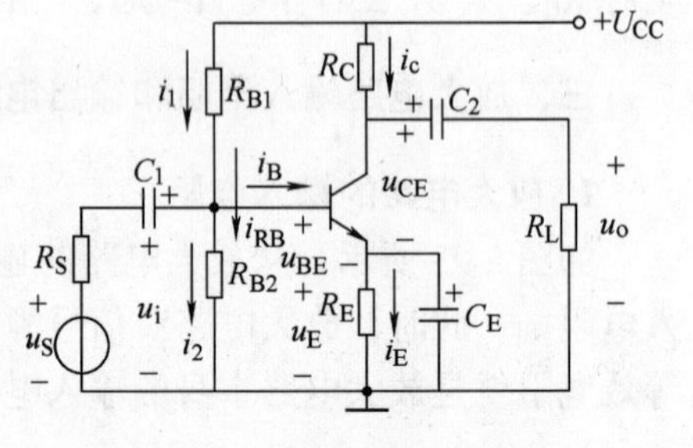

图 2-25　分压式偏置放大电路

由此可见 V_B 与晶体管参数（I_{CEO}、β、U_{BE}等）无关，亦与温度无关，而仅由分压电路 R_{B1}、R_{B2}的阻值决定。

（2）利用发射极电阻 R_E 即可求出反映 I_C 变化的电位 V_E。R_E 作用于输入偏置电路，能自动调整工作点，使 I_C 基本不变。

因
$$U_{BE}=V_B-V_E=V_B-I_ER_E$$

若使
$$V_B\gg U_{BE}$$

则
$$I_C\approx I_E=\frac{V_B-U_{BE}}{R_E}\approx\frac{V_B}{R_E}$$

当 R_E 固定不变时，I_C、I_E 也稳定不变。

在估算时，一般可选取

$$I_2=(5\sim10)I_B;$$

$$V_B=(5\sim10)U_{BE};$$

分压式偏置电路能稳定静态工作点的物理过程可表示为

温度上升→$I_C\uparrow\to I_E\uparrow\to I_E R_E\uparrow\to U_{BE}\downarrow\to I_B\downarrow\to I_C\downarrow$

从上面的分析可见，R_E 越大，静态工作点的稳定性越好。但是，R_E 太大，必然使 V_E 增大，当 U_{CC}为某一定值时，将使静态管压降 U_{CE}相对减小，从而减小了晶体管的动态工作范围。因此 R_E 不宜太大，小电流情况下一般为几百欧到几千欧，大电流情况下为几欧到几十欧。实际使用时，常在 R_E 上并联一个大容量的极性电容 C_E，它具有旁路交流的功能，称为发射极交流旁路电容。它的存在对放大电路直流分量并无影响，但对交流信号相当于把 R_E 短接，避免了在发射极电阻 R_E 上产生交流压降，导致电压放大倍数下降。旁路电容一般取几十微法到几百微法。

2. 静态工作点的估算

估算放大电路的静态值要用它的直流通路。分压式偏置电路的直流通路如图 2-26 所示。

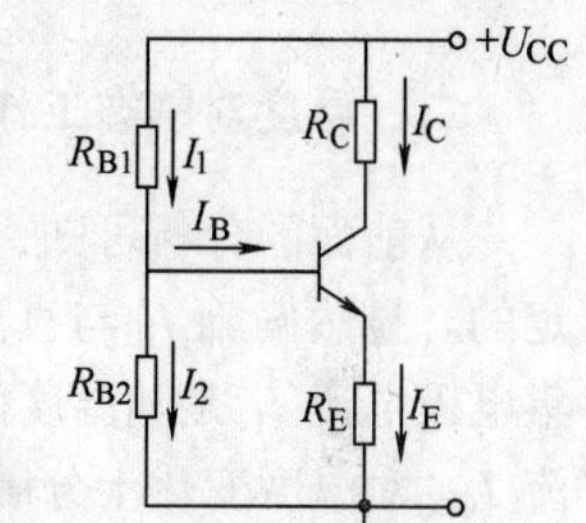

图 2-26 分压式偏置电路的直流通路

因 $I_1>>I_B$，所以计算 I_B 比较困难，一般先从计算 V_B 入手。应用公式（2-25）

例 2-4 在分压式偏置放大电路（图 2-25）中，已知 $U_{CC}=18V$，$R_C=3k\Omega$，$R_E=1.5k\Omega$，$R_{B1}=33k\Omega$，$R_{B2}=12k\Omega$，晶体管的 $\beta=60$，试求放大电路的静态值。

解 由式（2-25）可求得基极电位为

$$V_B=\frac{R_{B2}}{R_{B1}+R_{B2}}U_{CC}=\frac{12}{33+12}\times18V=4.8V$$

静态集电极电流

$$I_C\approx I_E=\frac{V_B-U_{BE}}{R_E}=\frac{(4.8-0.7)V}{1.5k\Omega}=2.7mA$$

静态基极电流

$$I_B=I_C/\beta=\frac{2.7mA}{60}=0.045mA=45\mu A$$

静态集-射极压降

$$U_{CE}\approx U_{CC}-I_C(R_C+R_E)=18V-2.7\times(3+1.5)V=5.9V$$

例 2-5 在分压式偏置放大电路（图 2-25）中，已知电源电压 $U_{CC}=18V$，晶体管的 $\beta=50$。现要求静态值为 $I_C=2mA$，$U_{CE}=6V$，试估算 R_{B1}、R_{B2}、R_C 和 R_E 的阻值。

解 由 $V_B=$（5~10）U_{BE}的关系，取 $V_B=4V$，则

发射极电阻

$$R_E=(V_B-U_{BE})/I_E\approx V_B/I_E=4V/2mA=2k\Omega$$

静态基极电流

$$I_B=I_C/\beta=2mA/50=0.04mA=40\mu A$$

设流经电阻 R_{B2}的电流 $I_2=10I_B$，即 $I_2=0.4mA$，则

$$R_{B1}+R_{B2}\approx U_{CC}/I_2=18V/0.4mA=45k\Omega$$

由式（2-25）得基极电位

$$V_B = I_1 R_{B2} = \frac{R_{B2}}{R_{B1} + R_{B2}} U_{CC} = \frac{R_{B2}}{45\text{k}\Omega} \times 18\text{V}$$

计算出

$$R_{B2} = \frac{45\text{k}\Omega \times 4\text{V}}{18\text{V}} = 10\text{k}\Omega$$

$$R_{B1} = 45\text{k}\Omega - R_{B2} = 35\text{k}\Omega$$

集电极电阻

$$R_C \approx \frac{U_{CC} - U_{CE}}{I_C} - R_E = \frac{(18-6)\text{V}}{2\text{mA}} - 2\text{k}\Omega = 4\text{k}\Omega$$

二、温度对静态工作点的影响

从前面的分析可知，固定偏置电路的静态工作点是由基极偏流 I_B 和直流负载线共同确定的。显然偏流 I_B 与直流负载线的斜率（$-1/R_C$）受温度的影响很小，可略去不计，但是集电极电流 I_C 是随温度而变化的，当温度上升时 I_C 增大。这是因为集-基极的反向饱和电流 I_{CBO}对温度变化十分敏感，而晶体管的穿透电流 I_{CEO}约为 I_{CBO}的 β 倍，即比 I_{CBO}随温度升高而增加的更快，如 I_{CBO}受温度影响产生的增量为 ΔI_{CBO}，那么集电极电流就要增加（$1+\beta$）ΔI_{CBO}。同时晶体管的电流放大系数 β 也会随温度升高而略有增大。这两个方面都集中表现在集电极电流随温度升高而增大，温度升高使整个输出特性曲线向上平移，在这种情况下，如果负载线和偏流 I_B 均未变化，则静态工作点 Q 将沿着负载线向上移动，如果此时输入信号略有增大，就会出现饱和失真，严重时放大电路将无法正常工作。

三、波形失真与静态工作点的关系

对于电压放大电路来说，我们希望它能满足两个要求：一是能够得到符合要求的电压放大倍数；二是放大后的输出信号波形与输入信号波形尽可能相似，即失真要尽量小。为满足这两个要求，就必须正确地选择放大电路的静态工作点的位置。也就是说输出信号的波形与静态工作点选择的位置有关。放大电路正常工作时，静态工作点应大致选在交流负载线的中央，使静态时的集电极电压 U_{CE}大约等于电源电压 U_{CC}的一半，如图 2-27 中的 Q 点。此时放大器工作于晶体管特性曲线上的线性范围，使输出电压动态范围大致在 $2U_{CE}$范围内变化，从而获得较大的输出电压幅度，而波形上下又比较对称，因此，正确地设置静态工作点是设计放大电路的最重要的一步。

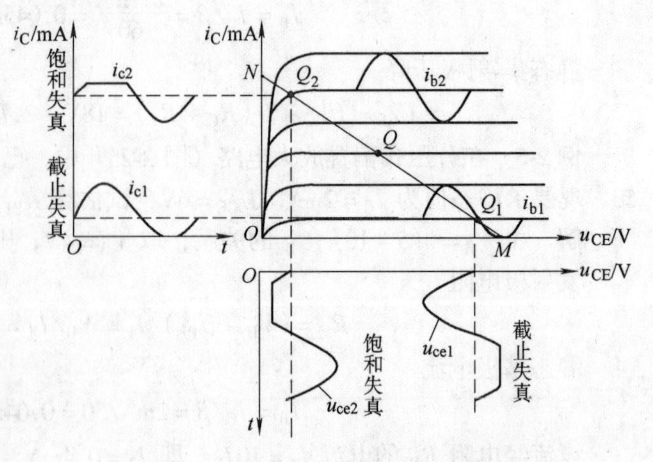

图 2-27　工做点选择不当造成的波形失真

如果静态工作点选在负载线 MN 上的 Q_2 点时，由于工作点选择过高，在 i_{b2}的正半周，放大电路进入饱和区，使 i_{c2}的正半周电流不随 i_{b2}而变化，形成饱和失真。

当静态工作点选在 MN 上的 Q_1 点

时，由于工作点选择过低，在 i_{b1}的负半周造成晶体管发射结处于反向偏置而进入截止区，使 i_{c1}的负半周电流几乎等于零，形成截止失真。

以上两种波形失真都是由于晶体管工作于特性曲线的非线性部分而引起的，所以统称为非线性失真。非线性失真均是由于静态工作点设置不合理而引起的。那么如何避免上述两种失真呢?

常用的解决办法是，一种方法是降低偏置电流 I_B，使静态工作点下移；另一种办法是减小集电极电阻 R_C，改变直流负载线的斜率（使直流负载线更陡些）。

综上所述，改变 R_B、R_C、U_{CC}均能改变放大电路的静态工作点，但由于采用改变 R_B 的办法最方便，因此，调节静态工作点时，通常总是首先调节 R_B。

第六节　射极输出器

一、电路的组成

射极输出器电路图和微变等效电路如图 2-28a、b 所示。它与共发射极放大电路比较，其不同之处是把晶体管的集电极直接与电源连接，而发射极电阻 R_E 作为负载电阻，将发射极作为放大电路的输出端，故称它为射极输出器。从微变等效电路可见，集电极是其输入回路和输出回路的公共端，故它是共集电极放大电路。

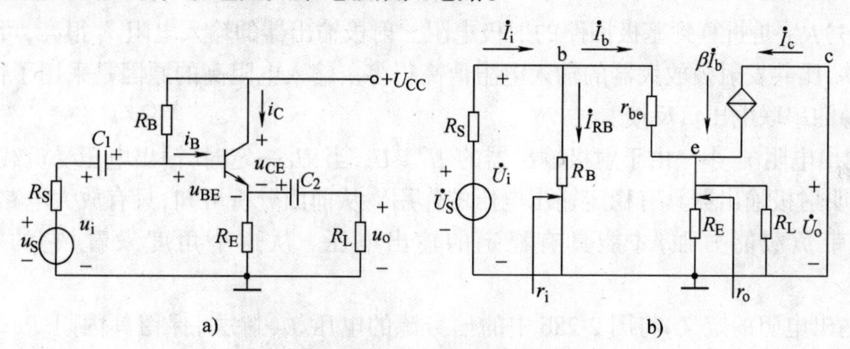

图 2-28　射极输出器
a）电路图　b）微变等效电路

二、工作原理

1. 静态分析

由图 2-29 所示射极输出器的直流通路可确定静态值。

$$I_B = (U_{CC} - U_{BE})/[R_B + (1+\beta)R_E] \tag{2-26}$$

$$I_C = \beta I_B \tag{2-27}$$

$$I_E = (1+\beta)I_B \tag{2-28}$$

$$U_{CE} = U_{CC} - I_E R_E \tag{2-29}$$

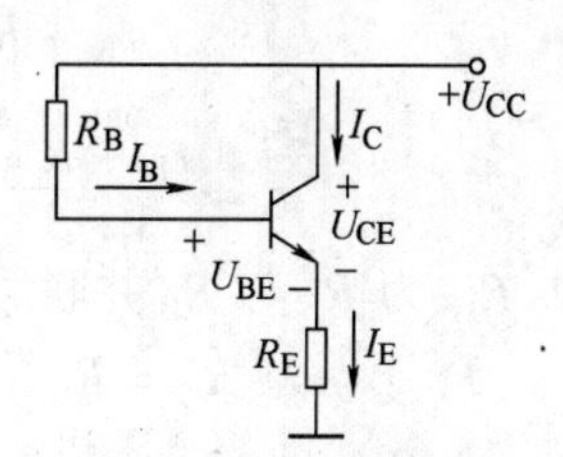

图 2-29　射极输出器的直流通路

2. 动态分析

(1) 电压放大倍数　据图 2-28b 所示微变等效电路可得出

$$\dot{U}_i = \dot{I}_b r_{be} + \dot{I}_e R'_L \qquad (R'_L = R_E // R_L)$$

由于
$$\dot{I}_e = (\beta+1)\dot{I}_b$$

所以
$$\dot{U}_i = I_b r_{be} + (\beta+1)R'_L \dot{I}_b = \dot{I}_b[r_{be} + (\beta+1)R'_L]$$

$$\dot{U}_o = \dot{I}_e R'_L = (\beta+1)\dot{I}_b R'_L$$

因此,射极输出器的电压放大倍数为

$$A_u = \frac{\dot{U}_o}{\dot{U}_i} = \frac{(\beta+1)\dot{I}_b R'_L}{[r_{be} + (\beta+1)R'_L]\dot{I}_b} \approx \frac{\beta R'_L}{r_{be} + \beta R'_L} \tag{2-30}$$

一般 $\beta R'_L >> r_{be}$,故射极输出器的电压放大倍数近似等于 1,但略小于 1。

可见,输出电压随着输入信号电压的变化而变化,大小近似相等,且相位相同,所以射极输出器又称为电压跟随器。

应当指出:虽然电压放大倍数 $A_u \approx 1$,但因为 $I_e = (\beta+1)I_b$,故仍有一定电流放大和功率放大的作用。

(2) 输入电阻高　由图 2-28b 可以看出

$$r_i = r'_i // R_B$$

$$r'_i = \frac{\dot{U}_i}{\dot{I}_b} = \frac{\dot{I}_b[r_{be} + (\beta+1)R'_L]}{\dot{I}_b} = r_{be} + (\beta+1)R'_L \approx r_{be} + \beta R'_L \approx \beta R'_L$$

$$r_i = r'_i // R_B = \beta R'_L // R_B \tag{2-31}$$

式中,$(\beta+1)R'_L$ 是折算到基极回路的射极电阻。射极输出器的输入电阻 r_i 很高,可达几千欧至几百千欧,比共发射极放大器的输入电阻值高得多。输入电阻高的原因是采用了很深(反馈系数 $F=1$)的串联电压负反馈。

(3) 输出电阻 r_o 小　由于射极输出器的 $U_i \approx U_o$,当 U_i 一定时,输出电压受负载变化影响很小,这说明射极输出器具有稳定输出电压的作用。从前面分析可知,只有放大电路输出电阻很小时,其带负载能力强,才能具有稳定的输出电压。从这个角度来看,它的输出电阻很低。

根据输出电阻的定义,将图 2-28b 中的信号源的电压 U_S 除去,保留其内阻 R_S;在输出端除去负载 R_L,并外加一交流电压 U_o。由此画出计算射极输出器输出电阻 r_o 的等效电路如图 2-30 所示。在 U_o 的作用下产生电流 I_o,由图 2-30 可得

$$\dot{I}_o = \dot{I}_b + \beta\dot{I}_b + \dot{I}_e = (1+\beta)\dot{I}_b + \dot{I}_e = (1+\beta)\frac{\dot{U}_o}{r_{be} + R'_S} + \frac{\dot{U}_o}{R_E}$$

$$r_o = \frac{\dot{U}_o}{\dot{I}_o} = \frac{1}{\dfrac{1+\beta}{r_{be} + R'_S} + \dfrac{1}{R_E}}$$

故
$$r_o = \frac{r_{be} + R'_S}{1+\beta} // R_E \tag{2-32}$$

式中,R'_S 为 R_S 与 R_B 并联的等效电阻,即

$$R'_S = R_S // R_B$$

通常 $\dfrac{r_{be} + R'_S}{1+\beta} >> R_E$,$\beta >> 1$,所以

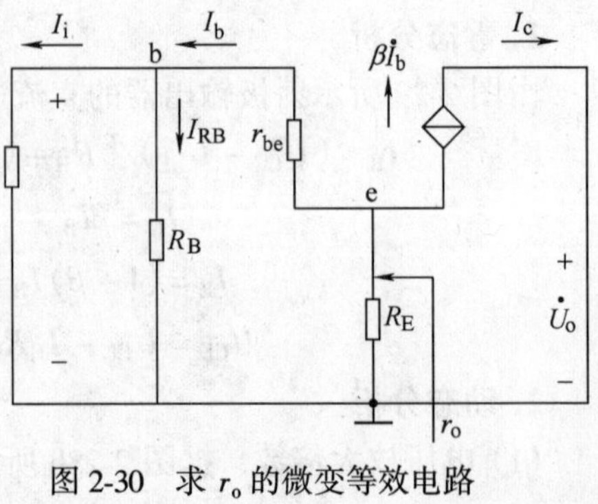

图 2-30　求 r_o 的微变等效电路

$$r_o \approx \frac{r_{be} + R'_S}{\beta} \tag{2-33}$$

由式(2-32)可见，射极输出器的输出电阻很小，一般约为几十欧至几百欧。

例 2-6 一射极输出器电路如图 2-28 所示，已知 $U_{CC} = 15V$，$R_B = 150k\Omega$，$R_E = 2k\Omega$，$R_L = 1.6k\Omega$，晶体管的 $\beta = 80$，信号源内阻 $R_S = 500\Omega$。试计算该射极输出器的静态工作点、电压放大倍数 A_u、输入电阻 r_i、输出电阻 r_o。

解 (1) 计算静态工作点

$$I_B = \frac{U_{CC} - U_{BE}}{R_B + (\beta+1)R_E} \approx \frac{U_{CC}}{R_B + (\beta+1)R_E} = \frac{15V}{150k\Omega + (80+1) \times 2k\Omega} = 0.048mA$$

$$I_C = \beta I_B = 80 \times 0.048mA = 3.84mA$$

$$I_E = (1+\beta)I_B = (80+1) \times 0.048mA = 3.89mA$$

$$U_{CE} = U_{CC} - I_E R_E = 15V - 3.89 \times 2V = 7.22V$$

(2) 计算电压放大倍数 A_u

$$r_{be} = 300 + (\beta+1) \times 26/I_E = [300 + (80+1) \times 26/3.89]\Omega = 841\Omega$$

$$R'_L = R_E // R_L = 0.889k\Omega$$

$$A_u \approx \frac{\beta R'_L}{r_{be} + \beta R'_L} = \frac{80 \times 0.889}{0.841 + 80 \times 0.889} = 0.988$$

(3) 输入电阻

$$r'_i \approx \beta R'_L$$

$$r_i = r'_i // R_B = \beta R'_L // R_B = 48.2k\Omega$$

(4) 输出电阻

$$R'_S = R_S // R_B \approx 0.5k\Omega$$

$$r_o \approx \frac{r_{be} + R'_S}{\beta} = (841 + 500)\Omega/80 = 16.8\Omega$$

三、射极输出器的用途

综上所述，射极输出器的主要特点是：电压放大倍数近似等于 1，但略小于 1；输入电阻高，输出电阻低；输出电压 u_o 与输入电压 u_i 同相位。因此射极输出器在电子设备中获得广泛应用。

1. 作输入级

在电子测量仪器中，常采用射极输出器作为输入级。利用它输入电阻高的特点，使信号源内阻上的压降相对比较小，使大部分信号电压能传送到放大电路的输入端上。减小对被测电路的影响，提高了测量精度。

2. 作输出级

由于射极输出器输出电阻低，当负载电流变动较大时，其输出电压变化很小，从而提高了放大电路带负载的能力。

3. 作中间隔离级

在多级放大电路中，利用其输入电阻高和输出电阻低的特点，有时将射极输出器接在两级共射极放大电路之间，以提高前一级的电压放大倍数，减小后一级信号源内阻，从而提高了前后两级的电压放大倍数,隔离了级间的相互影响。

第七节　多级放大电路及级间耦合方式

一、多级放大电路

前面分析的放大电路,都是由一个晶体管组成的单级放大电路,它们的放大倍数是极有限的。但是在实际应用中,例如通信系统、自动控制系统及检测装置中,输入信号都是极微弱的,需将微弱的输入信号放大到几百倍乃至几万倍才能驱动如扬声器、伺服机和测量仪器等进行工作。实用的放大电路都是由多个单级放大电路组成的多级放大电路,其中前几级为电压放大级,末级为功率放大级。

多级放大电路的框图如图2-31所示,图中每一个方框代表一个单级放大电路,框图间带箭头的连线表示信号传递方向,前一级的输出总是后一级的输入。第一级称作输入级,它的任务是将小信号进行放大;最末一级(有时也包括末前级)称作输出级,它们担负着电路功率放大任务;其余各级称作中间级,它们担负着电压放大任务。

二、级间耦合方式

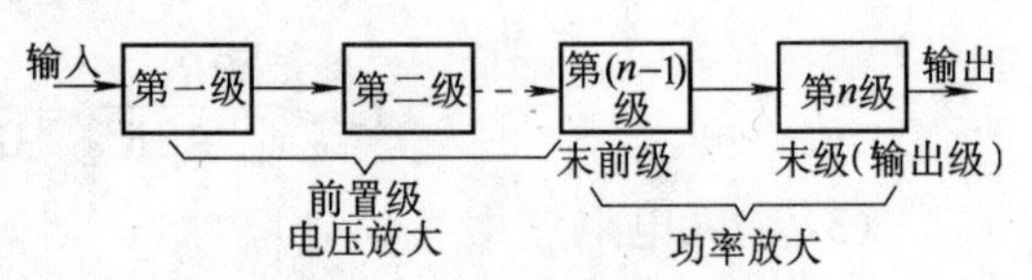

图2-31　多级放大电路的框图

在多级放大电路中,一级与另一级之间的连接称作"耦合"。通常采用的耦合方式有:阻容耦合、变压器耦合和直接耦合三种方式。耦合方式虽有不同,但必须满足下述要求:

(1)级与级连接起来后,要保证各级放大电路的静态工作点互不影响。

(2)要求前级的输入信号能顺利地传递到后级,而且在传递过程中损耗和失真要尽可能小。

1. 阻容耦合放大电路

图2-32所示为一个典型的两级阻容耦合放大电路,每一级都是我们前面讨论过的分压式偏置放大电路。

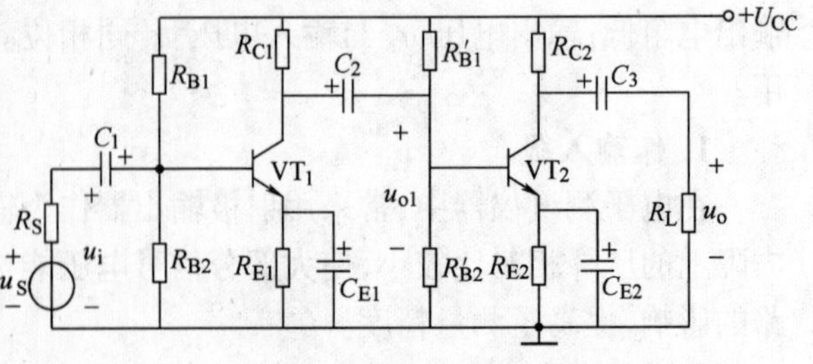

图2-32　两级阻容耦合放大电路

阻容耦合方式的优点是:由于前后级之间通过耦合电容 C 相连,所以各级直流通路是独立的,同时每一级的静态工作点也是独立的,这就保证了前后级的静态工作点互不影响。另外只要耦合电容选得足够大,就可以做到前一级的输出信号几乎不衰减地加到下一级的输入端,使信号得以充分利用,因此阻容耦合方式在多级放大电路中获得广泛应用。如前所述,在单级放大电路中,输入信号电压与输出信号电压相位相反。在两级放大电路中,有两次反相,因此输入电压 U_i 和输出电压 U_o 的相位相同。

2. 变压器耦合放大电路

通过变压器实现级间耦合,变压器将第一级的输出信号电压变换成第二级的输入信号电压。变压器耦合的最大优点是能够进行阻抗、电压和电流的变换，同时具有很好的隔直作用。其缺点是体积和重量都较大，价格高。

3. 直接耦合放大电路

这是一种不经过电抗元件，把前、后级电路连接起来的放大器，它不仅能放大交流信号，也能放大直流或缓慢变化的信号。但直接耦合使各级的直流通路互相沟通，各级的静态工作点相互牵制。

三、多级放大电路电压放大倍数的计算

在放大电路中，存在着隔直(耦合)电容、旁路电容以及晶体管的极间电容、连接导线之间的分布电容等，它们的容抗将随信号频率的改变而改变，因而当输入信号频率不同时，放大电路的电压放大倍数将会发生变化。但从一般工业应用来说，信号频率的范围大致与音频范围相当，与无线电频率(射频、视频等)比较，属于低频范围。在低频范围内，有相当宽的一个频段，所有外接电容都因容抗很小而可视为短路，而极间电容、分布电容等则因容抗很大而可视为开路。放大倍数通常是指电压增益，这时放大电路可认为是一种纯电阻电路，因而放大倍数等参数就和频率无关了。

在输入信号较小时，放大电路处于线性工作状态，各项参数均为常数，则多级放大电路图 2-32 亦可用微变等效电路表示，如图 2-33 所示。图中每一级放大倍数的计算与单级放大电路相同。因前一级的输出为后一级的输入，即 $U_{o1}=U_{i2}$，故前一级的负载电阻应包含后一级的输入电阻。

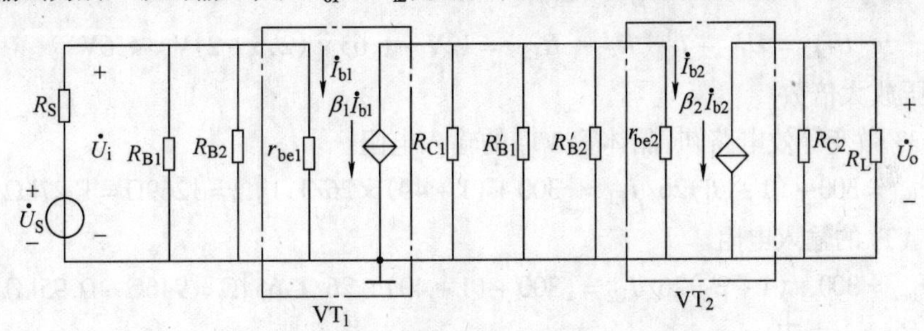

图 2-33 两级阻容耦合放大电路的微变等效电路

第一级的电压放大倍数为

$$A_{u1}=\frac{\dot{U}_{o1}}{\dot{U}_{i1}}=-\beta_1\frac{R'_{L1}}{r_{be1}} \tag{2-34}$$

式中，$R'_{L1}=R_{C1}/\!/R'_B/\!/r_{be2}=R_{C1}/\!/r_{i2}$，　$R'_B=R'_{B1}/\!/R'_{B2}$

第二级的电压放大倍数为

$$A_{u2}=\frac{\dot{U}_{o2}}{\dot{U}_{i2}}=-\beta_2\frac{R'_{L2}}{r_{be2}} \tag{2-35}$$

式中，$R'_{L2}=R_{C2}/\!/R_L$。

由于两级放大电路是逐级连接地进行放大，其总的电压放大倍数为

$$A_u=A_{u1}A_{u2}=\frac{\dot{U}_{o1}}{\dot{U}_{i1}}\frac{\dot{U}_{o2}}{\dot{U}_{i2}} \tag{2-36}$$

例 2-7 在图 2-32 的两级阻容耦合放大电路中，已知 $R_{B1}=30k\Omega, R_{B2}=15k\Omega, R'_{B1}=20k\Omega, R'_{B2}=10k\Omega, R_{C1}=3k\Omega, R_{C2}=2.5k\Omega, R_{E1}=3k\Omega, R_{E2}=2k\Omega, R_L=5k\Omega, C_1=C_2=C_3=50\mu F, C_{E1}=C_{E2}=100\mu F$。如果晶体管的 $\beta_1=\beta_2=40, U_{CC}=12V$，试求：(1)各级的静态值；(2)两级放大电路的电压放大倍数。

解 (1)各级的静态值

第一级

$$V_{B1}=\frac{R_{B2}}{R_{B1}+R_{B2}}U_{CC}=\frac{15}{30+15}\times 12V=4V$$

$$I_{C1}\approx I_{E1}=\frac{V_{B1}-U_{BE1}}{R_{E1}}=\frac{(4-0.7)V}{3k\Omega}1.1mA$$

$$I_{B1}=\frac{I_{C1}}{\beta}=\frac{1.1}{40}mA=0.0275mA=27.5\mu A$$

$$U_{CE1}=U_{CC}-I_{C1}(R_{C1}+R_{E1})=12V-1.1\times(3+3)V=5.4V$$

第二级

$$V_{B2}=\frac{R'_{B2}}{R'_{B1}+R'_{B2}}U_{CC}=\frac{10}{20+10}\times 12V=4V$$

$$I_{C2}\approx I_{E2}=\frac{V_{B2}-U_{BE2}}{R_{E2}}=\frac{(4-0.7)V}{2k\Omega}=1.65mA$$

$$I_{B2}\approx\frac{I_{C1}}{\beta}=\frac{1.65}{40}mA=0.0413mA=41.3\mu A$$

$$U_{CE2}=U_{CC}-I_{C2}(R_{C2}+R_{E2})=12V-1.65\times(2.5+2)V=4.6V$$

(2) 电压放大倍数

由图 2-33 微变等效电路知，晶体管 VT_1 的输入电阻

$$r_{be1}=300+(1+\beta_1)26/I_{E1}=[300+(1+40)\times 26/1.1]\Omega=1269\Omega=1.27k\Omega$$

晶体管 VT_2 的输入电阻

$$r_{be2}=300+(1+\beta_2)26/I_{E2}=[300+(1+40)\times 26/1.65]\Omega=946\Omega\approx 0.95k\Omega$$

第二级的输入电阻

$$r_{i2}=R'_{B1}/\!/R'_{B2}/\!/r_{be2}=0.83k\Omega$$

第一级的负载电阻

$$R'_{L1}=R_{C1}/\!/r_{i2}=0.65k\Omega$$

第二级的负载电阻

$$R'_{L2}=R_{C2}/\!/R_L=1.7k\Omega$$

第一级的电压放大倍数

$$A_{u1}=\frac{\dot{U}_{o1}}{\dot{U}_{i1}}=-\beta_1\frac{R'_{L1}}{r_{be1}}=-40\times\frac{0.65}{1.27}=-20.5$$

第二级的电压放大倍数

$$A_{u2}=\frac{\dot{U}_{o2}}{\dot{U}_{i2}}=-\beta_2\frac{R'_{L2}}{r_{be2}}=-40\times\frac{1.7}{0.95}=-71.6$$

总的电压放大倍数为

$$A_u=A_{u1}A_{u2}=(-20.5)\times(-71.6)=1468$$

第八节　放大电路中的负反馈

负反馈不仅在电子技术中应用非常广泛，而且在其他科学领域中应用也很普遍。采用负反馈能改善放大器的性能。例如自动控制系统就是通过负反馈实现自动调节的。所以研究负反馈有一定的普遍意义。本节重点分析交流放大电路中的负反馈。

一、负反馈的一般概念

所谓反馈，就是将放大电路(或某一系统)输出端的电压或电流信号的一部分或全部，通过某种电路引回到放大电路的输入端。反馈有正反馈和负反馈两种类型。若引回的反馈信号加强了原输入信号，使放大电路的电压放大倍数比原来增大，则为正反馈；若反馈信号削弱了原输入信号，使放大电路的放大倍数降低，则为负反馈。

图 2-34 为反馈放大电路的框图。它主要包括两部分：其中标有 A_o 的方框称为基本放大电路，它可以是单级或多级的；用 F 表示的方框为反馈电路，它是联系放大电路的输出回路和输入回路的环节，多数由电阻元件组成。符号⊗表示比较环节。$\dot{X}_i$ 为输入信号，$\dot{X}_o$ 为输出信号，$\dot{X}_f$ 为反馈信号，$\dot{X}_d$ 为基本放大电路净输入信号，即 $\dot{X}_i$ 与 $\dot{X}_f$ 的差值信号。

根据负反馈电路与基本放大电路的输入、输出端连接方式的不同，负反馈可以分成下列几种类型。

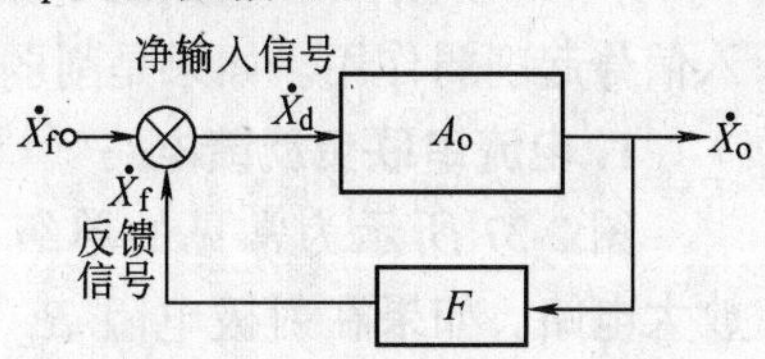

图 2-34　反馈放大电路的框图

(1) 从基本放大电路的输出端看，分为电压反馈和电流反馈。

电压反馈如图 2-35a、c 所示。由图可知，将基本放大电路的输出电压 $\dot{U}_o$ 送至反馈网络的输入端，反馈电压 $\dot{U}_f$ 与输出电压 $\dot{U}_o$ 成正比，其数学表达式为

$$\dot{U}_f = F\dot{U}_o$$

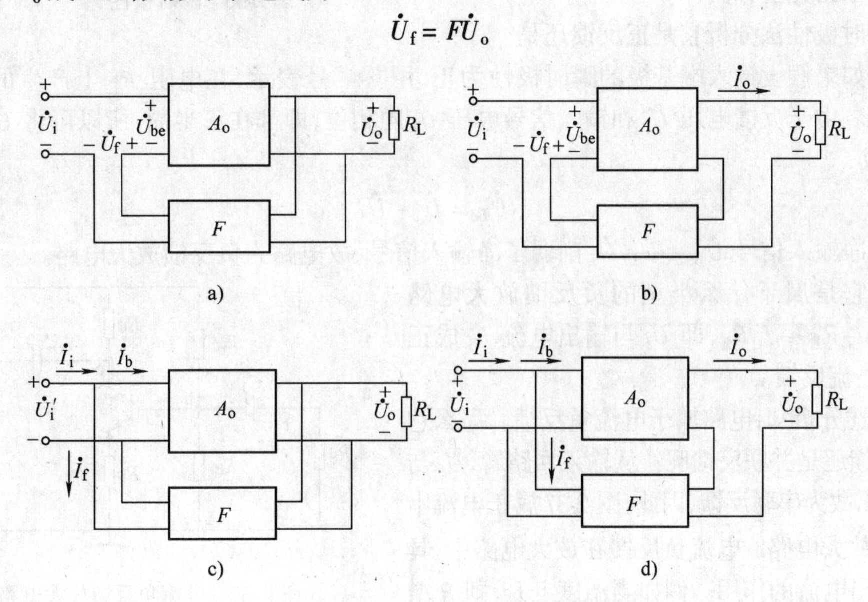

图 2-35　负反馈放大电路的几种形式

a) 电压串联负反馈　b) 电流串联负反馈　c) 电压并联负反馈　d) 电流并联负反馈

式中，F 为反馈系数。

电流反馈如图 2-35b、d 所示。基本放大电路的输出电流 $\dot{I}_o$ 流经反馈网络。反馈网络的输出电压 $\dot{U}_f$ 与输出电流成正比，即 $\dot{U}_f = F\dot{I}_o$。

(2) 从基本放大电路的输入端看，分为并联反馈和串联反馈。

串联反馈如图 2-35a、b 所示，将反馈网络输出端与基本放大电路的输入端和信号源串联，此时，实际输入基本放大电路的电压

$$\dot{U}_{be} = \dot{U}_i - \dot{U}_f$$

并联反馈如图 2-35c、d 所示，将反馈网络的输出端与基本放大电路的输入端并联，图中 $\dot{I}_f$ 为反馈电流，此时，实际输入基本放大电路的电流为

$$\dot{I}_b = \dot{I}_i - \dot{I}_f$$

二、负反馈放大电路举例

一个具有反馈的放大电路，判别它是负反馈还是正反馈，常用一种简便而实用的瞬时极性法。判别时，首先假设输入端交流信号处于某一瞬时极性，然后根据放大电路的集电极与基极瞬时极性相反，发射极与基极瞬时极性相同的关系，逐级地推出各点的瞬时极性，并在图中用"+"、"-"号表示出来，如图 2-36 所示。然后判断反馈到输入端的信号瞬时极性，是否对净输入信号起削弱作用。如果是削弱的，则为负反馈；反之则为正反馈。

1. 电流串联负反馈电路

图 2-37 所示为常见的单级负反馈放大电路。如果在射极电阻 R_E 两端并联一个电容 C_E，那么这个电路与本章第三节分析过的稳定静态工作点的分压式偏置放大电路完全相同。

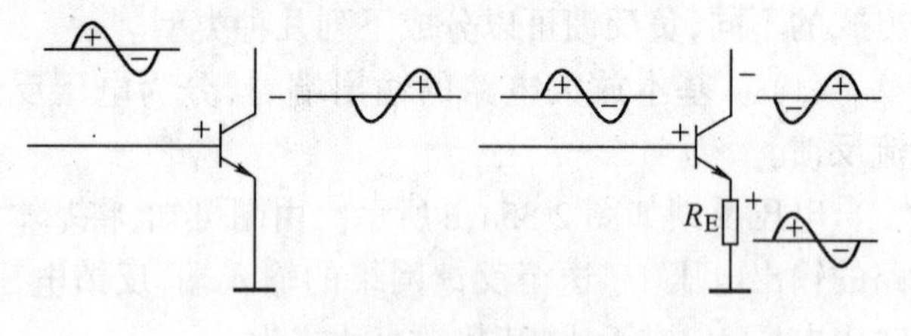

图 2-36　瞬时极性

用瞬时极性法分析它是正反馈还是负反馈。如果假设输入端基极的瞬时极性为正，用"+"号表示，在电阻 R_E 上产生的压降，即反馈电压。由于反馈电压 U_f 和输入信号电压 U_i 同相位，即都在正半周，所以可将 $\dot{U}_i = \dot{U}_{be} + \dot{U}_f$ 改写成

$$\dot{U}_{be} = \dot{U}_i - \dot{U}_f$$

可见净输入信号 $\dot{U}_{be} < \dot{U}_i$，$\dot{U}_f$ 削弱了净输入信号，故电路为负反馈放大电路。

那么它是属于什么类型的负反馈放大电路呢？$\dot{U}_f = \dot{I}_E R_E \approx \dot{I}_C R_E$，即 U_f 与输出电流 I_C 成正比，故为电流反馈。

由上述分析知，电路属于电流负反馈。那么它是串联反馈还是并联反馈呢？从输入回路看，U_f 与 U_i 相串联，故为串联反馈，因此，图 2-37 属于电流串联负反馈放大电路。电流负反馈在放大电路中，具有稳定输出电流的作用。例如当温度上升，则 β 增大，在输入信号一定时，β 增大使 I_C 增大，而 I_C 增大又使 U_f 增大，于是净输入信号 U_{be} 降低，结果使

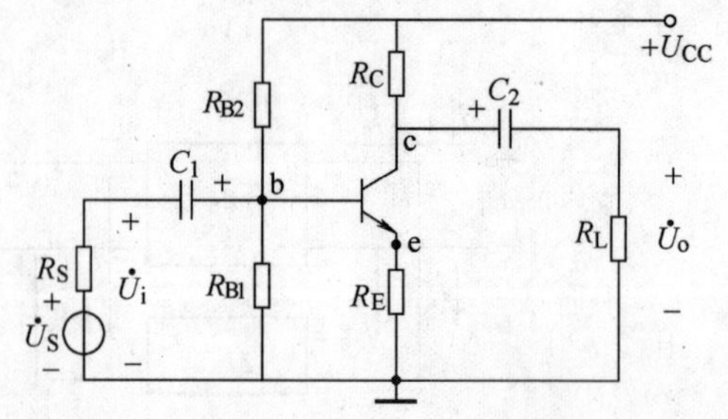

图 2-37　电流负反馈放大电路

I_B 减小,I_C 随之而减小。由此可见,电流负反馈具有稳定输出电流的作用。

2. 电压并联负反馈放大电路

图 2-38a 所示为一种典型的单级放大电路。电路中采用了电压并联负反馈,输出电压 U_o 的一部分通过反馈电阻 R_f 引回到输入端的基极。

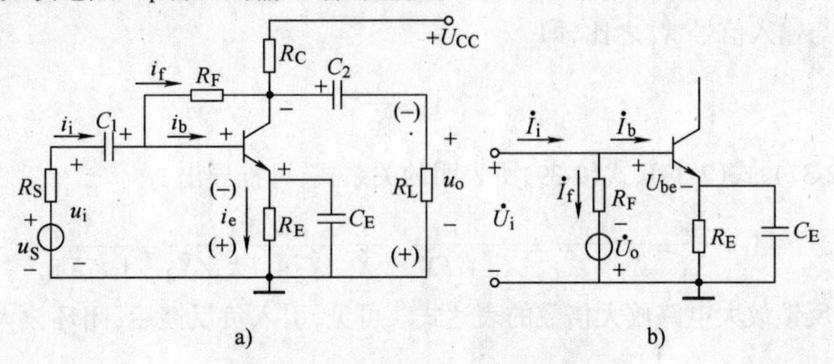

图 2-38　电压并联负反馈放大电路

我们用瞬时极性法来判别电路反馈的性质。从图 2-38a 中标出的正负号可以看出,若基极为正,则集电极为负,所以 $\dot{I}_f$ 的实际方向与图中的正方向一致。可见 $\dot{I}_f$、$\dot{I}_i$、$\dot{I}_b$ 三者是同相的,于是有

$$I_b = I_i - I_f$$

可见 $I_i > I_f$,即 I_f 削弱了净输入信号 I_b,故为负反馈。此外,从放大电路的反馈回路看,反馈电流 $\dot{I}_f = \frac{\dot{U}_{be} - \dot{U}_o}{R_F} \approx -\frac{\dot{U}_o}{R_F}$,反馈电流 I_f 是取自输出电压 U_o,故为电压反馈。如果负载电阻发生变化使输出电压 U_o 减小,那么 I_f 减小,使净输入基极电流 I_b 增加,I_c 也随之增加,最后输出电压 U_o 又回升到接近原来的数值。电压负反馈有稳定输出电压的作用。其次,由于输入回路包括有 I_f 和 I_i 两条支路,它们在输入端是并联关系如图 2-38b 所示,故此电路为电压并联负反馈放大电路。凡是并联反馈,反馈信号在放大电路的输入端总是以电流形式出现的。另外,对于并联反馈,信号源内阻 R_o 越大,则反馈效果越好。

有关电压串联负反馈和电流并联负反馈,也采用同样的方法进行分析,不再赘述。

判别是电压反馈还是电流反馈,还可采用另外一种简便方法:若将放大电路的输出端短路,如果短路后反馈信号消失,则为电压反馈;否则为电流反馈。结合图 2-38 所示放大电路,当输出端短路时,$\dot{U}_o = 0$,$\dot{I}_f = -\frac{\dot{U}_o}{R_F} = 0$,反馈信号消失,说明引入的反馈是电压反馈。

三、负反馈对放大电路工作性能的影响

1. 降低了放大倍数

由图 2-34 可知,净输入信号 $\dot{X}_d$ 为输入信号 $\dot{X}_i$ 与反馈信号 $\dot{X}_f$ 相减的差值,即

$$\dot{X}_d = \dot{X}_i - \dot{X}_f \tag{2-37}$$

净输入信号经过基本放大电路放大后,在输出端得到输出信号 $\dot{X}_o$,所以基本放大电路的放大倍数 A_o(又称开环放大倍数)为

$$A_o = \frac{\dot{X}_o}{\dot{X}_d} \tag{2-38}$$

反馈电路的反馈系数 F 为反馈信号 $\dot{X}_f$ 与输出信号 $\dot{X}_o$ 之比，即

$$F=\frac{\dot{X}_f}{\dot{X}_o} \tag{2-39}$$

当放大电路引入反馈时的放大倍数（又称闭环放大倍数），用 A_f 表示，它是反馈放大电路输出信号 $\dot{X}_o$ 与输入信号 $\dot{X}_i$ 之比，即

$$A_f=\frac{\dot{X}_o}{\dot{X}_i}$$

根据式(2-37)、式(2-38)、式(2-39)所表明的关系式，可推导出

$$A_f=\frac{\dot{X}_o}{\dot{X}_i}=\frac{\dot{X}_o}{\dot{X}_d+\dot{X}_f}=\frac{\dot{X}_o}{\dot{X}_d+F\dot{X}_o}=\frac{\dot{X}_o/\dot{X}_d}{\dot{X}_d/\dot{X}_d+F\dot{X}_o/\dot{X}_d}=\frac{A_o}{1+FA_o} \tag{2-40}$$

式(2-40)为负反馈放大电路放大倍数的表达式。可见，引入负反馈后，闭环放大电路的放大倍数仅为开环放大倍数的 $\frac{1}{1+FA_o}$，即放大倍数降低 $\frac{1}{1+FA_o}$ 倍。$1+FA_o$ 称为反馈深度，显然 $1+FA_o$ 越大，反馈越深，放大倍数 A_f 下降得越厉害。

例 2-8 图 2-39a 所示为电流串联负反馈放大电路，R_F 为反馈电阻。已知晶体管 $\beta=60$，$r_{be}=1.8\text{k}\Omega$，根据图中给出的数据，试计算闭环电压放大倍数 A_f 和不接反馈电阻 R_F 时 1 的开环电压放大倍数 A_o。图 2-39b 为图 2-39a 的微变等效电路。

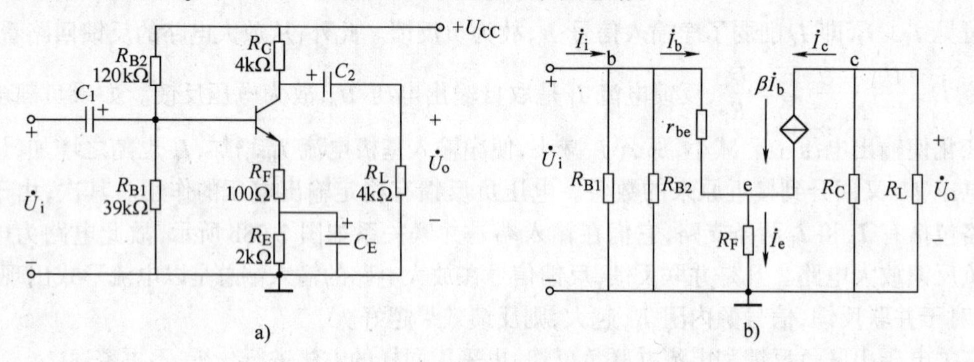

图 2-39 电流串联负反馈放大电路

a) 电路图 b) 微变等效电路

解 由图 2-39b 可得出

$$\dot{U}_i=\dot{I}_b r_{be}+\dot{I}_e R_F=\dot{I}_b r_{be}+(\beta+1)\dot{I}_b R_F=\dot{I}_b[r_{be}+(\beta+1)R_F]$$

$$\dot{U}_o=-\dot{I}_c R'_L=-\beta\dot{I}_b R'_L$$

$$R'_L=R_C /\!/ R_L$$

$R_F=0$ 时的电压放大倍数为

$$A_o=\frac{\dot{U}_o}{\dot{U}_i}=-\beta\frac{R'_L}{r_{be}}=-60\times\frac{2\times10^3}{1.8\times10^3}\approx-67$$

有反馈电阻 R_F 时的电压放大倍数为

$$A_f=\frac{\dot{U}_o}{\dot{U}_i}=-\frac{\beta R'_L}{r_{be}+(\beta+1)R_F}=-60\times\frac{2\times10^3}{1.8\times10^3+61\times100}\approx-15$$

可见，引入负反馈后，电压放大倍数降低了。

2. 提高了放大倍数的稳定性

放大电路引入负反馈虽然使放大倍数降低，但却能使电压放大倍数稳定性大大提高。放大电路在未引入负反馈时，其放大倍数往往因电路参数变化（例如环境温度改变而引起晶体管参数和电路元件参数的变化）和电源电压波动而变化。为了提高放大电路工作的可靠性和准确性，必须设法提高放大电路的放大倍数的稳定性。而负反馈能实现这一要求，因输入信号一定时，采用电压负反馈或电流负反馈，可以稳定输出电压或输出电流。当开环放大倍数 A_o 足够大时，即 $A_oF >> 1$ 时，式(2-40)可简化为

$$A_f = \frac{A_o}{1 + A_oF} \approx \frac{A_o}{A_oF} = \frac{1}{F} \tag{2-41}$$

由式(2-41)可以看出，放大电路的闭环放大倍数 A_f，只取决于反馈系数 F，而与其开环放大倍数 A_o 几乎无关。而反馈电路一般由性能比较稳定的电阻元件组成，A_f 基本不受外界因素的影响。

为了从数量上来说明放大倍数稳定性的改善程度，通常用有、无负反馈情况下的放大倍数相对变化量来比较。将 $A_f = \dfrac{A_o}{1 + A_oF}$ 对 A_o 求导数得

$$\frac{dA_f}{dA_o} = \frac{1 + A_oF - A_oF}{(1 + A_oF)^2} = \frac{1}{(1 + A_oF)^2}$$

或

$$dA_f = \frac{dA_o}{(1 + A_oF)^2}$$

为了研究 A_f 的相对变化量，将上式两端同除以 A_f

$$\frac{dA_f}{A_f} = \frac{1}{1 + A_oF}\frac{dA_o}{A_o} \tag{2-42}$$

式(2-42)说明：放大电路闭环放大倍数的相对变化量 $\dfrac{dA_f}{A_f}$ 只有开环放大倍数相对变化量的 $\dfrac{1}{1 + A_oF}$ 倍。也就是说，引入负反馈后，电压放大倍数虽然下降了 $(1 + A_oF)$ 倍，但放大倍数的稳定性却提高了 $(1 + A_oF)$ 倍。

3. 减小非线性失真

一个理想的放大电路，它的输出波形应和它的输入波形完全一样，没有失真，但是晶体管不是线性器件。在多级放大电路的后几级，随着输入信号被逐级放大，其工作范围可能延伸到特性曲线的非线性部分，使输出波形产生非线性失真。

图 2-40a 所示为无负反馈时的放大电路，输入信号虽然为正弦波，但因为晶体管的非线性特性，使输出信号波形不对称，正半周幅度大，而负半周幅度小，出现波形失真。

图 2-40b 为有电压串联负反馈时的情况。引入负反馈 F 后，反馈信号 u_f 也是与

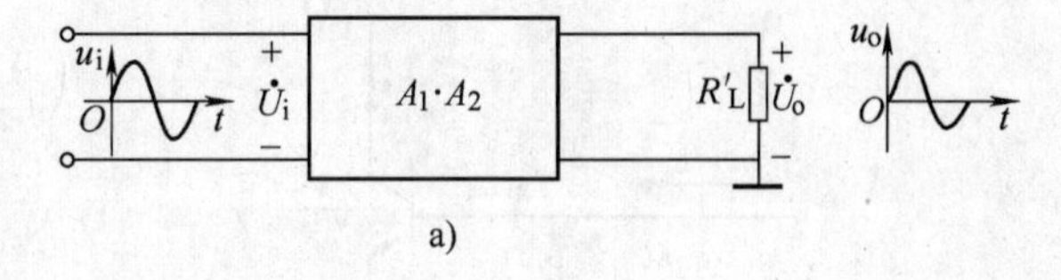

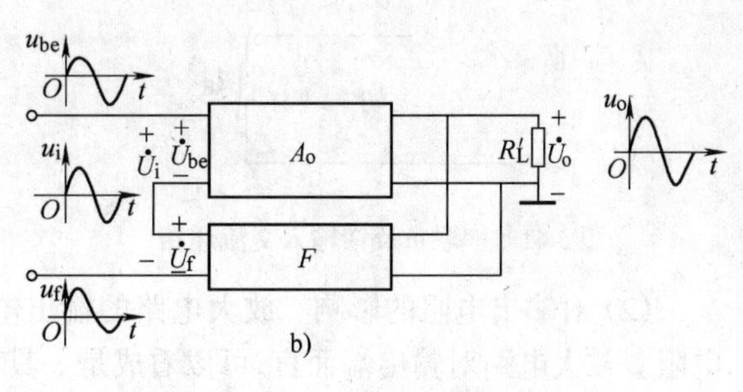

图 2-40　放大电路有、无反馈的波形

a) 无负反馈放大电路　b) 有负反馈放大电路

输出波形相似的一个非正弦波。因净输入信号 $\dot{U}_{be}=\dot{U}_i-\dot{U}_f$，所以使 $\dot{U}_{be}$的波形变成正半周幅度小，负半周幅度大的非正弦波，从而使输出波形接近对称。但输出波形仍然是正半波幅度略大于负半波，不过比无负反馈时输出波形失真有很大改善。显然负反馈越深，输出波形失真越小，对失真要求小的放大电路，往往采用较深的负反馈，但是还不可能从根本上消除失真。

4. 改变了输入输出电阻

放大电路引入负反馈后,将使其输入、输出电阻发生变化,输入、输出电阻是增大还是减小取决于采用的负反馈形式。

(1) 输入电阻　放大电路的输入电阻,就是从放大电路的输入端看进去的交流等效电阻。而输入电阻的变化情况取决于输入的反馈方式(串联或并联)。图 2-41 所示为串联负反馈的输入交流通路。由图可知,无反馈时($R_E=0$)的输入电流为

$$\dot{I}_b=\frac{\dot{U}_i}{r_{be}}$$

引入负反馈时的输入电流为

$$\dot{I}_b=\frac{\dot{U}_i-\dot{U}_f}{r_{be}}=\frac{\dot{U}_{be}}{r_{be}}$$

由于 $U_i>U_{be}$,因此引入负反馈时的输入电流要比无反馈时的输入电流要小,这说明引入负反馈时输入电阻增大了,即 $r_f>r_i$。因此,凡是串联负反馈,由于反馈信号与输入信号相串联,削弱了净输入信号,因而使输入电阻 r_i 增大。

图 2-42 所示为并联负反馈交流通路。由图可知,无负反馈时的输入电阻为

$$r_i=\frac{\dot{U}_i}{\dot{I}_b}$$

引入负反馈时的输入电阻为

$$r_{if}=\frac{\dot{U}_i}{\dot{I}_i}$$

由于 $I_b<I_i$,故 $r_i>r_{if}$,因此,凡是并联负反馈,由于反馈信号与输入信号并联,因此使输入电阻减小。

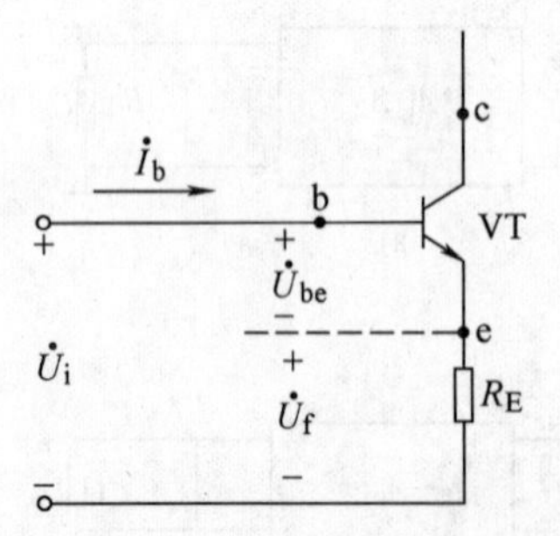

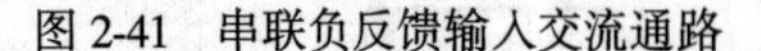

图 2-41　串联负反馈输入交流通路

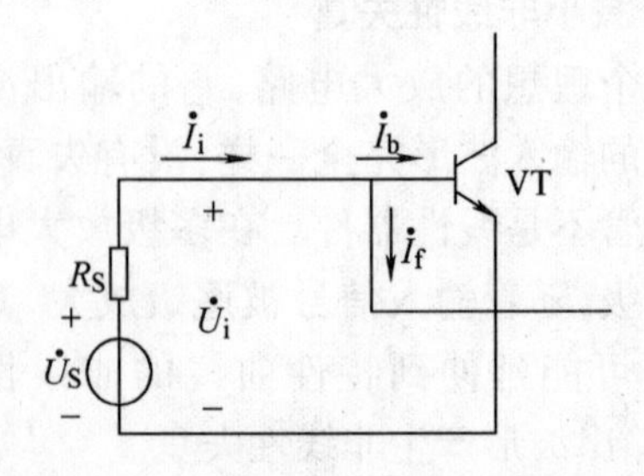

图 2-42　并联负反馈输入交流通路

(2) 对输出电阻的影响　放大电路的输出电阻,就是从放大电路的输出端看的交流等效电阻。放大电路对输出端而言,可以看成是一具有内阻的电压源,这个内阻就是放大电路的输出电阻。很显然输出电阻越小,输出电压就越稳定。而电压负反馈可以稳定放大电路的输出电压,这说明采用电压负反馈后,输出电阻减小了。

放大电路的输出端对负载而言,也可以看成是一具有内阻的电流源,这个内阻就是放大电路的输出电阻,很显然输出电阻越大,输出电流就越稳定。而电流负反馈可以稳定放大电路的输出电流,说明采用电流负反馈后输出电阻增大了。

具体应用中,稳压源为了稳定输出电压,就采用电压负反馈,使放大电路输出恒定的电压;而一些电镀设备、稳流源,则采用电流负反馈,使放大电路具有恒定的电流输出。以上情况可以列表归纳如表 2-3 所示。

表 2-3　负反馈对输入、输出电阻的影响

负反馈放大电路	输入电阻 r_i	输出电阻 r_o
电压串联负反馈	增大	减小
电压并联负反馈	减小	减小
电流串联负反馈	增大	增大
电流并联负反馈	减小	增大

第九节　差动放大电路

一、电路基本结构及零漂抑制的原理

差动放大电路的基本结构如图 2-43 所示，它的主要特点是电路结构对称，元器件特性及参数也对称。图中 VT_1、VT_2 为一对特性及参数均相同的晶体管（工程上称为差动对管），R_C 为集电极负载电阻，R_E 为发射极公共电阻，$+U_{CC}$和 $-U_{EE}$分别是正、负电源的（对“地”）电压。它有两个输入端（VT_1、VT_2 的基极）和两个输出端（VT_1、VT_2 的集电极）。当无输入信号（$u_i=0$）时，由于电路完全对称，故输出信号 $u_o=0$。

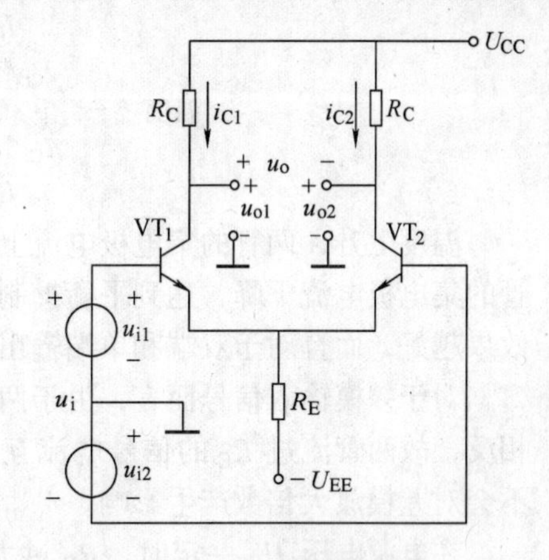

图 2-43　基本差动放大电路

差动放大电路的输入信号一般采用差模方式输入，即加在两个输入端的信号电压大小相等、极性（或相位）相反，称为差模输入信号，如图 2-43 所示。若信号 $u_{i1}>0$，则必有 $u_{i2}<0$。在它们的作用下，集电极电流 i_{C1}将减小，于是两管的集电极电位将向不同的方向变化，即 VT_1 管的集电极电位下降，VT_2 管集电极电位升高，输出端便有输出信号 u_o。可以证明，差动放大电路对差模输入信号的电压放大倍数等于单管放大电路的电压放大倍数，即

$$A_d=\frac{u_o}{u_i}=-\beta\frac{R_C}{r_{be}}$$

差动放大电路对零点漂移的抑制，一是利用电路的对称性，二是利用发射极电阻 R_E 的深度负反馈。

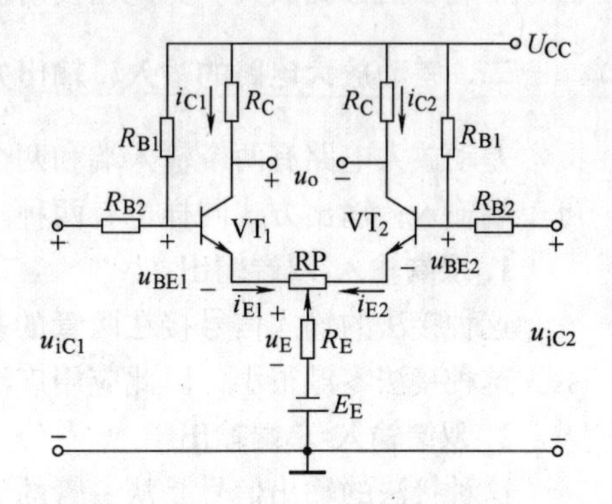

图 2-44　差动放大电路对零漂的抑制

当外加信号 $u_i=0$ 时，若温度变化，或电源电压波动，将引起两管集电极电流 I_{C1}、I_{C2}同时增加或减

小，这就是零漂现象，相当于在两管的输入端同时加上一对大小相同、极性（或相位）相同的信号 u_{iC1}、u_{iC2}，成为共模输入信号，如图 2-44 所示。分析差动放大电路对共模输入信号的抑制情况，即可衡量电路对零漂或其他外部干扰的抑制能力。

由于电路的结构和参数完全对称，对于共模输入信号，两集电极电位总是相等的。若采用双端输入方式，输入电压为零，或者说，差动放大电路的共模电压放大倍数 $A_C = 0$，即差动电路可以有效地抑制零漂。

但要电路完全对称是困难的，即使用同样工艺在同一芯片上做两个晶体管，其特性和参数也很难做到完全相同。为提高电路的对称性，常在发射极（有时在集电极）电路中接入一个调零电位器 RP，如图 2-43 所示。当 $u_i = 0$ 时，调节 RP 使 $u_o = 0$。前面说过（本章第八节），发射极电阻具有电流负反馈作用，故 RP 将降低差模放大倍数 A_d，因而 RP 的阻值不能太大，一般在几十到几百欧之间。

但 RP 对电路对称程度的补偿是很有限的，特别是在单端输出（输出信号为一管集电极对“地”电压）时，无法利用电路的对称性来抑制零漂。

从根本上说，要有效地抑制零漂，实质上是稳定晶体管的集电极电流，使它不受外部因素（温度、电源电压等）变化的影响。为此，可在发射极电路中接入电阻 R_E（见图 2-44）。当加入共模输入信号时，R_E 中流过的电流 I_E 是两管发射极电流之和，R_E 将对共模引起的电流变化起抑制作用，其抑制过程可表示为

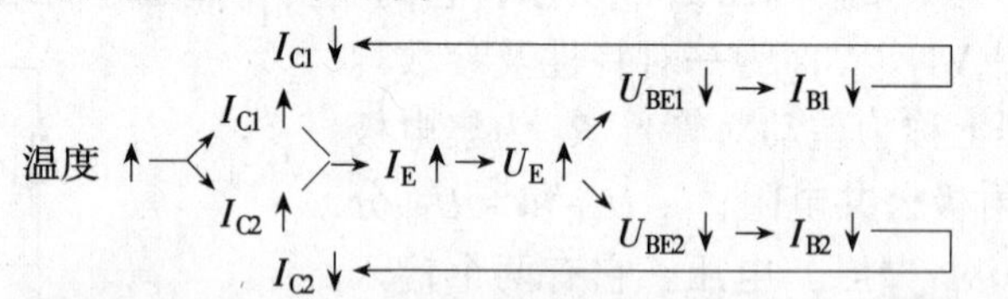

温度上升，两管的集电极电流上升，使发射极的电位上升、两管的基极电流下降，使两管的集电极电流下降，达到平衡抑制零漂的作用。R_E 越大，负反馈作用越强，抑制零漂的效果越好，而且对于双端和单端输出同样有效。R_E 一般称为共模反馈电阻。

对于差模输入信号而言，由于两管的集电极信号电流和发射极信号电流极性（或相位）相反，故两管流过 R_E 的信号电流互相抵消，R_E 上的差模信号压降为零，可视为短路，故不会对差模放大倍数产生影响。

在电源电压 U_{CC} 一定时，R_E 过大将使集电极的静态电流过小，晶体管的静态工作点过低，不利于信号的放大。为此在发射极电路中接入负电源 U_{EE}，以补偿 R_E 两端的直流压降。

二、差动放大电路的输入、输出方式

差动放大电路有两个输入端和两个输出端。输入方式由信号源决定，既可双端输入，又可单端输入；输出方式同样也有两种。这样一来差动放大器有四种接法。

1. 双端输入-双端输出

这种接法的输入信号接在两管的基极之间，输出信号从两管集电极取出，如图 2-44 所示。这种接法零漂很小，因此应用广泛，但信号源和负载都不能有接“地”端。

2. 双端输入-单端输出

这种接法的输出信号是从一管的集电极和“地”之间取出，常用于将差模信号转换为单端输出的倍数，以便与负载或后级放大器有公共接“地”端，如图 2-45 所示。由于是单端

输出，因而无法利用电路的对称性抑制零漂，静态时输出直流电位也不为零。

3. 单端输入-双端输出

输入信号接在一管的输入端（基极与“地”之间），并经发射极电阻 R_E 耦合到另一管的输入端，如图 2-46 所示。这种接法的信号源可以有一端接“地”，并将单端输入信号转换为双端输出信号，作为下一级差动放大电路的差模输入信号。

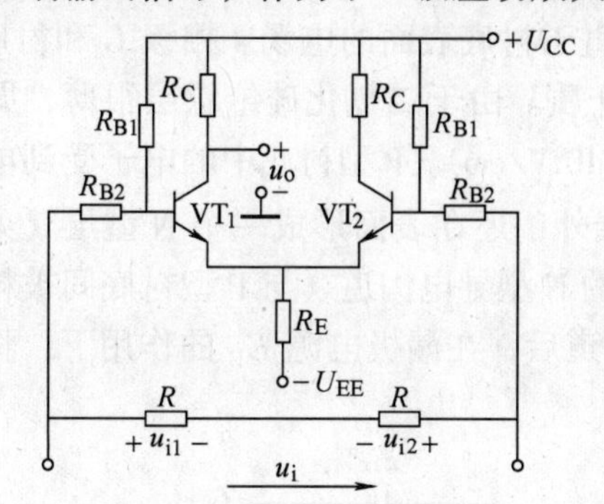

图 2-45 双端输入-单端输出方式

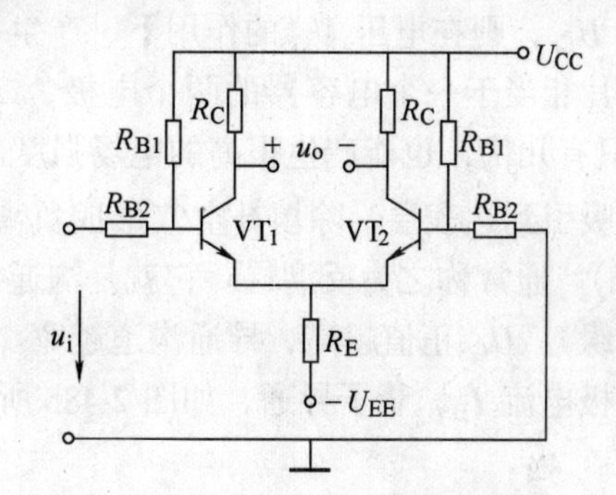

图 2-46 单端输入-双端输出方式

4. 单端输入-单端输出

输入、输出信号都可以有一端接“地”。这种接法的差动放大电路比之于单管放大电路，显然有较强的抑制零漂的能力。

第十节　场效应晶体管及放大电路

场效应晶体管是一种新型的半导体器件，它具有输入电阻高（可达 $10^6 \sim 10^{14}\Omega$，而半导体晶体管输入电阻仅 $10^2 \sim 10^4\Omega$）、噪声低、热稳定性好、抗辐射能力强、耗电少等优点。因此，目前场效应晶体管被广泛地应用于各种电子电路中，作为交流或直流放大、调制用等。场效应晶体管按其结构的不同可分为结型场效应晶体管和绝缘栅型场效应晶体管两种类型。后者由于它的制造工艺简单，目前广泛地应用于集成电路和数字电路中，本书只简单介绍绝缘栅型场效应晶体管。

一、绝缘栅场效应晶体管

绝缘栅型场效应晶体管按其制造工艺可分为增强型和耗尽型两类，每类又有 N 型沟道和 P 型沟道之分。下面简单说明它们的工作原理。

1. 增强型绝缘栅场效应晶体管

图 2-47 是 N 沟道增强型绝缘栅场效应晶体管的结构示意图。用一块杂质浓度较低的 P 型薄硅片作为衬底，其上扩散两个相距很近的高掺杂浓度的 N^+ 区，并在硅片表面生成一层薄薄的二氧化硅绝缘层。并在二氧化硅的表面及两个 N^+ 区表面分别引出三个电极：栅极 G、源极 S 和漏极 D。因为栅极

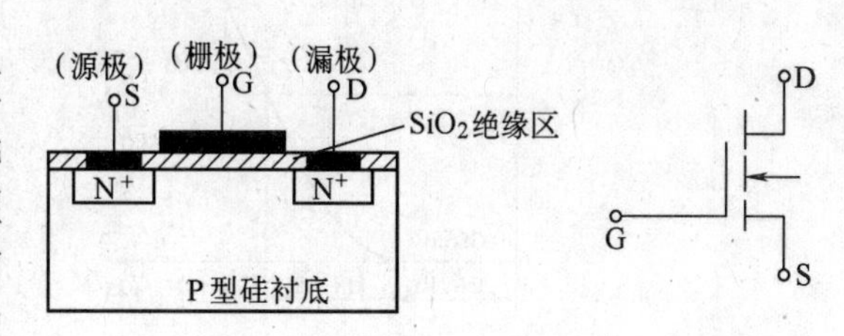

图 2-47 N 型沟道增强型绝缘栅场效应晶体管
a) 结构示意图 b) 表示符号

和其他电极是绝缘的，所以栅源电阻特别高，故被称为绝缘栅场效应晶体管或称金属-氧化物-半导体场效应晶体管，简称 MOS 场效应晶体管。

从图 2-47 可见，N^+型漏区和N^+型源区之间被 P 型衬底隔开，漏极和源极之间是两个 PN 结，当 $U_{GS}=0$ 时，无论漏极和源极之间所加电压的极性如何，其中总有一个 PN 结处于反向偏置，其反向电阻很高，漏极电流 I_D 近似为零。但是，若在栅极和源极之间加上正向电压 U_{GS}，则在电压 U_{GS}的作用下，产生一个方向垂直于衬底表面的电场。栅极 G 和衬底 P 型硅片相当于一个电容器的两个电极，二氧化硅是介质。由于二氧化硅绝缘层很薄，即使 U_{GS}只有几伏，也能产生很高的电场强度（可达 $10^5\sim10^6$V/cm）。P 型衬底中的电子受到电场力的吸引到达表层，除填补空穴形成负离子的耗尽层外，还在表面形成一个 N 型层（见图 2-48a），通常称之为反型层。它就是沟通源区和漏区的 N 型导电沟道（与 P 型衬底间被耗尽层绝缘）。U_{GS}正值越高，导通沟道越宽。形成导通沟道后，在漏极电源 E_D 的作用下，将产生漏极电流 I_D，管子导通，如图 2-48b 所示。

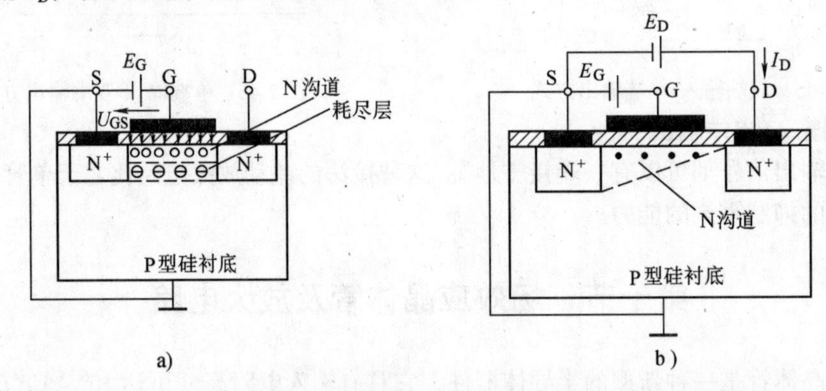

图 2-48　N 型沟道增强型绝缘栅场效应晶体管导电沟道的形成和导通

在一定的漏-源电压 U_m 下，使管子由截止变为导通的临界栅-源电压称为开启电压，用 $U_{GS(th)}$表示。

很明显，在 $0<U_{GS}<U_{GS(th)}$的范围内，漏、源极间沟道尚未联通，$I_D\approx0$。只有当 U_{GS} 大于开启电压时，栅极电位变化，I_D 随之变化，这就是 N 型沟道增强型绝缘栅场效应晶体管的栅极控制作用。图 2-49a 和 b 分别称为 N 型沟道增强型绝缘栅场效应晶体管的转移特性曲线和漏极特性曲线。所谓转移特性，就是输入电压对输出电流的控制特性。

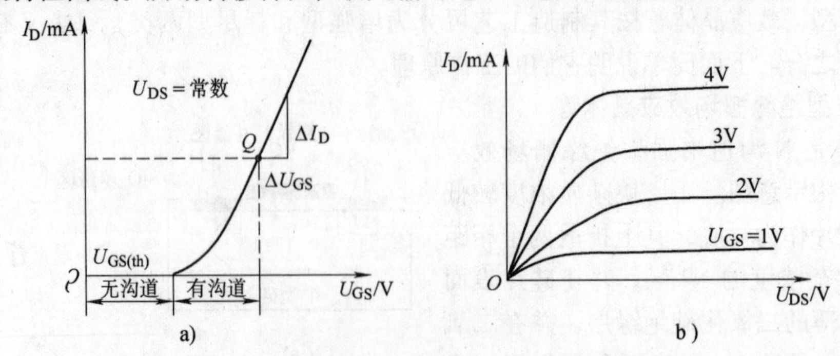

图 2-49　N 型沟道增强型绝缘栅场效应晶体管的特性曲线

a）转移特性曲线　b）漏极特性曲线

2. 耗尽型绝缘栅场效应晶体管

增强型绝缘栅场效应晶体管只有当 $U_{GS}>U_{GS(th)}$ 时才形成导电沟道，如果在制造管子时就使其具有一个原始导电沟道，这种绝缘栅场效应晶体管就属于耗尽型，与增强型有区别。图 2-50a 是 N 型沟道耗尽型绝缘栅场效应晶体管的结构示意图。在制造时，在二氧化硅绝缘层中掺入大量的正离子，因而在两个 N^+ 区之间便感应出较多电子，形成原始导电沟道。与增强型相比，它的结构变化不大，但其控制特性却有明显的不同。在 U_{DS} 为常数的条件下，当 $U_{GS}=0$ 时，漏、源极间已可导通，流过的原始导电沟道的漏极电流为 I_{DSS}。当 $U_{GS}>0$ 时，在 N 沟道内感应出更多的电子，使沟道变宽，所以 I_D 随 U_{GS} 的增大而增大。当 $U_{GS}<0$，即加反向电压时，在沟道内感应出一些正电荷与电子复合，使沟道变窄，I_D 减小；U_{GS} 负值愈高，沟道愈窄，I_D 愈小。当 U_{GS} 达到一定负值时，导电沟道内的载流子（电子）因复合而耗尽，沟道被夹断，$I_D\approx 0$，这时的 U_{GS} 称为夹断电压，用 $U_{GS(off)}$ 表示。图 2-51 和图 2-52 所示的分别为 N 沟道耗尽型管的转移特性曲线和漏极特性曲线。可见，耗尽型绝缘栅场效应晶体管不论栅-源电压 U_{GS} 是正是负或零，都能控制漏极电流 I_D，这个特点使它的应用具有较大的灵活性。一般情况下，这类管子还是工作在负栅-源电压的状态。

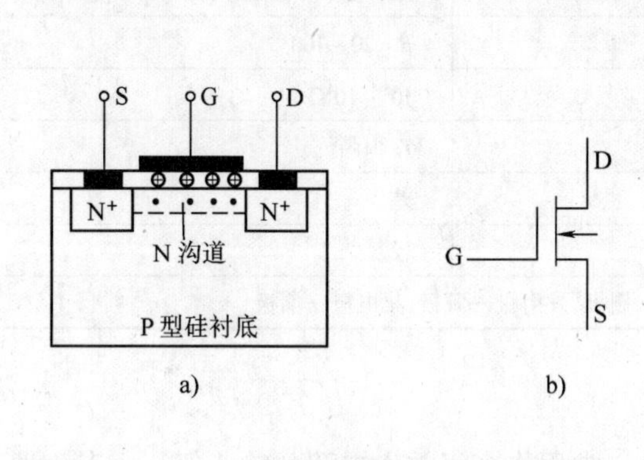

图 2-50　N 型沟道耗尽型绝缘栅场效应晶体管
a）结构示意图　b）表示符号

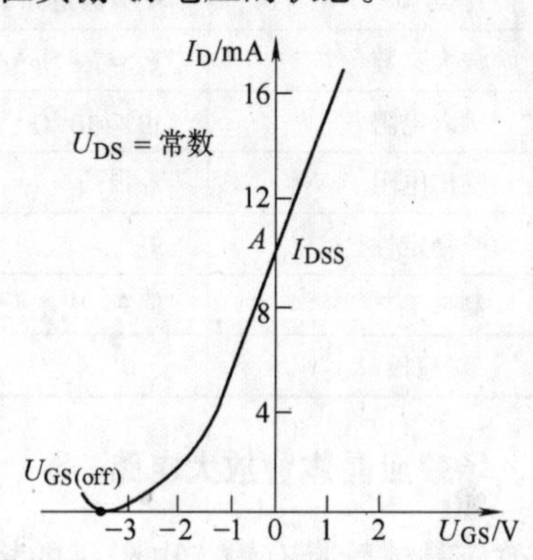

图 2-51　N 型沟道耗尽型管的转移特性

实验表明，$U_{GS(off)}\leqslant U_{GS}\leqslant 0$ 范围内，耗尽型场效应晶体管的特性可以近似表示为

$$I_D=I_{DSS}\left(1-\frac{U_{GS}}{U_{GS(off)}}\right)^2 \tag{2-43}$$

N 型沟道增强型和耗尽型绝缘栅场效应晶体管，其主要区别就在于有无原始导电沟道。所以，要判别一个没有型号的绝缘栅场效应晶体管是增强型还是耗尽型，只要检查它在 $U_{GS}=0$ 时，在漏、源极间加电压是否导通，就可以作出判别。事实上，P 型绝缘栅场效应晶体管同样也有增强型和耗尽型之分。对于不同类型的绝缘栅场效应晶体管，使用时必须注意所加电压的极性。

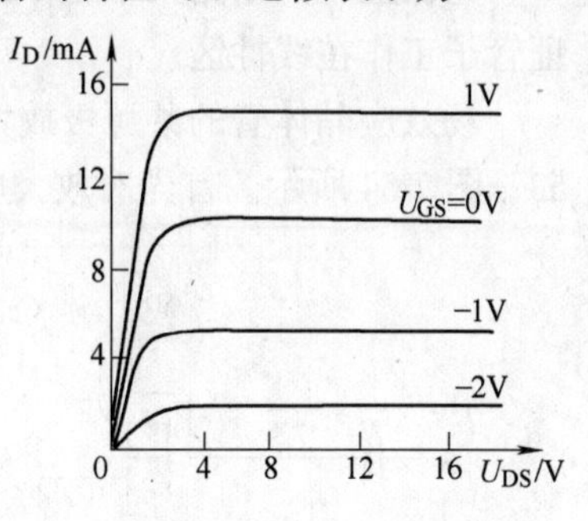

图 2-52　N 型沟道耗尽型管的漏极特性

在静态工作点 Q 附近小范围内（如图 2-49a 所示），当 U_{DS} 为常数时，漏极电流的增量对引起这一变化的栅-源电压的增量的比值称为跨导，即

$$g_m = \frac{\Delta I_D}{\Delta U_{GS}}\bigg|_{U_{DS}} \tag{2-44}$$

跨导是衡量场效应晶体管栅-源电压对漏极电流控制能力的主要参数。

使用绝缘栅场效应晶体管时要注意不要超过漏-源击穿电压 $U_{DS(BR)}$、栅-源击穿电压 $U_{GS(BR)}$和漏极最大耗散功率 P_{SDM}等极限值，特别要注意可能发生栅极电压过高而造成绝缘层的击穿问题。保存时，必须将三个电极短接，以免损坏；在电路中，栅-源极间应有直流通路；焊接时电烙铁的接地应良好。

表 2-4　场效应晶体管与双极型晶体管的比较

项目＼名称	场效应晶体管	双极型晶体管
载流子	只有一种极性的载流子(电子或空穴)参与导电,故又称为单极型晶体管	两种不同极性的载流子(电子与空穴)同时参与导电,故称双极型晶体管
控制方式	电压控制	电流控制
类型	N型沟道和P型沟道两种	NPN型和PNP型两种
放大参数	$g_m = 1 \sim 5\text{mA/V}$	$\beta = 20 \sim 100$
输入电阻	$10^7 \sim 10^{14}\Omega$	$10^2 \sim 10^4\Omega$
输出电阻	r_i很高	r_o很高
热稳定性	好	差
制造工艺	简单,成本低	较复杂
对应极	基极—栅极,发射极—源极,集电极—漏极	

二、场效应晶体管放大电路

场效应晶体管具有输入电阻高的特点，因此，常用作多级放大电路的输入级，尤其对高内阻信号源，采用场效应晶体管能有效地放大。

和双极型晶体管比较，场效应晶体管的源极、漏极、栅极相当于它的发射极、集电极、基极。两者放大电路也类似，场效应晶体管有共源极放大电路和源极输出器等。

为保证放大电路正常工作，场效应晶体管放大电路也必须设置合适的静态工作点，以保证管子工作在线性区。

场效应晶体管的共源极放大电路和晶体管的共射极放大电路在电路结构上类似，如图 2-53、图 2-54 所示。首先对放大电路进行静态分析，即分析它的静态工作点。

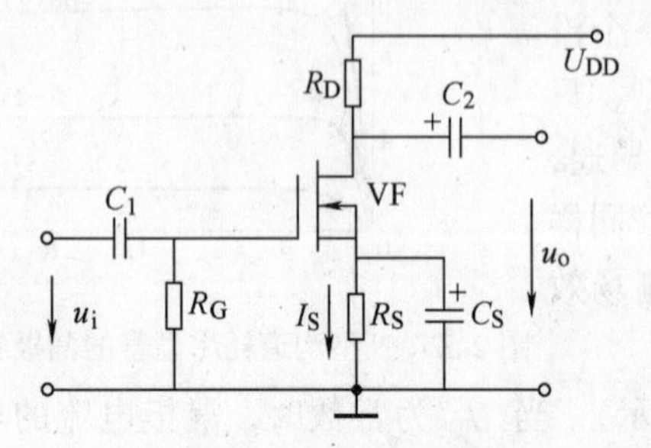

图 2-53　耗尽型绝缘栅场效应晶体管的自给偏压偏置电路

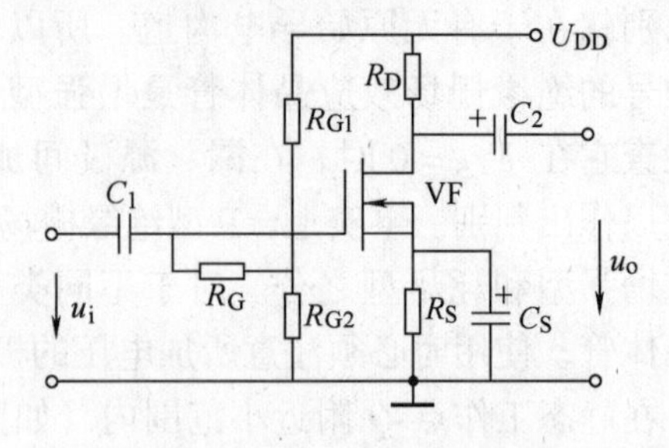

图 2-54　分压式偏置电路

场效应晶体管是电压控制元件，当 U_{DD} 和 R_D 选定后，静态工作点是由栅-源电压 U_{GS}（偏压）确定的。

1. 自给偏压偏置电路

图 2-53 为耗尽型绝缘栅场效应晶体管的自给偏压偏置电路。源极电流 I_S（等于 I_D）流经源极电阻 R_S，在 R_S 上产生压降 $I_S R_S$，显然 $U_{GS} = I_S R_S$，它是自给偏压。

电路各元件作用如下：

R_S：源极电阻，静态工作点受它控制，其阻值约几千欧。

C_S：源极电阻上的交流旁路电容，用它来防止交流负反馈，其容量约为几十微法。

R_G：栅极电阻，用以构成栅-源极间的直流通路，R_G 阻值不能太小，否则影响放大电路的输入电阻，其阻值约为 200kΩ ~ 10MΩ。

R_D：漏极电阻，它使放大电路具有电压放大功能，其阻值约为几十千欧。

C_1、C_2：分别为输入电路和输出电路的耦合电容，其容量一般为 0.0l ~ 0.047μF。

应该指出，由 N 型沟道增强型绝缘栅场效应晶体管组成的放大电路，工作时 U_{GS}为正，所以无法采用自给偏压偏置电路。

2. 分压式偏置电路

图 2-54 所示为分压式偏置电路，R_{G1} 和 R_{G2} 为分压电阻。这样栅-源电压为（R_G 中并无电流通过）

$$U_{GS} = \frac{R_{G2}}{R_{G1} + R_{G2}} U_{DD} - I_D R_S = V_G - I_D R_S \qquad (2\text{-}45)$$

式中，V_G 为栅极电位。对 N 型沟道耗尽型管，U_{GS}为负值，所以 $I_D R_S > V_G$；对 N 型沟道增强型管，U_{GS}为正值，所以 $I_D R_S < V_G$。

当输入端加上交流信号 u_i 时，栅源电压就要发生变化，其变化量 $u_{gs} = u_i$，从而引起漏极电流和输出端的电压发生相应的变化。此时放大电路的交流通路如图 2-55 所示。

当 u_i 作用时，将引起漏极电流增量 i_d。

输出电压

$$u_o = -i_d R_D = -g_m u_i R_D \qquad (2\text{-}46)$$

电压放大倍数

$$A_u = \frac{\dot{U}_o}{\dot{U}_i} = -g_m R_D \qquad (2\text{-}47)$$

式中，负号表示输出电压与输入电压相位是相反的。

放大电路的输入电阻

$$r_i = R_G + (R_{G1} /\!/ R_{G2}) \qquad (2\text{-}48)$$

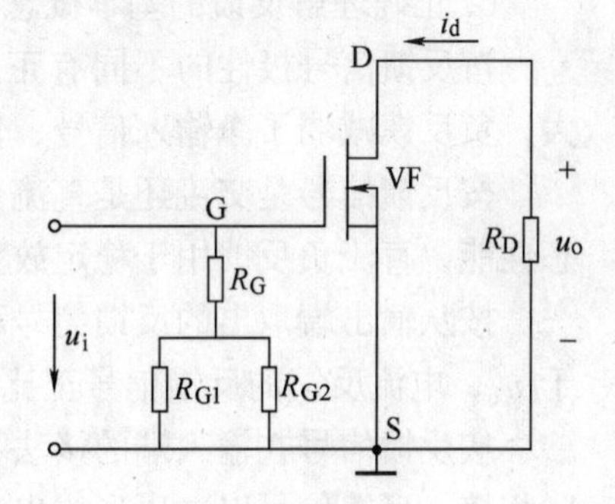

图 2-55 交流通路

通常为使 U_{GS}的静态值比较稳定，R_{G1} 和 R_{G2}的阻值取的比较小，所以

$$r_i = R_G + (R_{G1} /\!/ R_{G2}) \approx R_G \qquad (2\text{-}49)$$

选择大阻值（1MΩ 以上）的 R_G 就不会使输入电阻降低过多。场效应晶体管放大电路的突出优点是输入电阻高。在实际工作中，一般用作输入级。

本章小结

1. 半导体三极管（晶体管）具有电流放大作用，是电流控制器件。所谓放大作用就是用一个小电流控制相应的大电流。晶体管是以输入输出特性来表征其性质的。

在放大电路中，共发射极电路是一种常用的电路。其他的放大电路是在它的基础上建立起来的，因此它是分析其他放大电路的基础。共射极单管放大电路的输出信号电压与输入信号电压相位相反，即具有反相作用。

放大电路的工作总是既有直流又有交流——即静态和动态。通过放大电路的直流通路可确定静态工作点 Q 并求得静态值；动态时放大电路的一个重要特点是电路中同时存在直流量和交流量两种成分。直流分量 I_B、I_C、U_{CE}确定了静态工作点，即确定了晶体管的直流工作状态，交流分量 u_i、i_b、i_c、u_{ce}则代表着信号变化情况，二者不能混淆。

2. 微变等效电路分析法是建立在小信号和线性工作区的基础上，可以用一个微变等效电路来表示晶体管的作用。微变等效电路只能分析放大电路的动态工作情况，计算电压放大倍数、输入电阻、输出电阻等。

3. 放大电路的静态工作点，由于受温度、电源电压波动及晶体管老化等因素的影响而发生漂移，其中温度影响最大。为了稳定静态工作点，可以引入直流负反馈。常用分压式电流负反馈来稳定放大电路的静态工作点。

4. 射极输出器是一种常用的电压串联负反馈放大电路。它的电压放大倍数接近 1，但具有电流和功率放大作用，并具有输入电阻高，输出电阻低的特点。常用作多级放大器的输入级、输出级或中间隔离级。

5. 在多级放大电路中，级与级之间的耦合方式有三种：阻容耦合、变压器耦合和直接耦合。多级放大电路将微弱的电压信号逐级放大，输出较大的功率，去推动负载正常工作。总的电压放大倍数为各级电压放大倍数的乘积。

6. 正确理解反馈的基本概念，它是分析各种负反馈放大电路的基础。

按反馈信号极性的不同有正反馈和负反馈，正反馈增强了净输入信号，使放大倍数增大，负反馈减弱了净输入信号，使放大倍数减小。

按反馈信号是交流还是直流分，有交流反馈和直流反馈。交流负反馈改善了放大器的动态性能，直流负反馈用于稳定放大器的静态工作点。

按从输出端取出的反馈信号不同分，有电压反馈和电流反馈。电压反馈的反馈信号正比于 u_o，电流反馈的反馈信号正比于 I_o。反馈信号不一定是 U_f，也可是 I_f。

按反馈信号在输入端的接法不同，有串联反馈和并联反馈。串联反馈信号与输入信号串联相接，反馈信号以电压形式出现。并联反馈信号与输入信号并联相接，以电流形式出现。

正负反馈的判别采用瞬时极性法。即利用基极与集电极电位反相，基极与发射极电位同相的关系，用“+”、“-”号逐级标出各极对地的电位，最后确定电路的反馈类型。

放大电路引入负反馈后改善了放大电路的性能，使 A_o 下降了（$1+A_oF$）倍，电压放大倍数稳定性提高，减小了波形失真，改变了输入、输出电阻等。

7. 场效应晶体管有电压放大作用，是电压控制器件。它工作时基本上不从前级信号源取用电流，直接由输入电压来控制输出电压。

场效应晶体管具有输入电阻高、噪声小、功耗低等优点，常用的有结型场效应晶体管和绝缘栅场效应晶体管两种。场效应晶体管是一种电压控制器件，而晶体管是一种电流控制器件。场效应晶体管按其导电沟道分为N型沟道和P型沟道两种；它们所加的电源电压极性相反。绝缘栅场效应晶体管按其导电沟道的形成，有耗尽型和增强型两种。

场效应晶体管放大电路与晶体管放大电路有相似之处，如果将场效应晶体管的源极、漏极和栅极分别与晶体管的发射极、集电极和基极对应，则电路的结构基本相同，但场效应晶体管的静态工作点是借助于栅极偏压来设置的。常用的电路有分压式偏置电路和自给式偏压偏置电路。

习 题 二

1. 在图2-56所示四个电路中，能否完好地放大交流信号？

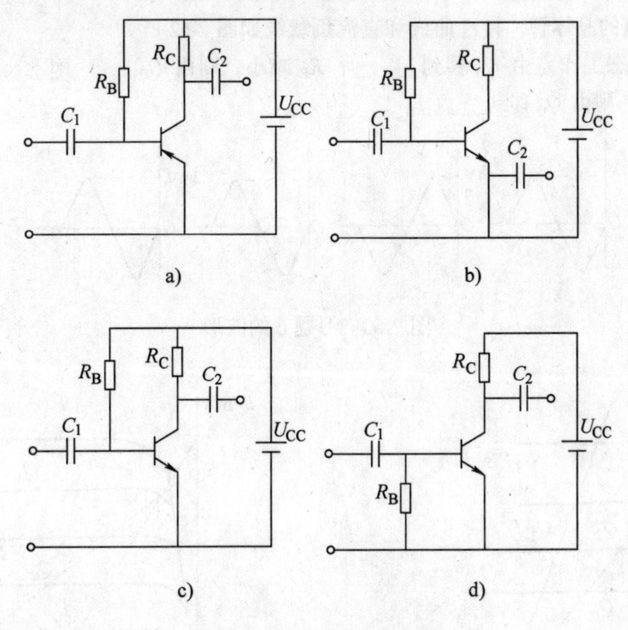

图2-56　习题1的电路

2. 在图2-57所示的电路中，设晶体管的U_{BE}可以略去，$\beta=20$，则当E_B等于多少时，才能使$I_C=5mA$?

3. 设共发射极放大电路的电源电压是U_{CC}，如果静态时，理想晶体管处于截止状态，则基极偏流I_B ______，集电极电流I_C ______，管压降U_{CE}______。

4. 在图2-58所示的几个基本放大器的直流通路中，它们都存在着故障，填写出各电路中理想晶体管的管压降。

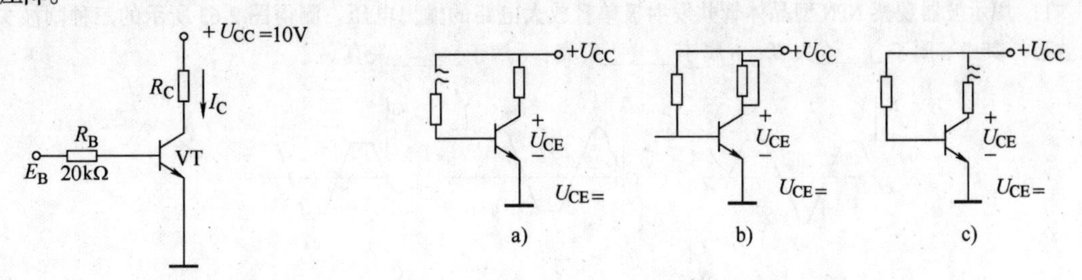

图2-57　习题2的电路　　　　图2-58　习题4的电路

5. 放大器中某晶体管管压降 U_{CE}的波形如图 2-59 所示。根据波形判断，该管的导电类型为______，U_{CE}中的直流分量等于______，交流分量等于______。

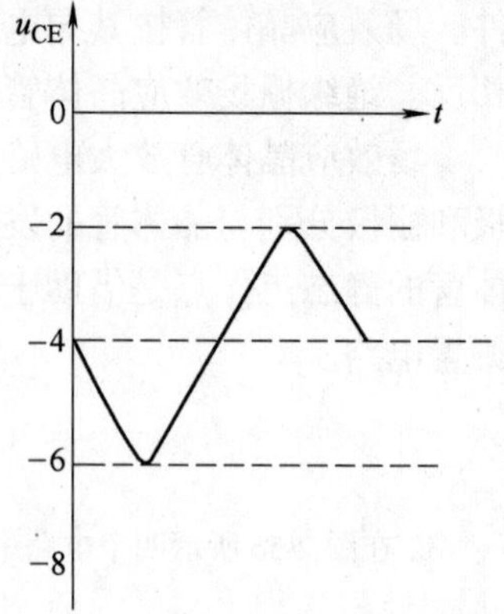

图 2-59　习题 5 的波形

6. 某共发射极单管放大器的输入电压 u_i，基极电流 i_b，集电极电流 i_c，输出电压 U_o 的波形如图 2-60 所示。把表示这几个量的符号填写到与其对应的坐标轴旁。

7. 减小放大电路中理想晶体管的集电极电阻 R_C，则直流负载线的斜率（指绝对值，下同）______，静态工作点位置______移，I_C ______，U_{CE}______。

8. 某基本放大电路中的晶体管，特性曲线和直流负载线如图 2-61 所示。若静态工作点从 Q_0 移到 Q_1，则______；从 Q_0 移到 Q_2，则______，从 Q_2 移到 Q_3，则______。

9. 某基本放大电路的晶体管，特性曲线和直流负载线如图 2-62 所示。若 U_{CC}减小，则静态工作点由 Q_0 移到______；R_B 减小，则由 Q_0 移到______；R_C 增大，则由 Q_0 移到______。

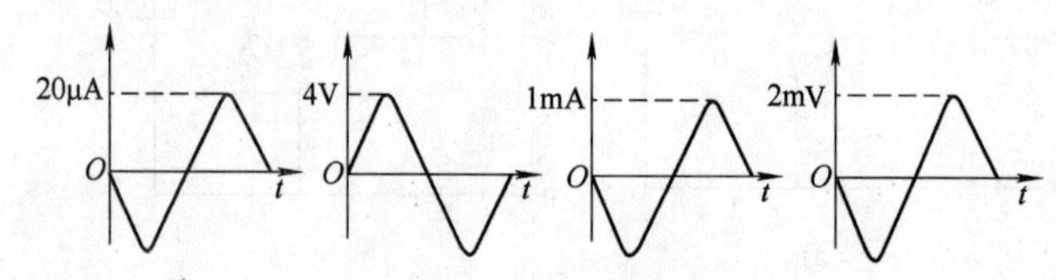

图 2-60　习题 6 的波形

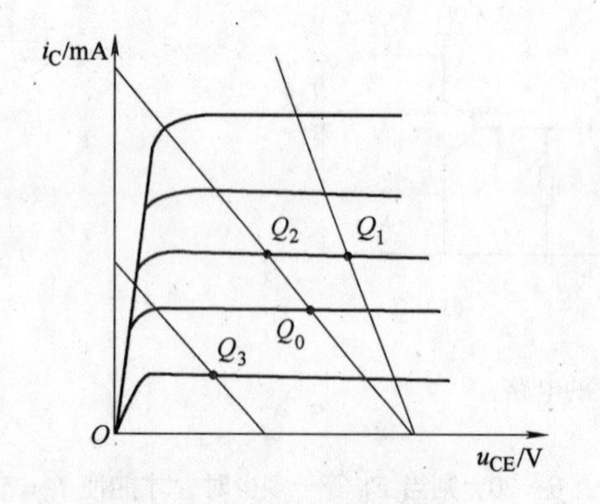

图 2-61　习题 8 的特性曲线

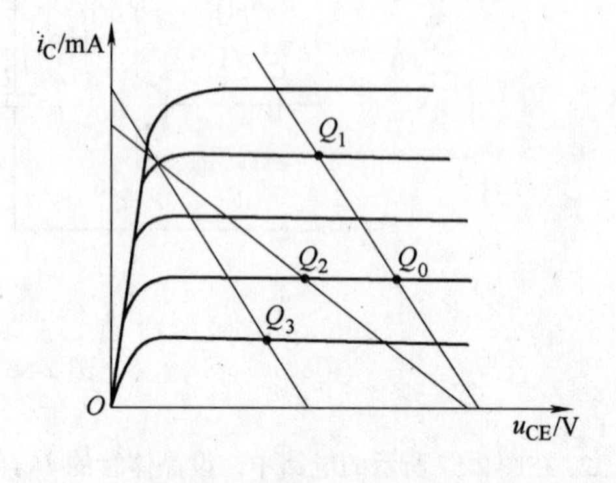

图 2-62　习题 9 的特性曲线

10. 如果 NPN 型晶体管共发射极单管放大电路发生饱和失真，且假定输入信号电压为正弦波信号，则基极电流 i_b 的波形______，集电极电流 i_c 的波形______，输出电压 U_o 的波形______。

11. 用示波器观察 NPN 型晶体管共发射极单管放大电路的输出电压，测得图 2-63 所示的三种削波失真的波形。其中 a 属于______失真；b 属于______失真；c 属于______失真。

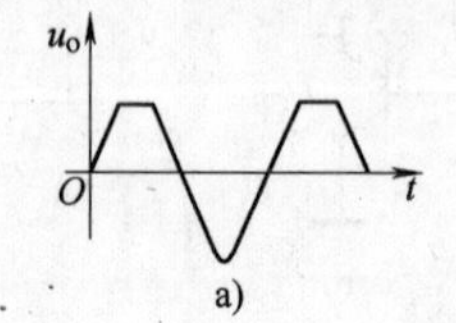

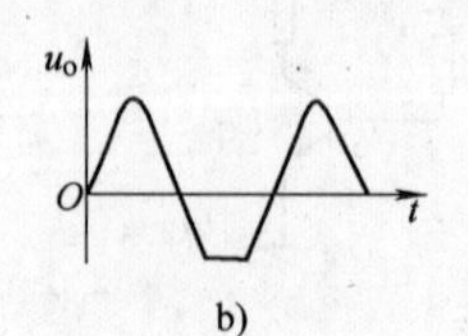

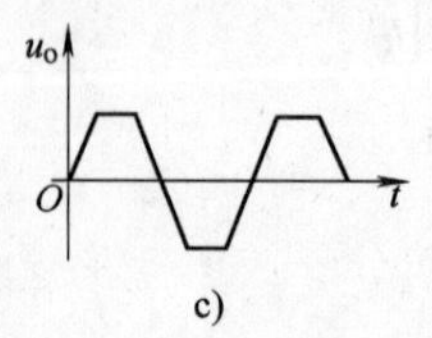

图 2-63　习题 11 的波形

12. 设某基本放大电路原没有发生削波失真，现增大 R_C，则静态工作点向______方向移动，较容易引起______失真。

13. 在分压式偏置电路中，若上偏流电阻 R_{B1} 减小，而晶体管始终处在放大状态，则基极偏流 I_B ______，集电极电流 I_C ______，管压降 U_{CE}______。

14. 设某基本放大电路原来没有发生削波失真，现增大 R_B，则静态工作点向______方向移动，较容易引起______失真。

15. 在分压式偏置电路中，若发射极电阻 R_E 减小，而晶体管始终处在放大状态，则基极偏流 I_B ______，集电极电流 I_C ______，管压降 U_{CE}______。

16. 某放大电路的输出电阻是 1.5kΩ，空载时输出电压是 3V，则当接上 4.5kΩ 的负载后，输出电压是______V。

17. 如果减小负载电阻 R_L，则基本放大电路直流负载线的斜率______，电压放大倍数______，放大电路的输入电阻______，输出电阻______。

18. 在图 2-64 所示的反馈框图中，已知 $A_o = 80$，负反馈系数 $F = 1\%$，$U_o = 15$V，则 $U_a =$ ______，$U_b =$ ______，$U_d =$ ______。

19. 已知某负反馈放大器的闭环放大倍数 $A_f = 9.09$，反馈系数 $F = 0.1$，则它的开环放大倍数 $A_o =$ ______。

20. 已知晶体管的 $U_{BE} = 0.7$V，$R_C = 2$kΩ，$\beta = 100$，求图 2-65 所示电路中的 I_B、I_C、I_E、U_{CE}。

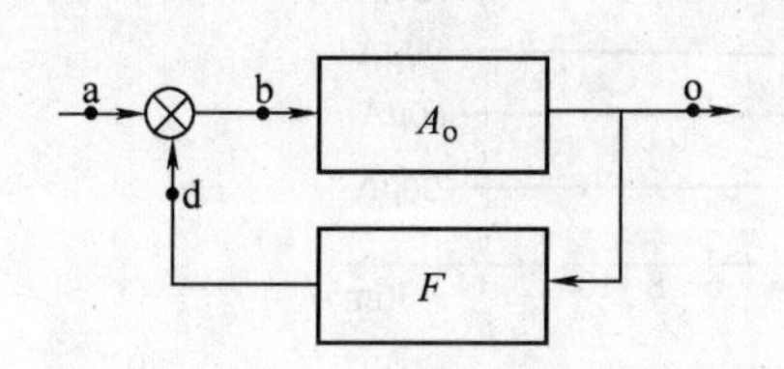

图 2-64 习题 18 的框图

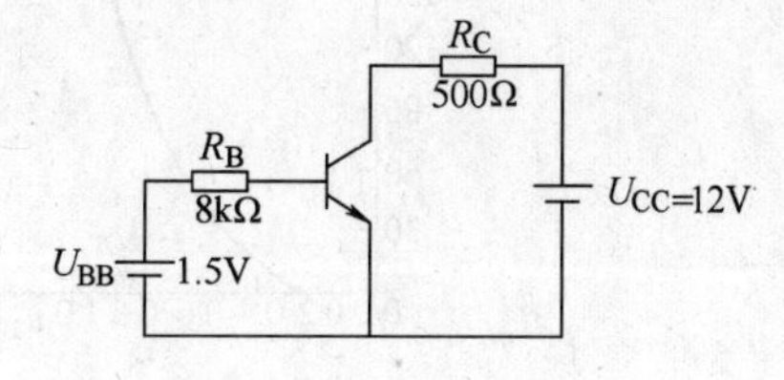

图 2-65 习题 20 电路

21. 在图 2-66 所示放大电路中，已知 $U_{CC} = 12$V，$R_C = 2.7$kΩ，$R_B = 500$kΩ，晶体管 $\beta = 50$，试计算放大电路的静态工作点（I_b、I_C、U_{CE}）。

22. 在图 2-66 所示放大电路中，已知 $U_{CC} = 6$V，$R_B = 130$kΩ，$R_C = 1$kΩ。原来所使用的 3DG6 管，$\beta = 50$，后因该管损坏，换用 β 在 100 ~ 150 的同类型管。问静态电流 I_C 可变动多少？（设所用晶体管均是理想管）

23. 在图 2-66 所示放大电路中，如果 $U_{CC} = 12$V，$R_C = 5$kΩ，晶体管的 $\beta = 60$，现要把 I_C 调到 1mA，问 R_B 应取多大？此时 U_{CE} 又为多大？

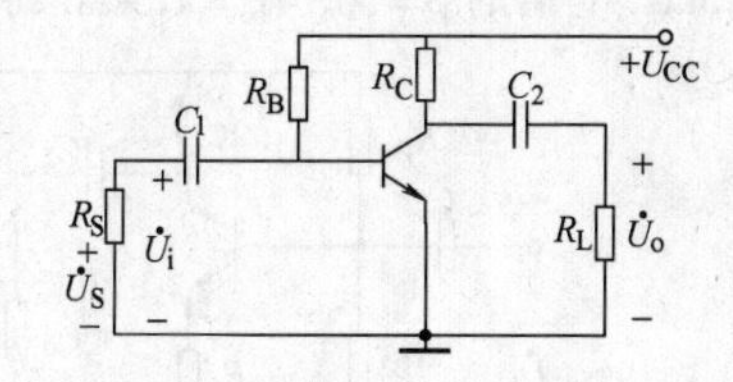

图 2-66 习题 21、22 电路

24. 某基本放大电路（如图 2-66 所示）中晶体管的输出特性曲线如图 2-67 所示，若 $U_{CC} = 12$V，$R_B = 200$kΩ，$R_C = 5$kΩ。用图解法求 I_C、U_{CE}。

25. 某基本放大电路（如图 2-66 所示）中 3DG6 型管的输出特性曲线如图 2-68 所示。设 $U_{CC} = 12$V，$R_B = 200$kΩ，$R_C = 2$kΩ。

(1) 在图中定出静态工作点 Q_0；

(2) 若 R_C 由 2kΩ 增大到 4kΩ，工作点 Q_1 移到何处？

(3) 若 R_B 由 200kΩ 变为 150kΩ，工作点 Q_2 移到何处？

(4) 若 U_{CC} 由 12V 变为 16V，工作点 Q_3 移到何处？

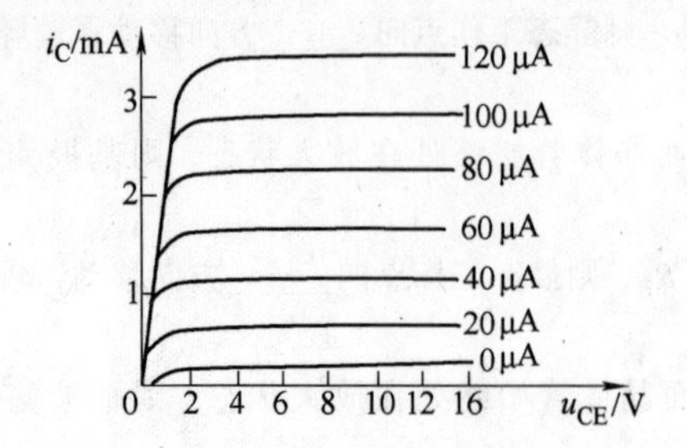

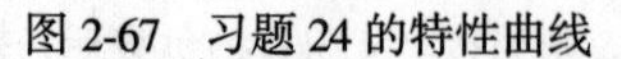

图 2-67　习题 24 的特性曲线

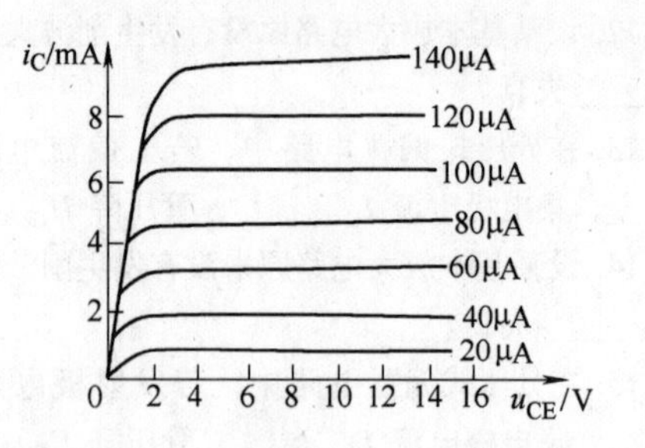

图 2-68　习题 25 的特性曲线

26. 已知 NPN 型晶体管的输入、输出特性曲线如图 2-69 所示。若

(1) $I_B = 60\mu A$，$U_{CE} = 8V$，求 I_C；

(2) $U_{CE} = 6V$，$U_{BE} = 0.7V$，求 I_C；

(3) $U_{CE} = 10V$，U_{BE}由 0.6V 变化到 0.7V，求 I_B 和 I_C 的变化量。

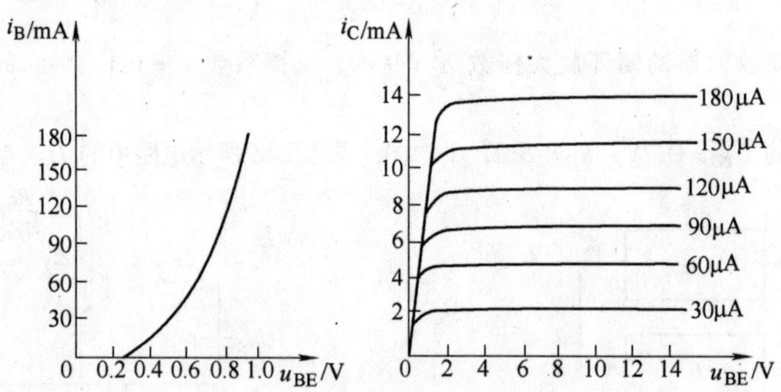

图 2-69　习题 26 的特性曲线

27. 图 2-70 所示是分压式偏置的共射极放大电路。已知 $U_{CC} = 12V$，$R_{B1} = 20k\Omega$，$R_{B2} = 10k\Omega$，$R_C = R_E = 2k\Omega$，硅管的 $\beta = 50$，求静态工作点（I_B、I_C、U_{CE}）。

28. 分压式偏置放大电路如图 2-71 所示，已知 $U_{CC} = 12V$，$R_{B1} = 22k\Omega$，$R_{B2} = 4.7k\Omega$，$R_C = 1k\Omega$，$R_E = 2.5k\Omega$，硅管的 $\beta = 50$，$r_{be} = 1.3k\Omega$，求：

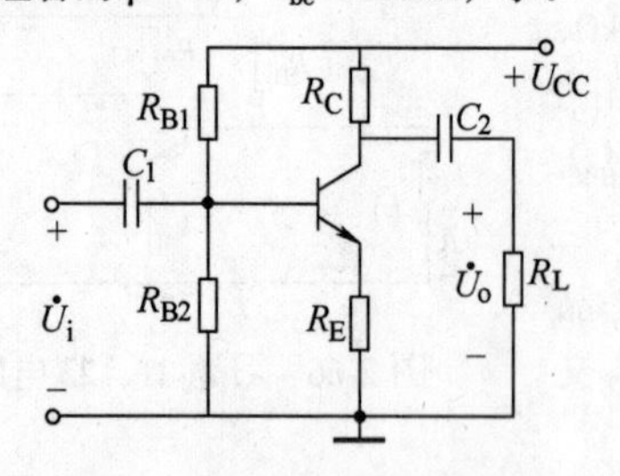

图 2-70　习题 27 的电路图

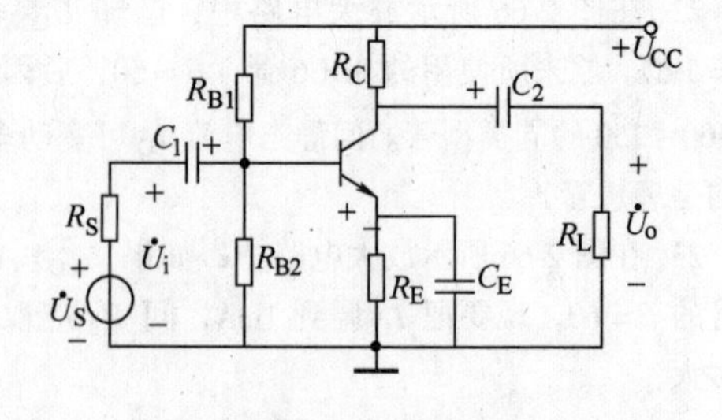

图 2-71　习题 28 的电路

(1) 静态工作点；

(2) 空载时的电压放大倍数；

(3) 带 4kΩ 负载时的电压放大倍数。

29. 在图 2-72a、b、c、d 中，判断哪些是交流负反馈电路？哪些是交流正反馈电路？如果是负反馈，属于哪种类型？图中还有哪些是直流负反馈电路？它们起何作用？

30. 有一负反馈放大电路，已知 $A_o = 300$，$F = 0.01$。试求：

(1) 闭环电压放大倍数 A_f 为多少？

(2) 如果 A_o 发生 ±10% 的变化，则 A_f 的相对变化为多少？

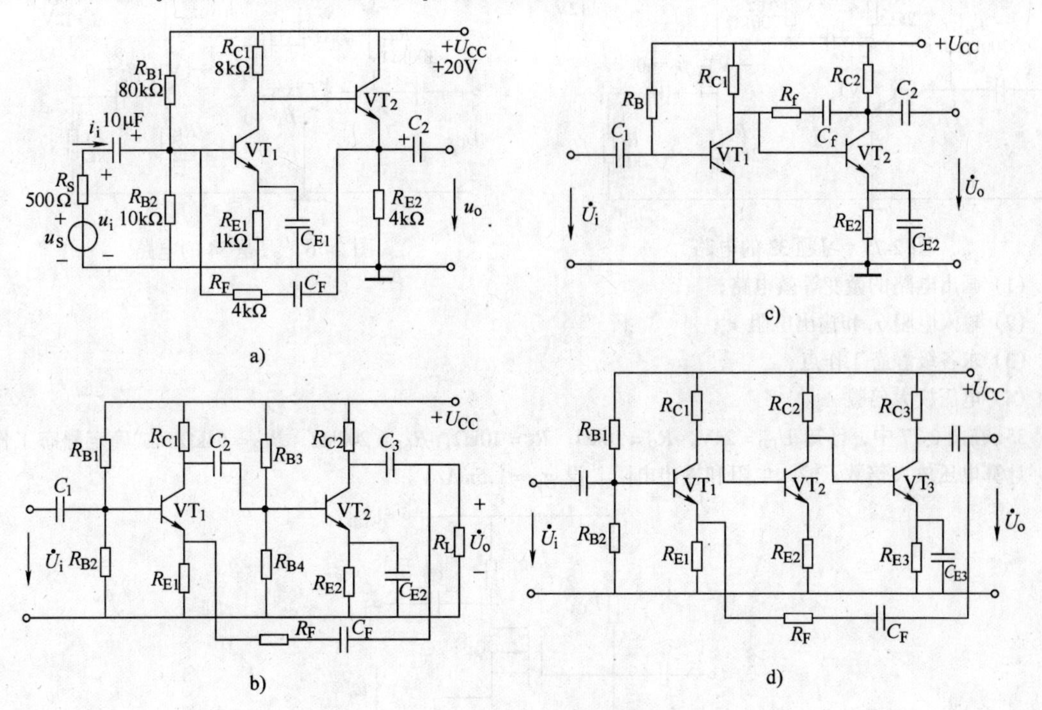

图 2-72　习题 29 的电路

31. 在图 2-73 所示的电流串联负反馈放大电路中，若晶体管的 $\beta=50$，$r_{be}=1.5\text{k}\Omega$，$U_{BE}=0.7\text{V}$，求：

(1) 画出电路的微变等效电路；

(2) 输入电阻和输出电阻；

(3) 当 $R_S=0$ 时，反馈放大电路的电压放大倍数；

(4) 当 $R_S=600\Omega$ 时，反馈电路的电压放大倍数。

32. 有一射极输出器如图 2-74 所示。若已知晶体管的 $\beta=50$，$r_{be}=0.45\text{k}\Omega$。试求：

(1) 静态工作点（I_B、I_C、U_{CE}）；

(2) 输入电阻 r_i；

(3) 电压放大倍数 A_o。

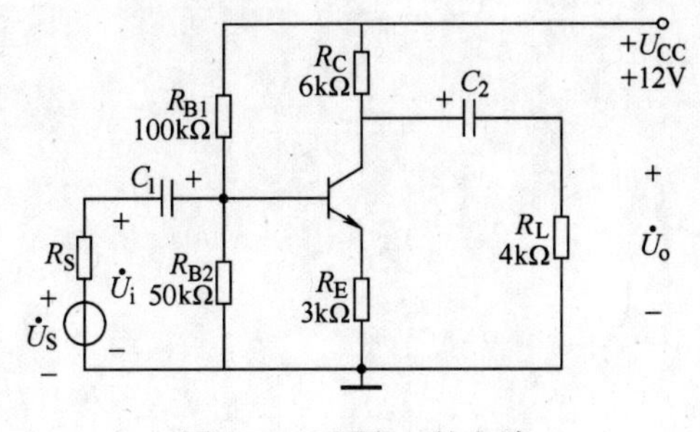

图 2-73　习题 31 的电路

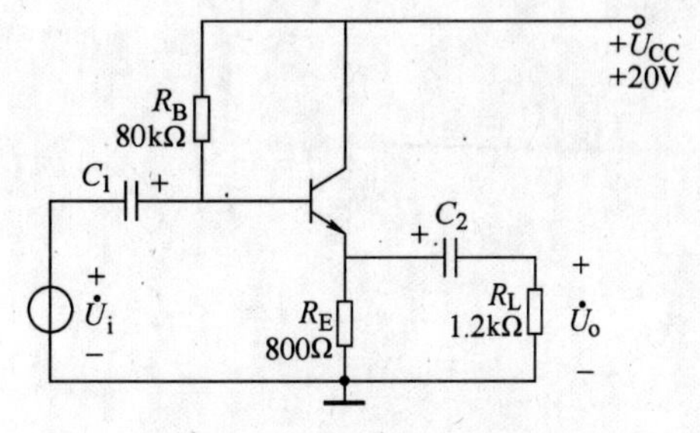

图 2-74　习题 32 的电路

33. 为了增大放大电路的带负载能力，用射极输出器作为输出级，如图 2-75 所示。试求放大电路的输入电阻、输出电阻和输出端不接负载和接有负载 R_L 时两种情况下的电压放大倍数。

34. 某两级放大电路如图 2-76 所示。已知晶体管 VT_1、VT_2 的 β 均为 40。

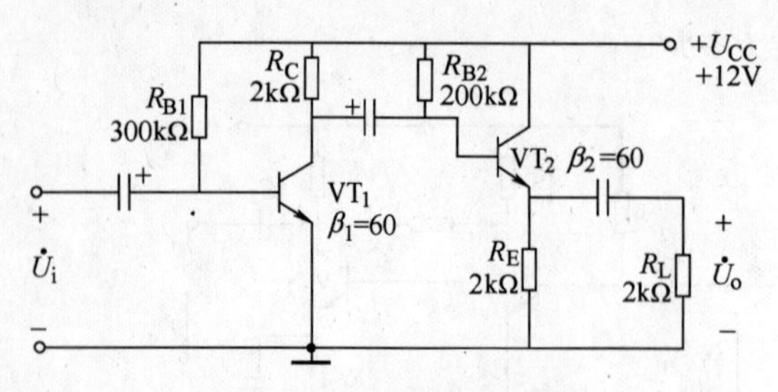

图 2-75　习题 33 的电路

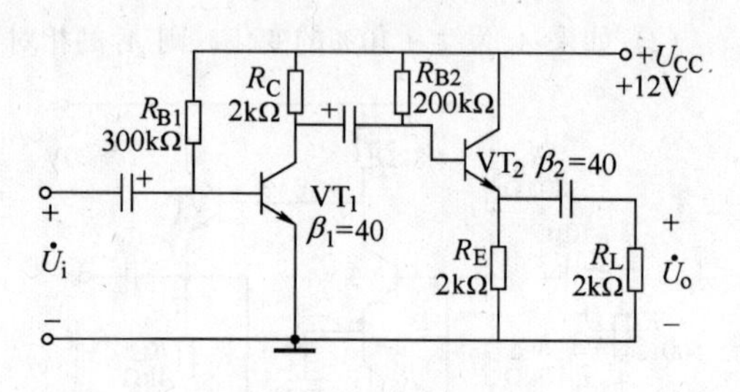

图 2-76　习题 34 的电路

(1) 画出电路的微变等效电路；

(2) 输入电阻 r_i 和输出电阻 r_o；

(3) 求各级静态工作点；

(4) 电压放大倍数 A_u。

35. 在图 2-77 中，已知 $U_{DD}=24V$，$R_D=10k\Omega$，$R_S=10k\Omega$，$R_{G1}=200k\Omega$，$R_{G2}=64k\Omega$。试确定静态工作点；计算电压放大倍数，输入电阻和输出电阻。设 $g_m=1.5mA/V$。

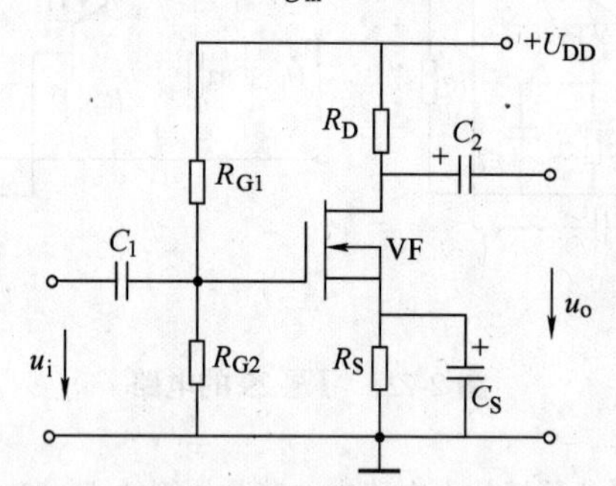

图 2-77　习题 35 的电路

第三章　集成运算放大器

第一节　集成运算放大器的介绍

一、集成运算放大器的特点

1. 什么是集成电路

集成电路是采用半导体制造工艺，把具有某种功能的电路中的元器件，如电阻、小电容、二极管、三极管（晶体管）以及相互之间的连线都集中制作在面积很小的硅片上，实现了元件、电路和系统三结合的电路。具有体积小、耗能低、可靠性高的特点。

2. 集成电路的分类

按照在一块硅片上集成元器件数量的多少可以分为小规模、中规模、大规模和超大规模集成电路。

按照集成电路的构成原理和功能，可以划分为数字集成电路和模拟集成电路两大类型。

3. 模拟集成电路的种类

模拟集成电路的种类很多，包括集成稳压器、集成功率放大器、集成模拟乘法器、集成运算放大器及各种专用集成电路。其中发展最迅速、应用最广泛的是集成运算放大器。

4. 集成运算放大器的类型

集成运算放大器有通用型和专用型之分。专用型集成运算放大器是针对某些特定要求生产制作的，如高压型、高速型、低功耗型、低温漂型等。

5. 集成运算放大器的结构特点

集成运算放大器的内部是一个集成化的高增益的直接耦合放大电路，一般是由输入级、中间级、输出级和偏置电路四部分组成，如图 3-1 所示。其输入级采用温漂很小的恒流源差动放大器，此级应具有较高的输入电阻。中间放大级由 1 ~ 2 级直接耦合放大器组成，主要用来提高电压增益。输出级为射极输出器，用来提高电路的输出电流和功率，即带负载能力，故具有较低的输出电阻。偏置电路通常由恒流源或恒压源组成，用来提供各级放大电路所需的恒流或恒压偏置。

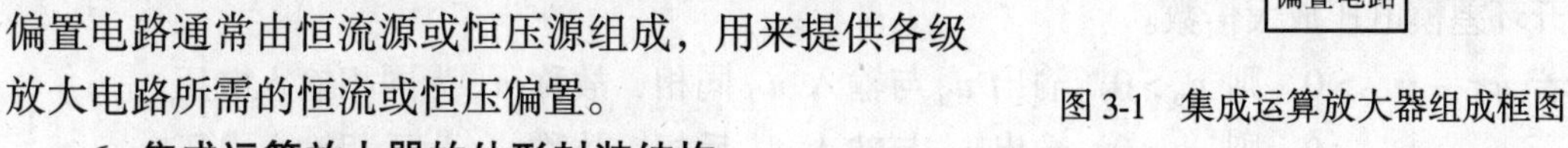

图 3-1　集成运算放大器组成框图

6. 集成运算放大器的外形封装结构

以 F741 型集成运算放大器的外形封装结构为代表进行介绍。F741 是当前应用极为广泛的一种运算放大器，它有三种封装方式：双列直插式、圆壳式及扁平式塑料封装，最常见的是双列直插式封装。双列直插式、圆壳式封装的外形、外引线功能及分布见图 3-2。

F741 的各外引线功能见表 3-1。

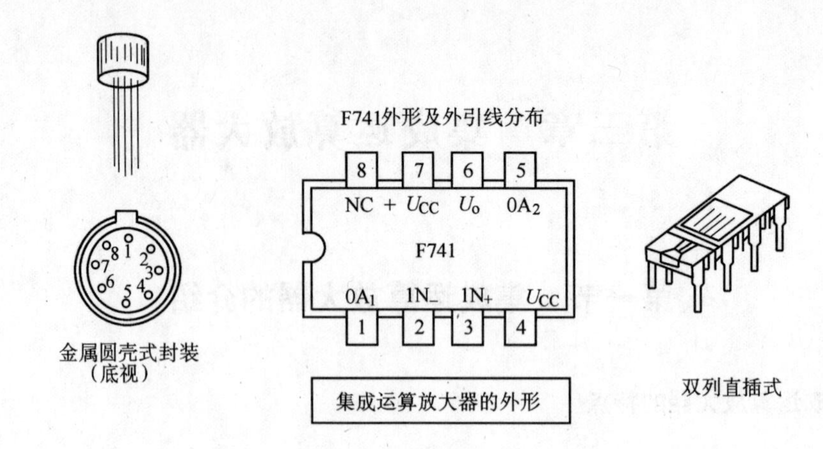

图 3-2 集成运放 F741

表 3-1 F741 的各外引线功能

外引线功能 / 封装形式	输入		电源		调零		输出	空端
	$1N_-$	$1N_+$	$-U_{CC}$	$+U_{CC}$	$0A_1$	$0A_2$	U_o	NC
Y—8 C—8	2	3	4	7	1	5	6	8

注：表中 Y 表示圆壳式封装，C 表示塑料双列直插式封装。

7. 集成运算放大器的性能特点

（1）运算放大器的电路符号　作为一个电路器件，运算放大器具有两个输入端，一个输出端。为了分析方便，在电路图中采用图 3-3 所示电路符号表示运算放大器，它省略了内部电路和其他外引线。图中“－”端表示反相输入端，“＋”端表示同相输入端，u_o 表示输出端。

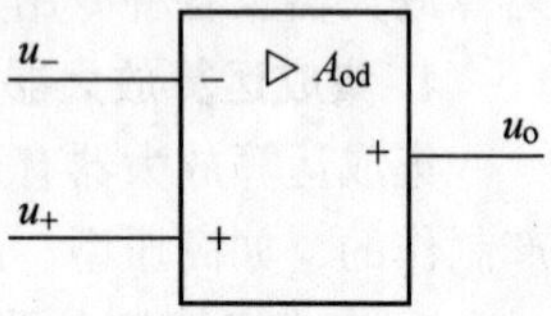

图 3-3 运算放大器的电路符号

（2）运算放大器的性能特点　运算放大器与所有放大器一样，其输出电压 u_o 应为

$$u_o = A_{od} u_{id}$$

因为运算放大器具有两个输入端，如果设 u_+ 和 u_- 分别为同相输入端和反相输入端的电位，两者之电位差为 $u_+ - u_-$，则

$$u_{id} = u_+ - u_-$$

故有

$$u_o = A_{od} u_{id} = A_{od}(u_+ - u_-) \tag{3-1}$$

式（3-1）中的 u_{id} 称为差模输入电压，A_{od} 是运算放大器未接反馈时的电压放大倍数，称为开环差模电压放大倍数。

若 $u_+ - u_- > 0$，则 $u_o > 0$，输出 u_o 与输入 u_+ 同相，故称 u_+ 为同相输入电压。

若 $u_+ - u_- < 0$，则 $u_o < 0$，输出 u_o 与输入 u_- 反相，故称 u_- 为反相输入电压。

二、集成运算放大器的主要参数

为了正确地选择和使用集成运算放大器，必须要了解其性能。下面介绍集成运算放大器（简称运放）的主要参数，有些参数必须在学过后面的内容后才能深刻理解。

(1) 输入失调电压 U_{IO}　实际集成运放当 $U_I=0$ 时，输出电压 u_o 并不为零，为使输出为零，必须在输入端外加一个补偿电压，这个补偿电压就是 U_{IO}。它反映了集成运放输入级中一对差放管的 U_{BE}或 U_{GS}（场效应晶体管）的不对称程度。U_{IO}越小，则对称性越好，通用型运放在 1～10mV 左右。

(2) 输入失调电流 I_{IO}　当运放的输出电压为零时，两输入端静态偏置电流之差，称为输入失调电流 I_{IO}，它反映了差放对管的输入电流的对称程度。I_{IO}实际上为两输入端所加的补偿电流，它越小越好，通用型运放一般为纳安（nA）数量级，约为 1nA～5μA。

(3) 输入偏置电流 I_{IB}　运放反相输入端和同相输入端的静态偏置电流 I_{B-} 和 I_{B+} 的平均值，称为输入偏置电流 I_{IB}，即 $I_{IB}=\frac{1}{2}(I_{B-}+I_{B+})$。若 I_{IB}太大，当信号源内阻变化时，对差放电路的静态电压将产生较大影响；并且容易使失调电流变大，输入电阻变小，从而影响运算精度，所以 I_{IB}越小越好。通用型运放约在 100nA～10μA。

(4) 输入失调电压温漂$\frac{dU_{IO}}{dT}$　它是输入失调电压的温度系数，是衡量集成运放温漂的重要指标。通过调零电位器可以补偿失调电压的影响，把运放在零输入时调到零输出，但它随温度的变化却无法补偿。$\frac{dU_{IO}}{dT}$越小，说明运放的温漂越小。通用型运放约为 ±(10～20)μV/℃数量级。

(5) 输入失调电流温漂$\frac{dI_{IO}}{dT}$　是指在规定温度范围内,输入失调电流变化量与温度变化量的比值,也就是输入失调电流的温度系数。其值越小越好,通用型运放约为 pA/℃ 数量级。

(6) 开环差模电压放大倍数 A_{od}　是指集成运放在不加反馈即其输出端和输入端之间未接任何元件的情况下(称为开环)的差模电压放大倍数。也就是u_o 与 $u_{id}(=u_+-u_-)$的比值。u_o为运放的输出电压，u_+-u_-为运放的输入差模电压。有时用分贝表示，即 $20\lg|A_{od}|$。通用型运放一般在10^4～10^7(80～140dB)范围内。

(7) 差模输入电阻 r_{id}　它是在输入差模信号时，集成运放的输入电阻，r_{id}越大，对信号源的影响越小。r_{id}的数量级为兆欧（MΩ），通用型运放约为几十千欧到几十兆欧。

(8) 差模输出电阻 r_{od}　指输入差模信号时，运放的输出电阻，通常 r_{od}在 100～300Ω 之间，r_{od}越小，运放带负载能力越强。

(9) 共模抑制比 K_{CMR}　共模抑制比反映了集成运放对共模信号的抑制能力，$K_{CMR}=\left|\frac{A_{od}}{A_{oc}}\right|$。通常希望其值越大越好。通用型运放约为 70～120dB。

(10) 开环带宽 f_H　随着输入信号频率的增大，运放的放大倍数将下降，当 $f=f_H$ 时，A_{od}下降为中频区的 0.707；用分贝表示，就是减小了 3dB。故与此对应的信号频率 f_H 亦称为 -3dB 带宽。当 $A_{od}=1$（即零分贝）时的信号频率 f_C 称为单位增益带宽。

(11) 最大输出电压幅度U_{omax}(U_{opp})　U_{omax}是在规定的电源电压下，集成运放的最大不失真输出电压（峰峰值）。通用型集成运放的双电源工作标称电压为 ±15V，考虑到输出管压降等因素，不失真最大输出电压摆动值可达 ±13V 左右。

(12) 最大差模输入电压 U_{idmax}　从集成运放的输入端看进去，一般总有两个以上串接的 PN 结，有正接，也有反接。当差模电压太高时，会使反接的 PN 结因反偏电压过大而击穿。

U_{idmax}是指运放的两个输入端之间所允许加的最大电压值。

(13) 最大共模输入电压 U_{icmax} 运放工作中，往往既有差模信号输入，又有共模信号干扰，U_{icmax}是指运放能承受的最大共模输入电压。若共模成分越过 U_{icmax}，则输入级管子将进入非线性区工作，导致运放的输入级工作不正常，K_{CMR}显著下降，运放的工作性能变差。

(14) 转换速率 S_R 运放的频带宽度等指标都是在小信号条件下测量的，实际应用时，有时需要运放工作于大信号（输出电压峰峰值接近 U_{opp}）情况下，S_R 反映了集成运放对快变大信号的响应能力，即 $S_R = \left|\frac{du_o}{dt}\right|$。只有当输入信号的变化速度小于 S_R 时，运放才能跟得上输入信号的变化。S_R 越大，说明集成运放的高频特性越好，大信号工作时的频带宽度越接近于小信号工作时的频带宽度。通用型运放的 S_R 约为 0.5 ~ 80V/μs。

此外，运放的参数还有最大输出电流、电源电压抑制比、静态功耗、噪声电压等，不再一一说明。

在选择集成运放时，一般可选用价廉的通用型运放。但在有特殊要求的场合，应选择专用型的集成运放。例如，当要求精度高时，应选择低温漂的高精度型的；在要求反应速度快时，应采用高速型的；当要求输出电压较高时，应采用高压型集成运放等。

可以根据集成运放的型号，从产品说明书等有关资料或集成电路手册中查阅各种参数。

三、理想集成运算放大器

1. 理想运算放大器电路模型

满足以下理想化条件的运算放大器称理想运算放大器。

(1) 开环差模电压放大倍数 $A_{od} = \infty$；

(2) 差模输入电阻 $r_{id} = \infty$；

(3) 差模输出电阻 $r_{od} = 0$；

(4) 输入失调电压 $U_{IO} = 0$；

(5) 输入失调电流 $I_{IO} = 0$；

(6) 输入失调电压温漂$\frac{dU_{IO}}{dT} = 0$；

(7) 输入失调电流温漂$\frac{dI_{IO}}{dT} = 0$；

(8) 输入偏置电流 $I_{IB} = 0$，即 $I_{B+} = I_{B-} = 0$；

(9) 共模抑制比 $K_{CMR} = \infty$；

(10) 开环带宽 $f_H = \infty$；

(11) 转换速率 $S_R = \infty$。

由于集成电路生产和制造工艺的不断完善和提高，实际集成运算放大器的技术指标与理想情况较接近，这在前面介绍集成运放的主要参数时已经知道。在分析应用电路原理和定量计算时，将实际集成运放视为理想运放，不会引起明显误差，这是允许的。

理想运放的图形符号如图 3-4 所示。

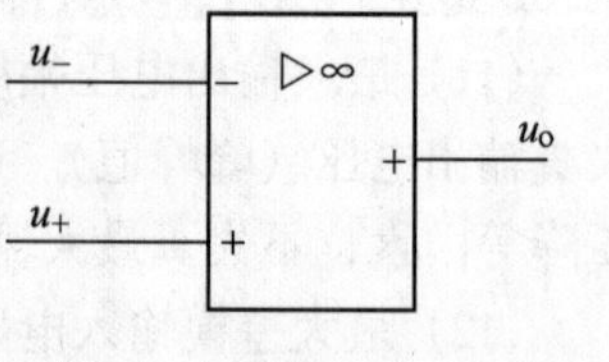

u_- − ▷∞ + u_o u_+ +

图 3-4 理想运算放大器符号

2. 理想运算放大器（运放）工作在线性区时的结论

理想运放工作在线性区是指集成运放内部电路中全部晶体管

均工作在放大状态。为了使集成运放工作在线性区，必须在集成运放的输出端与反相输入端之间接上反馈网络，构成深度负反馈闭环系统，以减小运放的净输入信号，保证输出电压小于其最大不失真输出电压（峰峰值）。

结论1：运放两个输入端的输入电流视为零。

因为理想运放的 $r_{id}=\infty$，$i_+=i_-=\dfrac{u_{id}}{r_{id}}$，$u_{id}$为有限值，所以

$$i_+=i_-=0 \tag{3-2}$$

相当于两输入端断开，考虑实际情况，r_{id}只是趋于无穷大，两输入电流只能是近似相等，且趋于零。也就是两输入端并不是真正的断开，故称为“虚断”。虚断表明两输入端不取用电流。

结论2：运放两个输入端的电位相等。

当理想运放工作在线性区时，它的输出电压 u_o 与差模输入电压 $u_{id}=u_+-u_-$之间存在以下关系

$$u_o=A_{od}u_{id}=A_{od}(u_+-u_-)$$

则 $u_{id}=u_+-u_-=\dfrac{u_o}{A_{od}}$

因为理想运放的开环差模电压放大倍数 $A_{od}=\infty$，u_o 为有限值，由上式可得

$$u_{id}=u_+-u_-=0$$

所以

$$u_+=u_- \tag{3-3}$$

相当于两输入端短路，考虑实际情况，A_{od}只是趋于无穷大，两个输入端电位只能是近似相等或趋于相等。也就是两输入端并不是真正的短路，故称为“虚短”。虚短表明两输入端等电位。

理想运放是不存在的，实际运放的性能越接近理想运放，其应用效果也越接近理想运放。

3. 理想运算放大器工作在非线性区时的结论

当集成运放处于开环状态（未加负反馈）或正反馈状态时，即使输入微小的电压变化量，由于开环电压放大倍数 A_{od}非常大，组件内输出级的输出对管必有一个晶体管饱和导通，另一个截止，处于非线性工作状态，其输出电压不是偏向正饱和值 U_{oH}就是偏向负饱和值 U_{oL}。在 U_{oH}与 U_{oL}的转换过程中，运放将从某一非线性区越过线性区进入另一非线性区，进入线性区只是极短的过渡过程。U_{oH}和 U_{oL}在数值上接近于集成运放直流供电的正、负电源电压，即 $U_{oH}\approx +U_{CC}$，$U_{oL}\approx -U_{CC}$。这时，输出电压 u_{od}与输入电压 u_{id}之间不再遵循公式$u_o=A_{od}u_{id}=A_{od}(u_+-u_-)$的关系。

结论1：输出电压 u_o 只有高、低两种电平 U_{oH}或 U_{oL}，u_+与 u_-不一定相等。

当 $u_+>u_-$时，$u_o=U_{oH}$；

当 $u_+<u_-$时，$u_o=U_{oL}$；

当 $u_+=u_-$时，则高、低电平发生转换。

结论2：两输入端输入电流均为零。

由于理想运放的差模输入电阻 $r_{id}=\infty$，即使 u_+可能不等于 u_-，但仍然有 $i_+=i_-=0$，

这一结论与工作在线性区时的结论 1 相同。

图 3-5 为集成运算放大器的传输特性，理想运放的传输特性如图中的实线所示。实践表明，理想运放的两种状态转换时不需要过渡过程，是一种跃变。实际集成运放的 A_{od} 不是无穷大，当 u_+ 与 u_- 的差值非常微小时，经放大 A_{od} 倍后输出电压可能仍小于 U_{oH} 或 U_{oL}，运放的工作范围还在线性区内。因此，从 U_{oL} 转换到 U_{oH} 时存在一个线性放大的过渡范围，如图 3-5 中虚线所示。欲使实际运放的传输特性更接近理想特性，可以接入正反馈以加速状态转换过程。

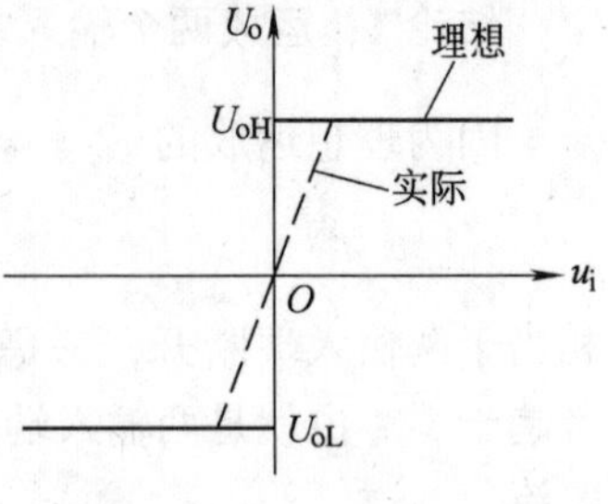

图 3-5　传输特性

在分析计算集成运放的应用电路时，首先应将集成运放视为理想情况，然后判断集成运放是处在开环状态还是深度负反馈闭环状态，在此基础上分析具体电路的工作性能。因此，在后面的分析中，如不特别指出，都认为运放是理想的。

当运放工作在线性放大状态时，运用虚断、虚短的概念，可以使电路的分析大为简化。

属于线性应用方面的有运算电路、有源滤波器等，属于非线性应用方面的有电压比较器、非正弦信号发生器等。

4. 理想运算放大器的三种输入方式及其特点

(1) 反相输入　图 3-6 所示为反相输入方式。信号 u_i 从反相端加入，同相端通过电阻 R 接地。R 的作用是使运放处于平衡状态，减小失调及温度漂移。静态时 u_i 为零，u_o 也应为零，运放的同相端和反相端等电位（电位平衡），这就要求由同相端对地向外看时的等效电阻等于由反相端对地向外看时的等效电阻，即要求

$$R = R_1 /\!/ R_f \tag{3-4}$$

所以 R 称为平衡电阻。R_f 称为反馈电阻，必须接于输出端与反相端之间，引入深度的电压并联负反馈，以保证运放工作在线性区。

反相输入时，除了具有虚短和虚断的概念外，还有一个重要的概念就是“虚地”。由虚断的概念，流过 R 的电流为零，则 $u_+ = 0$，又根据虚短的概念，有 $u_- = u_+ = 0$。相当于反相输入端接地，但又不是真正的接地，故称为“虚地”。

虚地是虚短的特例，是反向输入的特征。与虚短、虚断一样，经常用来分析传输特性。

(2) 同相输入　图 3-7 所示为同相输入方式，信号 u_i 从同相端加入，反相端通过电阻 R_1 接地。反馈支路电阻 R_f 的连接方式不变，构成深度的电压串联负反馈。此时有

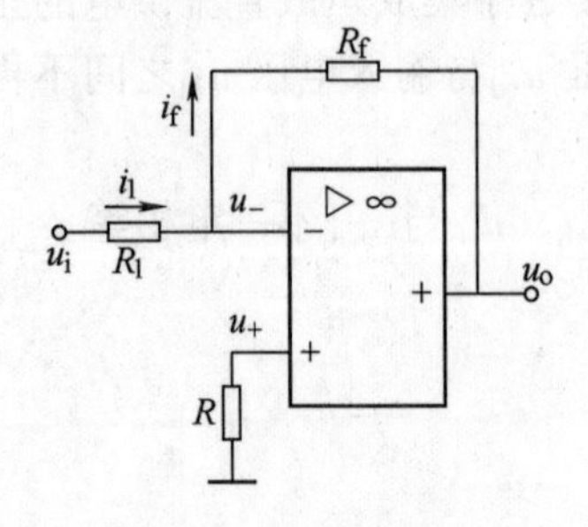

图 3-6　反相输入方式

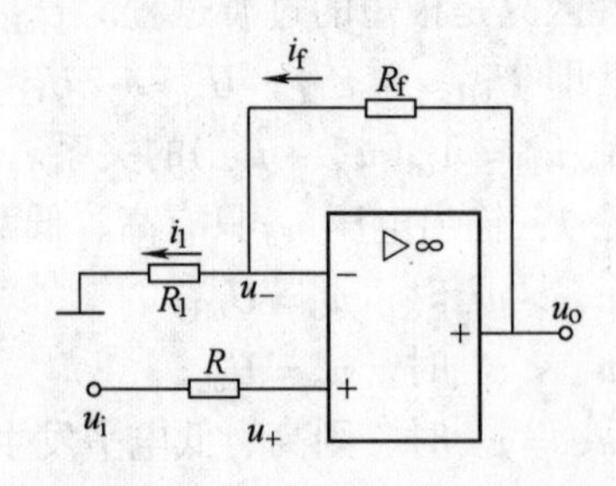

图 3-7　同相输入方式

$$u_{-}=u_{+}=u_{\mathrm{i}}$$

上式表明，运放的两个输入端同时加入同一个信号 u_{i}，可看作共模输入。

应该认识到，同相输入时，反相端不存在“虚地”现象，即

$$u_{-}=u_{\mathrm{i}}\neq 0$$

(3) 差动输入　图 3-8 所示为差动输入方式。信号 u_{i1} 通过 R_1 加到运放的反相输入端，u_{i2} 通过 R_2、R_3 分压后加到同相输入端，由对反相输入方式的分析知道，这里应该满足

$$R_1 /\!/ R_{\mathrm{f}}=R_2 /\!/ R_3$$

应该清楚，差动输入时，反相输入端也不存在“虚地”现象，但虚短和虚断仍然存在。

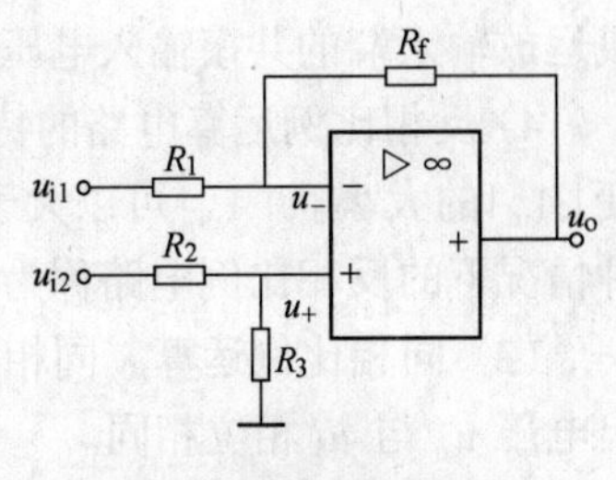

图 3-8　差动输入方式

第二节　集成运算放大器的线性应用

运算放大器的典型线性应用是构成对模拟信号作各种运算的电路，如比例运算、加法运算、减法运算、积分运算和微分运算等电路，运算放大器的称谓也由此而得，实际上集成运算放大器的应用早已超出了这个范围。下面分别对以上电路进行讨论。

一、比例运算

(1) 反相比例运算　反相比例电路如图 3-9 所示，由于输入信号 u_{i} 加在反相端，故输出电压 u_{o} 与 u_{i} 相位相反。

1) 电压放大倍数。根据虚断的概念，有

$$u_{+}=0,\ i_1=i_{\mathrm{f}}$$

又由虚地的概念，得

$$u_{-}=0$$

则 $$i_1=\frac{u_{\mathrm{i}}-u_{-}}{R_1}=\frac{u_{\mathrm{i}}}{R_1}$$

$$i_{\mathrm{f}}=\frac{u_{-}-u_{\mathrm{o}}}{R_{\mathrm{f}}}=\frac{-u_{\mathrm{o}}}{R_{\mathrm{f}}}$$

故电路的电压放大倍数（即闭环电压放大倍数）

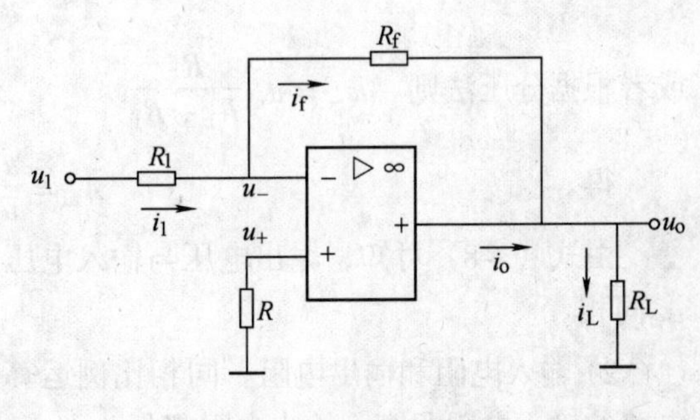

图 3-9　反相比例电路

$$A_{\mathrm{uf}}=\frac{u_{\mathrm{o}}}{u_{\mathrm{i}}}=-\frac{R_{\mathrm{f}}}{R_1} \tag{3-5}$$

输出电压与输入电压成比例关系，式 (3-5) 中等号右边的负号表示 u_{o} 与 u_{i} 相位相反。

2) 输入电阻和输出电阻。尽管集成运放本身的开环差模输入电阻 r_{id} 非常高，但是由于深度并联负反馈的作用，电路的输入电阻较小，考虑到反相端虚地，则输入电阻 R_{i} 等于输入回路电阻 R_1，即

$$R_{\mathrm{i}}=\frac{u_{\mathrm{i}}}{i_1}=R_1 \tag{3-6}$$

由于深度电压负反馈的作用，使得电路的输出电阻接近于零，即

$$R_o \approx 0 \tag{3-7}$$

因此输出端带负载的能力很强。

3）共模抑制比。由于反相端为虚地点，因此反相端和同相端对地电压均可视为零，集成运放输入端的共模输入电压极小，所以，对运放的共模抑制比要求较低。

4）反相比例运算电路的特例——反相器。改变式（3-5）中 R_1 和 R_f 的数值，就可以改变$|A_{uf}|$的大小。$|A_{uf}|$可以大于1、小于1或等于1。当 $R_f = R_1$ 时，$A_{uf} = -1$，$u_o = -u_i$。这种情况下的反相比例电路称为反相器。

（2）同相比例运算　同相比例电路如图3-10所示，由于输入信号 u_i 加在同相端，故输出电压 u_o 与 u_i 相位相同。

1）电压放大倍数。根据虚断的概念，R 上的电流为零，集成运放反相输入端的电流也为零，则有

$$u_+ = u_i,\quad i_1 = i_f$$

又由虚短的概念，得

$$u_- = u_+ = u_i$$

则 $$i_1 = \frac{u_-}{R_1} = \frac{u_i}{R_1}$$

$$i_f = \frac{u_o - u_-}{R_f} = \frac{u_o - u_i}{R_f}$$

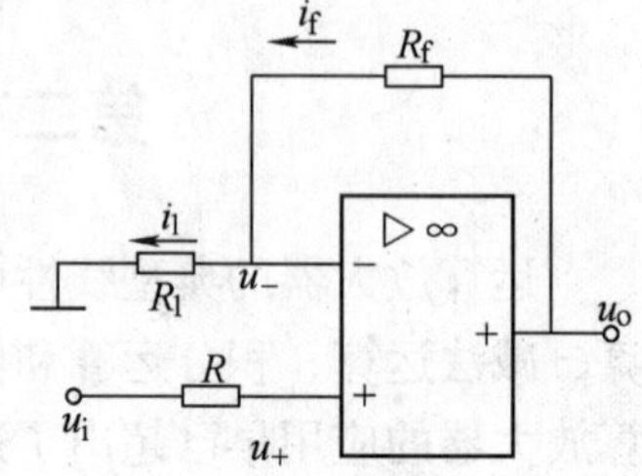

图3-10　同相比例电路

故电路的电压放大倍数

$$A_{uf} = \frac{u_o}{u_i} = 1 + \frac{R_f}{R_1} \tag{3-8}$$

或者根据分压法则　$u_- = u_o \dfrac{R_1}{R_1 + R_f}$

得

$$A_{uf} = \frac{u_o}{u_i} = 1 + \frac{R_f}{R_1}$$

由式（3-8）可知，输出电压与输入电压成比例关系，比例系数大于或等于1，且 u_o 与 u_i 同相。

2）输入电阻和输出电阻。同相比例运算电路，由于引入了深度电压串联负反馈，因此电路的输入电阻很高，输出电阻很低，即

$$R_i \to \infty \tag{3-9}$$

$$R_o \approx 0 \tag{3-10}$$

输入电阻很高是同相比例电路的优点。

3）共模抑制比。因为同相比例电路中，集成运放的两个输入端电压相等，即 $u_+ = u_- = u_i$，存在共模输入电压，因此，对运放的共模抑制比要求较高。

4）同相比例电路的特例——电压跟随器。改变图3-10中 R_1 和 R_f 的数值，可以改变A_{uf}的大小。A_{uf}值一般大于1，最小等于1。若将 R_1 断开，而 R_f 为某一数值或为零，则

$$A_{uf} = \frac{u_o}{u_i} = 1 + \frac{R_f}{R_1} = 1$$

$$u_o = u_i$$

这种情况下的同相比例电路称为电压跟随器，其电路如图 3-11 所示。

同相比例电路能够提供高的电压放大倍数和输入电阻，能与绝大多数信号源的阻抗相匹配。

电压跟随器通常用作阻抗转换或隔离缓冲级。

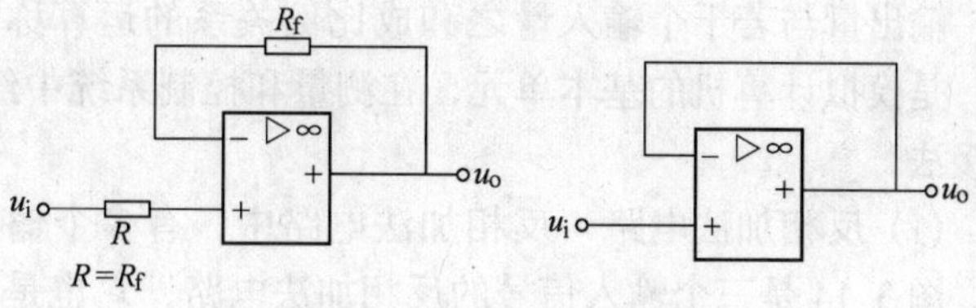

图 3-11 电压跟随器电路

例 3-1 图 3-12 中，已知 $R_1 = R_f = 15\text{k}\Omega$，$R = R_1 /\!/ R_f = 7.5\text{k}\Omega$，$u_i = 15\text{mV}$，若开关 S1 接 2 端，S2 接 4 端。此时构成了什么电路？试求输出电压 u_o。

解 此时构成了反相比例运算电路。

$$u_o = -\frac{R_f}{R_1}u_i = -\frac{15}{15} \times 15\text{mV} = -15\text{mV}$$

从运算结果可知输出电压 u_o 与输入电压 u_i 大小相等，相位相反。所以此时构成了反相比例电路的特例，即反相器。

例 3-2 如果图 3-12 中各电阻的参数和输入电压的数值均不变，开关 S1 接 1 端，S2 接 3 端。此时又构成了什么电路？试求输出电压 u_o。

解 此时构成了同相比例运算电路。

$$u_o = \left(1 + \frac{R_f}{R_1}\right) u_i = \left(1 + \frac{15}{15}\right) \times 15\text{mV} = 30\text{mV}$$

例 3-3 实际应用中，为了提高抗干扰能力，以达到一定的测量精度，或者满足某些特定的要求等，需要将电压信号转换成电流信号，如图 3-13 所示。试求负载 R_L 上电流 I_o 的表达式，并写出图示电路的名称。

解 由虚断可得

$$u_+ = U_s,\ I_1 = I_o$$

又由虚短可得

$$u_- = u_+$$

所以

$$I_o = I_1 = \frac{u_- - 0}{R_1} = \frac{U_s}{R_1}$$

说明输出电流 I_o 只是与输入电压 U_s 成正比，而与负载电阻的变化大小无关，实现了将恒压源的输入转换成为恒流源的输出。因此该电路称为电压-电流转换器。

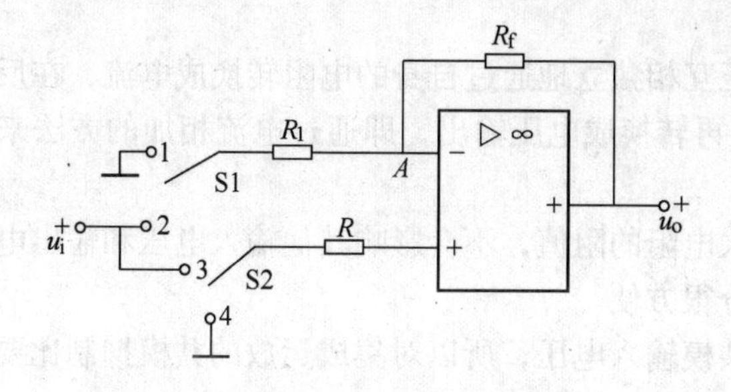

图 3-12 例 3-1、3-2 的电路

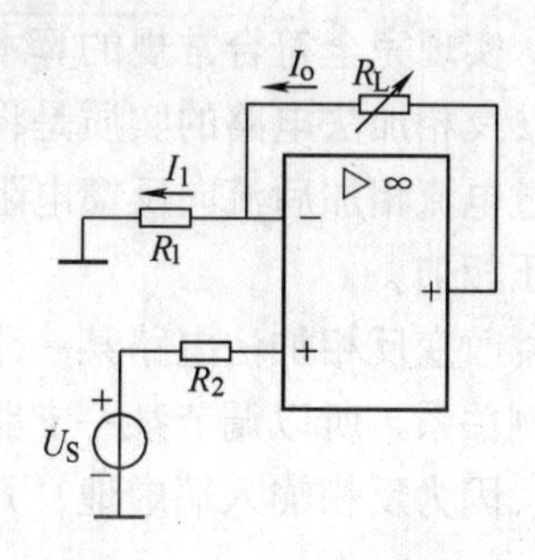

图 3-13 例 3-3 的电路

二、加法运算

输出量与若干个输入量之和成比例关系的运算称加法运算。加法运算电路也称求和电路，是模拟计算机的基本单元，在测量和控制系统中经常用到。具有反相输入和同相输入两种接法。

(1) 反相加法电路　反相加法电路中，有多个输入电压同时加在集成运放的反相输入端。图3-14是三个输入信号的反相加法电路，它也是一个深度电压并联负反馈电路。图3-14中，$R=R_1/\!/R_2/\!/R_3/\!/R_f$。

运用虚断、虚短及虚地的概念，由电路可知

$$u_+=0,\ u_-=u_+=0$$

$$u_--u_o=i_fR_f,\ u_o=u_--i_fR_f=-i_fR_f$$

得 $$i_f=-\frac{u_o}{R_f}$$

$$i_1=\frac{u_{i1}-u_-}{R_1}=\frac{u_{i1}}{R_1}$$

$$i_2=\frac{u_{i2}-u_-}{R_2}=\frac{u_{i2}}{R_2}$$

$$i_3=\frac{u_{i3}-u_-}{R_3}=\frac{u_{i3}}{R_3}$$

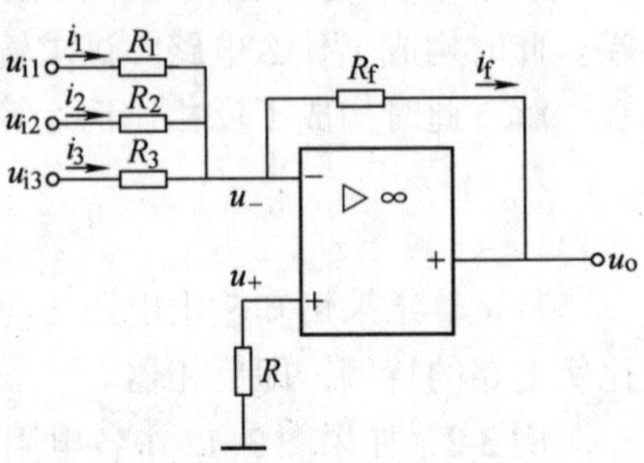

图3-14　反相加法运算电路

而 $$i_f=i_1+i_2+i_3$$

故 $$u_o=-\left(\frac{R_f}{R_1}u_{i1}+\frac{R_f}{R_2}u_{i2}+\frac{R_f}{R_3}u_{i3}\right) \tag{3-11}$$

若 $$R_1=R_2=R_3=R'$$

则 $$u_o=-\frac{R_f}{R'}(u_{i1}+u_{i2}+u_{i3}) \tag{3-12}$$

即输出电压与各个输入电压的和成比例，构成比例加法运算。

当取 $R_1=R_2=R_3=R_f$ 时，便有

$$u_o=-(u_{i1}+u_{i2}+u_{i3}) \tag{3-13}$$

此时，输出电压为各输入电压之和，构成加法运算。

式（3-13）中负号是因反相输入引起的，如在电路输出端加一级反相器，就可消去负号，实现完全符合常规的算术加法运算。

反相加法电路的实质是将各输入电压互相独立地通过自身的电阻转换成电流，在反相端通过电流相加后流向反馈电阻 R_f，由 R_f 再转换成电压输出，即通过电流相加的方法来实现电压相加。

改变反相加法电路某一路信号的输入电阻的阻值，不会影响其他输入电压和输出电压的比例关系，所以调节某一支路的比例成分很方便。

因为反相输入端虚地，几乎不存在共模输入电压，所以对集成运放的共模抑制比要求不高。

当然，反相端的输入电压可以是两个，也允许是几个。

(2) 同相加法电路　如果将各输入电压同时加到集成运放的同相输入端，就构成同相加法电路。图3-15是一个输入两路信号的同相加法电路。

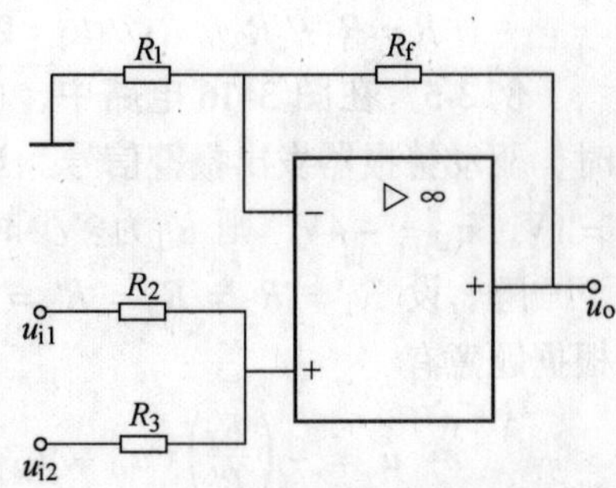

图3-15　同相加法电路

利用叠加原理分析：

u_{i1}单独作用时，此时 u_{i2}为零，输出为 u_{o1}。

$$u_+ = \frac{R_3}{R_2+R_3}u_{i1}，\quad u_- = \frac{R_1}{R_1+R_f}u_{o1}$$

因 $u_- = u_+$，则

$$u_{o1} = \frac{R_1+R_f}{R_1}\frac{R_3}{R_2+R_3}u_{i1} = \left(1+\frac{R_f}{R_1}\right)\frac{R_3}{R_2+R_3}u_{i1}$$

u_{i2}单独作用时，此时 u_{i1}为零，输出为 u_{o2}。

$$u_+ = \frac{R_2}{R_2+R_3}u_{i2},\quad u_- = \frac{R_1}{R_1+R_f}u_{o2}$$

$$u_{o2} = \left(1+\frac{R_f}{R_1}\right)\frac{R_2}{R_2+R_3}u_{i2}$$

故输出电压为

$$u_o = u_{o1}+u_{o2} = \left(1+\frac{R_f}{R_1}\right)\left(\frac{R_3}{R_2+R_3}u_{i1}+\frac{R_2}{R_2+R_3}u_{i2}\right) \tag{3-14}$$

为了做到直流平衡，在设置电路电阻时，要求

$$R_2/\!/R_3 = R_1/\!/R_f$$

则

$$u_o = \left(1+\frac{R_f}{R_1}\right)(R_2/\!/R_3)\left(\frac{u_{i1}}{R_2}+\frac{u_{i2}}{R_3}\right)$$

$$= R_f\left(\frac{u_{i1}}{R_2}+\frac{u_{i2}}{R_3}\right) \tag{3-15}$$

当取　$R_2 = R_3 = R_f$ 时

得

$$u_o = u_{i1}+u_{i2} \tag{3-16}$$

当调节 u_{i1}的输入电阻 R_2 的阻值时，也必须调整 u_{i2}的输入电阻 R_3 的阻值，以确保直流平衡。在实际应用中，常常需要反复调节才能将参数值确定下来，因此，估算和调试的过程比较麻烦。

所以，同相加法电路虽然具有输入电阻高（属于深度电压串联负反馈电路）的特点，但由于存在共模干扰和调节不便的缺点，在实际工作中，应用不如反相加法电路广泛。

例3-4　已知反相加法电路的运算表达式为

$$u_o = -(u_{i1}+2u_{i2}+4u_{i3})$$

设 u_{i1} 的输入电阻为 R_1、u_{i2}、u_{i3}的输入电阻分别为 R_2 和 R_3，若反馈电阻 R_f 的数值为16kΩ，试选择 R_1、R_2、R_3 及平衡电阻 R 的阻值。

解　由式(3-11)可得

$$\frac{R_f}{R_1}=1，\frac{R_f}{R_2}=2，\frac{R_f}{R_3}=4$$

则　$R_1 = R_f = 16\text{k}\Omega$

$$R_2 = \frac{R_f}{2} = \frac{16}{2}\text{k}\Omega = 8\text{k}\Omega$$

$$R_3 = \frac{R_f}{4} = \frac{16}{4}\text{k}\Omega = 4\text{k}\Omega$$

$$R = R_1 // R_2 // R_3 // R_f = 2\text{k}\Omega$$

例 3-5 在图 3-16 电路中，已知 $R_1 = R_2 = R_3 = 10\text{k}\Omega$，$R_f = 20\text{k}\Omega$，当输出电压 $u_o \geqslant 2\text{V}$ 时，驱动警报器发出报警信号。当输入电压 $u_{i1} = u_{i2} = u_{i3} = 0$ 时，输出电压 $u_o = 0\text{V}$。令 $u_{i2} = 1\text{V}$，$u_{i3} = -4\text{V}$，则 u_{i1}为多少时，发出报警信号？

解 设 $R_1 = R_2 = R_3 = R' = 10\text{k}\Omega$，由式（3-12），根据题意有

$$u_o = -\left(\frac{R_f}{R'}\right)(u_{i1} + u_{i2} + u_{i3}) \geqslant 2\text{V}$$

代入数据 $-\frac{20}{10}(u_{i1} + 1\text{V} - 4\text{V}) \geqslant 2\text{V}$

$$-2(u_{i1} - 3\text{V}) \geqslant 2\text{V}$$

$$-2u_{i1} \geqslant -4\text{V}$$

$$u_{i1} \leqslant 2\text{V}$$

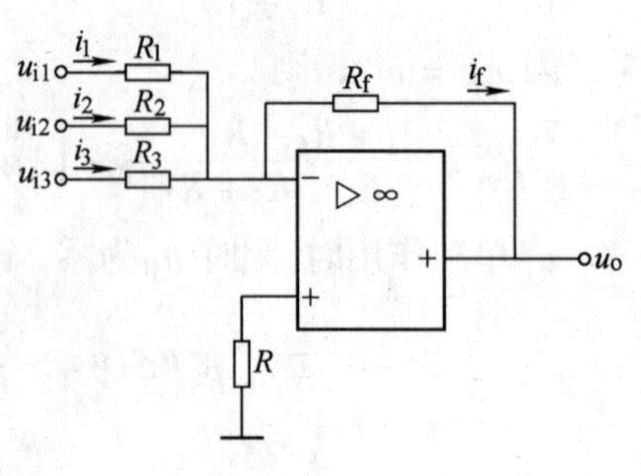

图 3-16 例 3-5 的电路

即当 u_{i1}小于或等于 2V 时，电路将驱动警报器发出报警信号。

三、减法运算

输出电压与若干个输入电压之差成比例的运算为减法运算，能够实现减法运算的电路称减法运算电路，它可以用差动输入来实现，也可以用加法运算电路来构成。

(1) 差动输入式减法运算 图 3-17 中，输入信号 u_{i2}经电阻 R_3、R_2 分压后加到集成运放的同相输入端，另一输入信号 u_{i1}经输入电阻 R_1 送至反相输入端，从结构上看，它是由反相输入和同相输入两种运算电路组合而成，属于差动输入的运算电路。这种电路在测量和控制系统中应用很广泛。

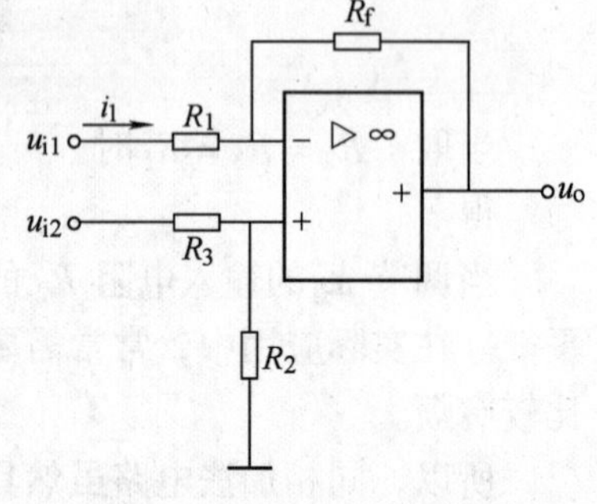

图 3-17 减法运算电路

根据电工原理中的叠加原理分析、计算：

令 $u_{i2} = 0$，图 3-17 就成了反相比例运算电路。信号 u_{i1} 从反相端输入，运放的同相端通过电阻 $R_2 // R_3$ 接地。根据反相比例运算电路的运算关系可得

$$u_{o1} = -\frac{R_f}{R_1}u_{i1}$$

再令 $u_{i1} = 0$，图 3-17 就成为了同相比例运算电路。此时，加到运放同相输入端的电压为

$$u_+ = \frac{R_2}{R_2 + R_3}u_{i2}$$

根据同相比例运算电路的运算关系可得

$$u_{o2} = \left(1 + \frac{R_f}{R_1}\right)u_+$$

$$= \left(1 + \frac{R_f}{R_1}\right)\frac{R_2}{R_2 + R_3}u_{i2}$$

考虑两个输入信号 u_{i1} 和 u_{i2} 同时作用，可将 u_{o1} 和 u_{o2} 进行叠加，得到输出电压 u_o 为

$$u_o = u_{o2} + u_{o1} = \left(1 + \frac{R_f}{R_1}\right)\frac{R_2}{R_2 + R_3}u_{i2} - \frac{R_f}{R_1}u_{i1} \tag{3-17}$$

因为有　$R_1 /\!/ R_f = R_2 /\!/ R_3$（直流平衡）

因此　$u_o = \frac{R_f}{R_3}u_{i2} - \frac{R_f}{R_1}u_{i1}$

一般取　$R_1 = R_3$，$R_2 = R_f$ 则

$$u_o = \frac{R_f}{R_1}(u_{i2} - u_{i1}) \tag{3-18}$$

式(3-18)表明输出电压 u_o 与输入电压之差 $u_{i2} - u_{i1}$ 成正比，构成比例减法运算。

如果　$R_1 = R_3 = R_2 = R_f$ 则有

$$u_o = u_{i2} - u_{i1} \tag{3-19}$$

值得提醒的是，差动输入式减法运算电路存在共模电压，为了保证运算精度，应当选用共模抑制比高一些的集成运放。

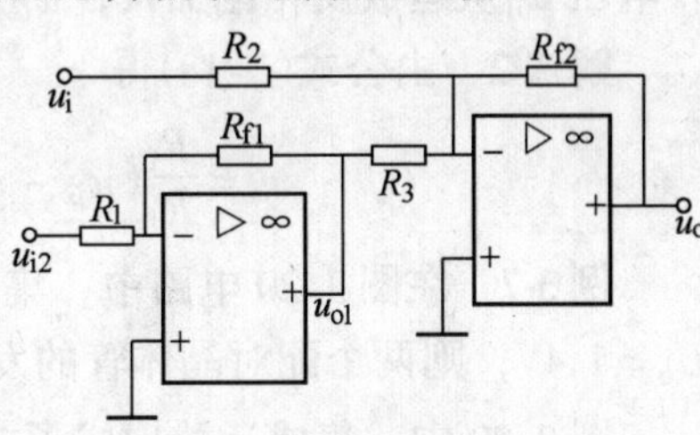

图 3-18　双运放减法电路

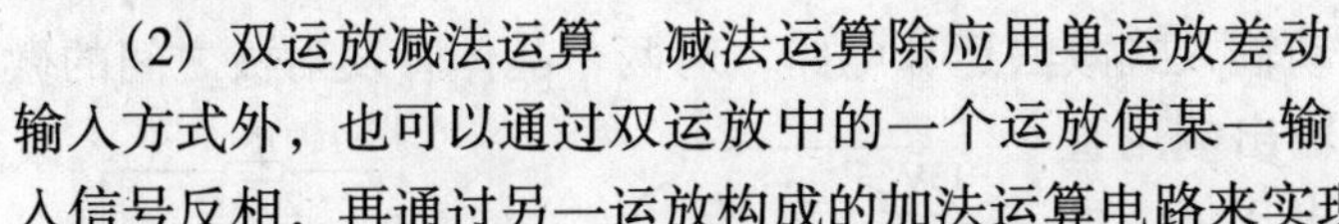

(2) 双运放减法运算　减法运算除应用单运放差动输入方式外，也可以通过双运放中的一个运放使某一输入信号反相，再通过另一运放构成的加法运算电路来实现，如图 3-18 所示。

第一级为反相比例运算电路，其输出电压 u_{o1} 为

$$u_{o1} = -\frac{R_{f1}}{R_1}u_{i2}$$

第二级为反相加法电路，其输出电压 u_o 为

$$u_o = -\left(\frac{R_{f2}}{R_3}u_{o1} + \frac{R_{f2}}{R_2}u_{i1}\right)$$

将 $u_{o1} = -\frac{R_{f1}}{R_1}u_{i2}$ 代入上式，得

$$u_o = \frac{R_{f2}}{R_3}\frac{R_{f1}}{R_1}u_{i2} - \frac{R_{f2}}{R_2}u_{i1}$$

取 $R_3 = R_2$ 则

$$u_o = \frac{R_{f2}}{R_2}\left(\frac{R_{f1}}{R_1}u_{i2} - u_{i1}\right) \tag{3-20}$$

当 $R_1 = R_{f1}$，$R_2 = R_{f2}$ 时，上式即为

$$u_o = u_{i2} - u_{i1}$$

例 3-6　在图 3-19 所示电路中，已知 $R_1 = R_2 = 10\text{k}\Omega$，$R_3 = R_f = 20\text{k}\Omega$，输入电压 $u_{i1} = 10\text{mV}$，$u_{i2} = 20\text{mV}$，试求输出电压 u_o 的值。

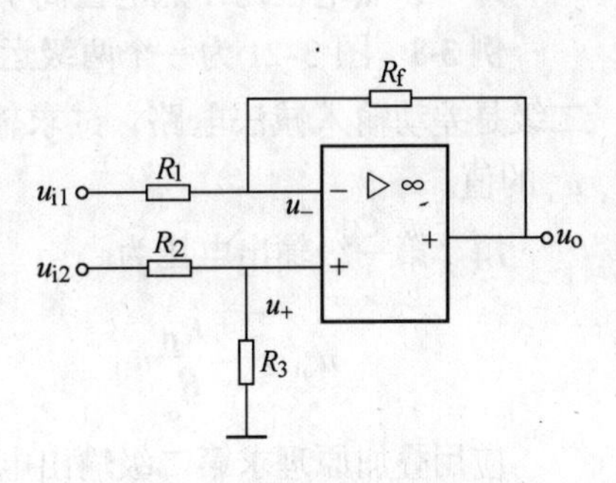

图 3-19　例 3-6 的电路

解法 1　令 $u_{i2} = 0$，让 u_{i1} 单独作用，则

$$u_{o1} = -\frac{R_f}{R_1}u_{i1} = -\frac{20}{10}u_{i1} = -2 \times 10\text{mV} = -20\text{mV}$$

令 $u_{i1} = 0$，使 u_{i2} 独立作用，得

$$u_{+}=\frac{R_3}{R_2+R_3}u_{i2}$$

$$u_{o2}=\left(1+\frac{R_f}{R_1}\right)u_{+}=\frac{R_1+R_f}{R_1}\frac{R_3}{R_2+R_3}u_{i2}$$

因　$R_1=R_2, R_3=R_f$　则

$$u_{o2}=\frac{R_3}{R_1}u_{i2}=\frac{20}{10}u_{i2}=2\times 20\text{mV}=40\text{mV}$$

所以　$u_o=u_{o1}+u_{o2}=(-20+40)\text{mV}=20\text{mV}$

本题也可以利用公式（3-18）直接写出，这是因为题目给出了 $R_1=R_2$，$R_3=R_f$，且输入电压 u_{i1}从运放反相端加入，u_{i2}从运放同相端加入的缘故。

解法 2　由公式(3-18)得

$$u_o=\frac{R_f}{R_1}(u_{i2}-u_{i1})=\frac{20}{10}(20-10)\text{mV}=2\times 10\text{mV}=20\text{mV}$$

例 3-7　在图 3-20 电路中，集成运放的两输入信号 $U_A=U_B=0$ 时，输出 $U_o=0$，今测得 $U_o=1.4\text{V}$，则两个配对晶体管的发射结静态电压 U_{BE}哪个较大？差值为多少？

图 3-20 中，集成运放构成了差动输入式减法运算电路，对两个晶体管发射极之间的微小电位差进行直流放大，在运放的输出端用直流电压表进行测量。根据测量出的电压值，可知道两个配对晶体管的 U_{BE}的差值，从而了解两管的对称程度。

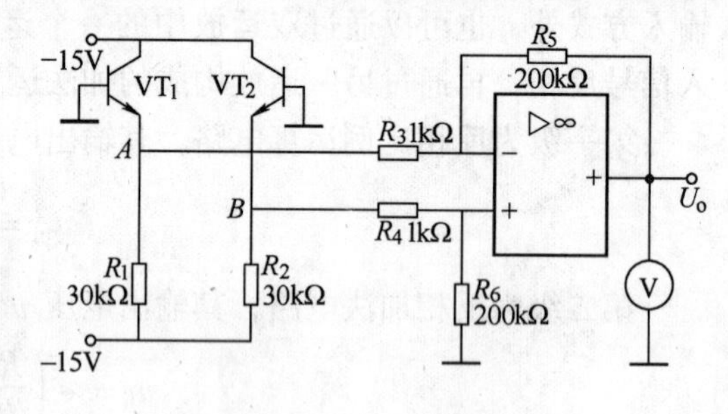

图 3-20　例 3-7 的电路

因为 $R_3=R_4$，$R_5=R_6$，则可利用式（3-18）进行计算，但要注意式（3-18）中的 R_1 和 R_f，在本题中分别是 R_3 和 R_5，u_{i2}和 u_{i1}在本题中则分别是 U_B 和 U_A。

解　由式（3-18），根据图 3-20 可得

$$U_o=\frac{R_5}{R_3}(U_B-U_A)=\frac{200}{1}(U_B-U_A)$$

$$U_B-U_A=\frac{U_o}{200}=\frac{1.4\text{V}}{200}=0.007\text{V}=7\text{mV}$$

即　B 点电位比 A 点电位高 7mV，所以管 VT_1 的 U_{BE}较大，差值为 7mV。

例 3-8　图 3-21 为一个两级运放构成的加法运算电路，第一级为反相比例运算电路，第二级是差动输入减法电路，试求输出电压 u_o 的值。

解　第一级输出电压为

$$u_{o1}=-\frac{R_{f1}}{R_1}u_{i1}$$

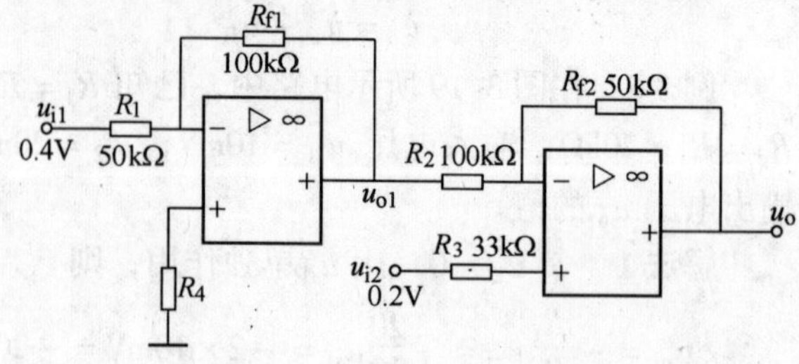

图 3-21　例 3-8 的电路

应用叠加原理求第二级输出电压

令 $u_{i2}=0$，则其输出电压为

$$u_o' = -\frac{R_{f2}}{R_2}u_{o1} = -\frac{R_{f2}}{R_2}\left(-\frac{R_{f1}}{R_1}\right)u_{i1} = \frac{R_{f2}}{R_2}\frac{R_{f1}}{R_1}u_{i1} = u_{i1}$$

令 $u_{o1}=0$，则其输出电压为

$$u_o'' = \left(1+\frac{R_{f2}}{R_2}\right)u_{i2} = \left(1+\frac{50}{100}\right)u_{i2} = 1.5u_{i2}$$

所以 $$u_o = u_o' + u_o'' = u_{i1} + 1.5u_{i2} = 0.4\text{V} + 1.5\times0.2\text{V} = 0.7\text{V}$$

例 3-9 设计一个由集成运算放大器构成的加减运算电路，以实现如下的运算关系式

$$u_o = 2u_{i1} + 3u_{i2} - 0.5u_{i3}$$

实现输出电压与几个输入电压之间代数加减关系的电路，可以采用双运放加减或单运放加减两种方式，单运放构成的加减电路在电阻阻值的选择和调整上不够方便，因此在设计时常采用双运放加减电路的形式。

解 因为反相输入电路的输入回路中，各电阻阻值的选择和调节较方便，计算也较简单，而同相输入电路没有这些特点，故采用反相输入方式较为理想。如果第一级使用反相加法电路，其输出端再接反相电路即可去掉负号，完成所需设计运算关系式等号右边的前两项相加。第三项前面的减号，可以让信号直接从第二级反相电路的反相端加入来实现。故设计的电路方案如图 3-22 所示。

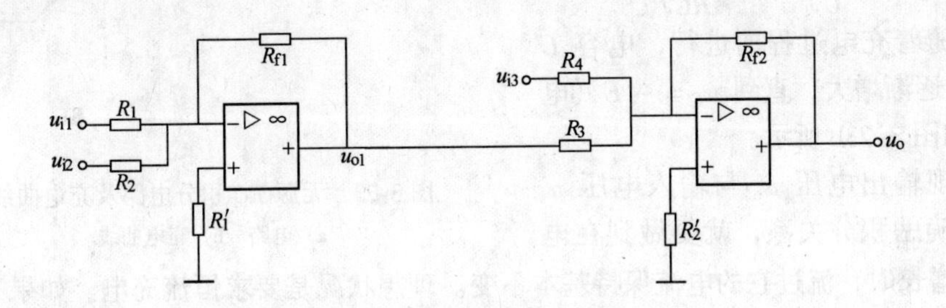

图 3-22 例 3-9 的电路

由图 3-22 可知

$$u_{o1} = -\frac{R_{f1}}{R_1}u_{i1} - \frac{R_{f1}}{R_2}u_{i2}$$

$$u_o = -\frac{R_{f2}}{R_3}u_{o1} - \frac{R_{f2}}{R_4}u_{i3}$$

从 u_o 的表达式看出，要让 u_{o1} 变号，可选择 $R_3=R_{f2}$，这样就可知

$$\frac{R_{f1}}{R_1}=2,\quad \frac{R_{f1}}{R_2}=3,\quad \frac{R_{f2}}{R_4}=0.5$$

如果选 $R_{f1}=36\text{k}\Omega$，则 $R_1=18\text{k}\Omega$，$R_2=12\text{k}\Omega$。

若选 $R_{f2}=10\text{k}\Omega$，则 $R_3=10\text{k}\Omega$，$R_4=20\text{k}\Omega$。

根据运放输入端对地电阻的平衡条件，图 3-22 中电阻 R_1' 和 R_2' 分别应该为

$$R_1' = R_1/\!/R_2/\!/R_{f1} = (18/\!/12/\!/36)\text{k}\Omega = 6\text{k}\Omega$$

$$R_2' = R_3/\!/R_4/\!/R_{f2} = (10/\!/20/\!/10)\text{k}\Omega = 4\text{k}\Omega$$

四、积分运算

由电工学或电工基础知识，我们知道，电容元件两端的电压 u_C 与其极板上所积累的电荷量 q 成正比，即 $u_C=\dfrac{q}{C}$ 或 $q=Cu_C$。电荷量对时间的变化率称为电流强度，简称电流，用公式可表示为 $i=\dfrac{dq}{dt}$，故

$$i=\frac{d(Cu_C)}{dt} \quad 或 \quad u_C=\frac{1}{C}\int i dt$$

RC 积分电路如图 3-23a 所示。

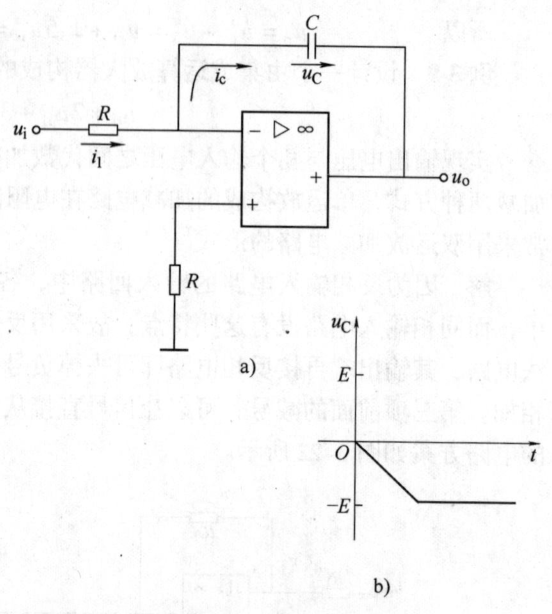

图 3-23 无源 RC 积分电路及充电曲线

a）电路 b）充电曲线

当输入电压 u_i 为一直流电压 U 时，输出电压 $u_o=-u_C$。在开始阶段随时间线性增长，u_o 与 u_i 近似成积分关系（设 $u_{C0}=0$）

$$i=\frac{u_i}{R}$$

则 $$u_o=-u_C=-\frac{1}{C}\int i dt=\frac{1}{RC}\int u_i dt$$

然而，随着充电过程的进行，电容 C 上的电压 u_C 逐渐增大，直到 $u_C=-E$（电源电压），如图 3-23b 所示。

为了实现输出电压 u_o 与输入电压 u_i 之间较为准确的积分关系，就要做到在电容两端电压增长时，流过它的电流保持基本不变。理想状况是要求恒流充电。如果采用集成运算放大器构成的有源 RC 积分电路，就能做到近似的恒流充电，使电路的输出电压随时间线性增长。

积分电路的输出电压与输入电压之间为积分关系，积分电路可以实现积分运算，它在三角波、矩形波的产生，积分型模数转换等电路中均有应用，在模拟计算机、自动控制和测量系统等领域也应用广泛。

根据输入电压是加到集成运放的反相输入端还是同相输入端，积分电路可以分为反相积分电路和同相积分电路两种形式。下面分别对这两种基本形式进行讨论。

（1）反相积分电路　用电容 C 取代反相比例运算电路中的反馈电阻 R_f，电阻 R 表示输入回路电阻 R_1，就形成了如图 3-24 所示的反相积分电路。

现在分析电路的工作原理，设 $t=0$ 时，电容两端的电压 $u_C=0$。根据“虚断”的概念，得

$$u_+=0,\ i_1=i_C$$

根据“虚地”的概念，有

$$u_-=u_+=0$$

则 $$i_1=\frac{u_i-u_-}{R}=\frac{u_i}{R}$$

因 $u_-=u_C+u_o$

$$u_o = -u_C = -\frac{1}{C}\int_0^t i_C \mathrm{d}t = -\frac{1}{C}\int_0^t \frac{u_i}{R}\mathrm{d}t = -\frac{1}{RC}\int_0^t u_i \mathrm{d}t \tag{3-21}$$

式（3-21）说明，输出电压 u_o 正比于输入电压 u_i 对时间的积分。负号表示 u_o 与 u_i 的相位或极性相反。$RC=\tau$ 为积分时间常数。如果 $t=t_0$ 时，电容上的电压不为零，而是已经有一个初始值 u_C（0），则从 t_0 到 t 时间段的 u_o 值为

$$u_o = -\frac{1}{RC}\int_{t_0}^t u_i \mathrm{d}t + u_C(0) \tag{3-22}$$

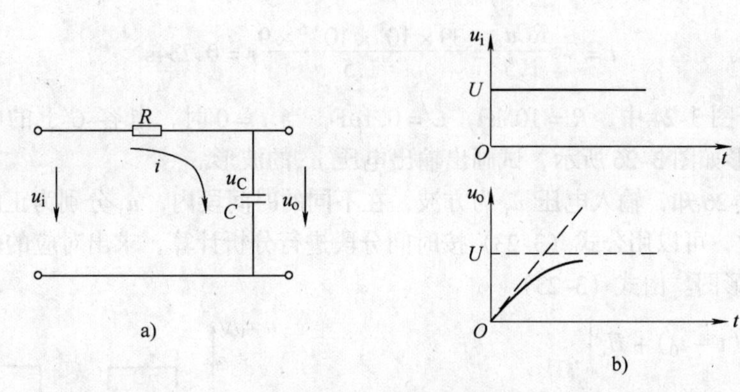

图 3-24　反相积分电路

当输入电压 u_i 为恒定的直流电压 U 时，则积分电路具有恒流充电特性，充电电流 i_C 为 $i_C = i_1 = \frac{u_i}{R} = \frac{U}{R}$成恒定值

式（3-22）可写为

$$u_o = -\frac{U}{RC}(t - t_0) + u_C(0) \tag{3-23}$$

式（3-23）表明，此时输出电压随时间是线性增大的，即 u_o 与时间成线性关系。

如果 $t_0=0$ 时，电容 C 上的初始电压为零，则

$$u_o = -\frac{U}{RC}t$$

当 $t=RC=\tau$ 时，$u_o=-U$，或者说，$-u_o=U$；当 $t>RC$ 时，u_o 随 t 的增大而增长。不过，输出电压不会无限增长下去，当达到了集成运放的最大输出电压 U_{om}时，运放进入饱和状态，u_o 将停止增大而保持不变。其波形图如图 3-25 所示。

实际的积分电路会因为集成运放并不是理想运放和电容有漏电等原因导致电容 C 的充电速度变慢而产生非线性积分误差，影响了输出电压的线性度。为此，应该选择输入失调电压、偏置电流及失调温漂比较小的集成运放，选用漏电小的电容来组成积分电路。

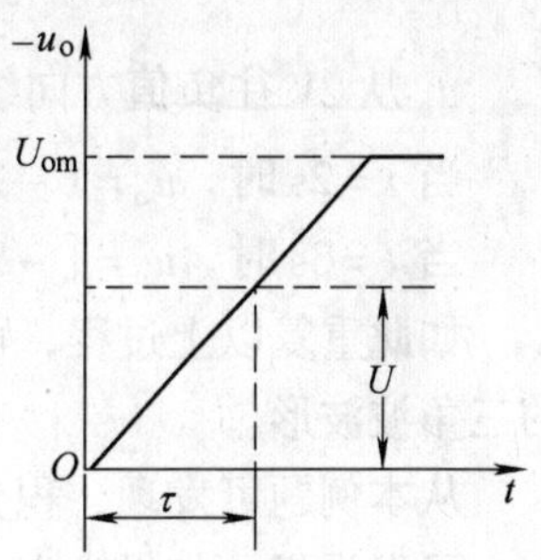

图 3-25　直流电压作用下的 u_o 波形

例 3-10　根据 $u_o = -10\int_0^t u_i \mathrm{d}t$ 确定图 3-24 所示反相积分电路中的 C 和 R 的数值。

解　设 $C=1\mu\text{F}$，则由$\frac{1}{RC}=10$ 得

$$R = \frac{1}{10C} = 100\text{k}\Omega$$

例 3-11 设图 3-24 中的输入电压 $u_i = 1.5\text{V}$，$R = 39\text{k}\Omega$，$C = 1\mu\text{F}$，电容 C 的初始电压为 0V，求输出电压 u_o 由 0V 下降至 -9V 时所需的时间。

解 根据式（3-21）

$$u_o = -\frac{1}{RC}\int_0^t u_i \text{d}t = -\frac{1}{RC}\int_0^t 1.5\text{d}t = -\frac{1.5}{RC}t$$

$$t = -\frac{RCu_o}{1.5} = \frac{39 \times 10^3 \times 10^{-6} \times 9}{1.5}\text{s} = 0.234\text{s}$$

例 3-12 若图 3-24 中，$R = 10\text{M}\Omega$，$C = 0.1\mu\text{F}$，当 $t = 0$ 时，电容 C 上的电压为零，输入电压 u_i 的波形如图 3-26 所示，试画出输出电压 u_o 的波形。

解 从图 3-26 知，输入电压 u_i 为方波，在不同的时间段内，u_i 分别为正的恒定值或负的恒定值。因此，可以用公式（3-23）按时间分段进行分析计算，求出对应的输出电压，然后画出 u_o 的波形图。由式（3-23）

$$u_o = -\frac{U}{RC}(t - t_0) + U_o\Big|_{t_0}$$

$$= -\frac{U}{10 \times 10^6 \times 0.1 \times 10^{-6}}(t - t_0) + U_0\Big|_{t_0}$$

$$= -U(t - t_0) + U_0\Big|_{t_0}$$

1）当 $0 \leqslant t < 1\text{s}$ 时

$t = 0$ 时，$t_0 = 0$，$u_C = 0$ 则 $U_0\Big|_{t_0} = 0$，$U = -2\text{V}$，

故 $u_o = -U(t - 0) + 0 = -(-2)t = 2t$

u_o 从 0 朝正值方向线性增长。

当 $t = 1\text{s}$ 时，$u_o = 2t = 2\text{V}$

2）当 $1\text{s} < t < 3\text{s}$

$t_0 = 1\text{s}$，$U_0\Big|_{t_0} = 2\text{V}, U = 2\text{V}$

$u_o = -U(t - t_0) + U_0\Big|_{t_0} = -2(t - t_0) + 2$

u_o 从 2V 往负值方向线性增长。

当 $t = 2\text{s}$ 时，$u_o = (-2 \times (2-1) + 2)\text{V} = 0\text{V}$

当 $t = 3\text{s}$ 时，$u_o = [-2 \times (3-1) + 2]\text{V} = -2\text{V}$

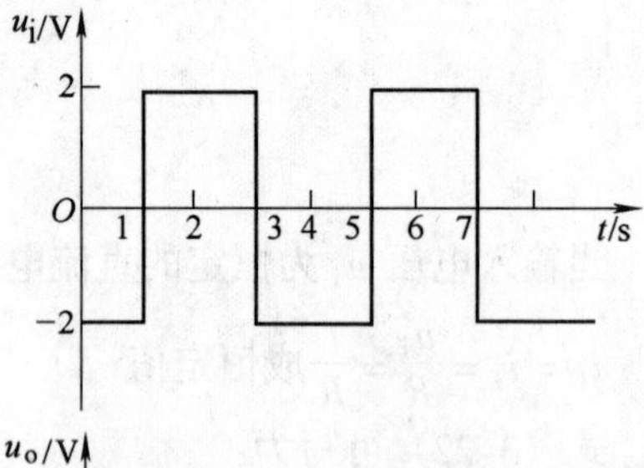

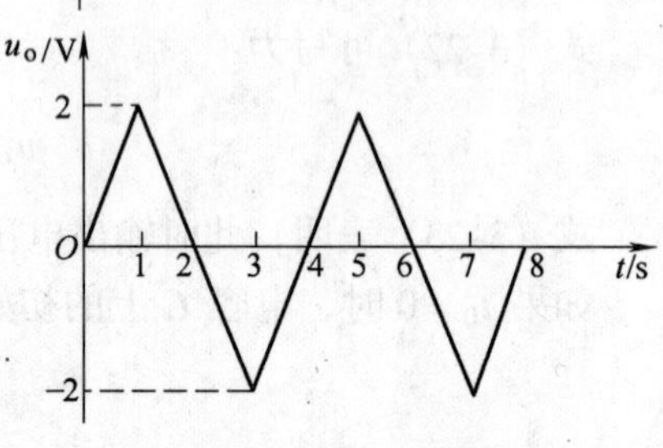

图 3-26 u_i 及 u_o 波形

如此重复以上过程，可以求出后面时间段内 u_o 的变化规律，从而画出图 3-26 所示 u_o 的三角波波形。

从本例题可发现，积分电路具有波形变换的作用。

可以设想，如果输入电压为一正弦波，则通过积分电路以后的输出电压将是余弦波，实现了 u_o 的相位超前 u_i90°的移相作用，这里不再叙述。

（2）反相求和积分电路 求和积分运算电路可以由加法电路和积分电路来组成，如果在

反相积分电路的反相端同时加入两个及以上的输入电压，就可以省去一个运算放大器，构成如图 3-27 所示的反相求和积分电路。图 3-27 中为两个输入电压。

因流入运放同相端及反相端的电流均为零，所以有

$$u_+ = 0,\ i_1 + i_2 = i_C$$

因 $u_- = u_+ = 0$

则 $i_1 = \dfrac{u_{i1}}{R_1} \quad i_2 = \dfrac{u_{i2}}{R_2}$

故
$$\begin{aligned} u_o &= -u_C = -\frac{1}{C}\int i_C \mathrm{d}t \\ &= -\frac{1}{C}\int (i_1 + i_2)\mathrm{d}t \\ &= -\frac{1}{C}\int\left(\frac{u_{i1}}{R_1} + \frac{u_{i2}}{R_2}\right)\mathrm{d}t \\ &= -\left[\frac{1}{R_1 C}\int u_{i1}\mathrm{d}t + \frac{1}{R_2 C}\int u_{i2}\mathrm{d}t\right] \end{aligned} \tag{3-24}$$

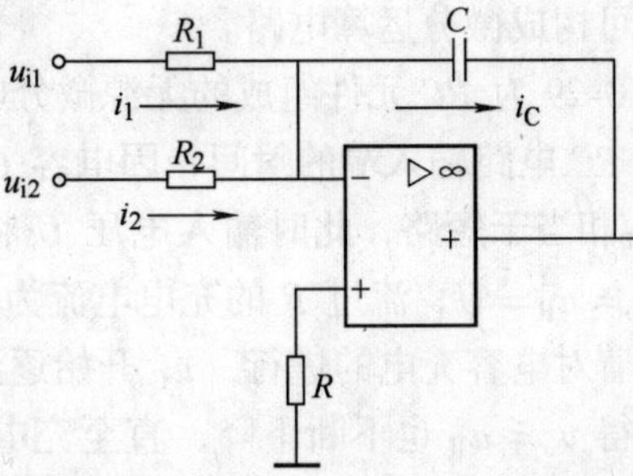

图 3-27 反相求和积分电路

若 $R_1 = R_2$，则

$$u_o = -\frac{1}{R_1 C}\left(\int u_{i1}\mathrm{d}t + \int u_{i2}\mathrm{d}t\right)$$

平衡电阻 $R = R_1 /\!/ R_2$。

(3) 同相积分电路　同相积分电路中，集成运放的同相端接受输入电压 u_i，同时对地接积分电容 C，并且从输出端引入正反馈，用来改善积分效果。是既有负反馈又有正反馈的电路，如图 3-28 所示。

当流经输入端电阻 R 的电流 i_1 随积分时间的增长而逐渐减小时，来自输出端的正反馈电流 i_f 却会逐渐增加，如果正反馈的程度适当，就可使得电容 C 上的充电电流 $i_C = i_1 + i_f$ 保持基本不变（近似恒流），使输出电压 u_o 呈线性变化。

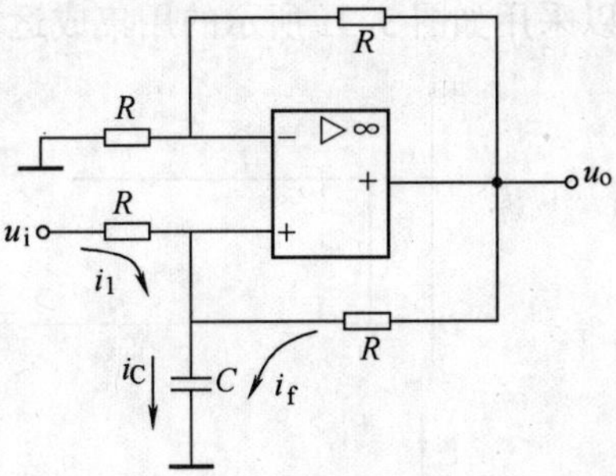

图 3-28 同相积分电路

从图 3-28 可作如下分析

$$u_+ = u_C = \frac{1}{C}\int i_C \mathrm{d}t,\ u_- = \frac{u_o}{(R + R)}R = \frac{u_o}{2}$$

$$u_+ = u_-$$

$$i_1 = \frac{u_i - u_+}{R},\quad i_f = \frac{u_o - u_+}{R}$$

$$i_C = i_1 + i_f = \frac{u_i - u_+}{R} + \frac{u_o - u_+}{R} = \frac{u_i - u_-}{R} + \frac{u_o - u_-}{R} = \frac{u_i}{R}$$

$$\frac{u_o}{2} = u_- = u_+ = \frac{1}{C}\int i_C \mathrm{d}t = \frac{1}{C}\int \frac{u_i}{R}\mathrm{d}t = \frac{1}{RC}\int u_i \mathrm{d}t$$

即
$$u_o = \frac{2}{RC}\int u_i \mathrm{d}t \tag{3-25}$$

可见，同相积分电路的输出电压为反相积分电路的 2 倍，u_o 与 u_i 相位相同。

五、微分运算

数学上微分是积分的逆运算，因此可以设想，如果将积分运算电路中的 R 和 C 互换位置，便可构成微分运算电路。

图 3-29 为 RC 元件组成的无源微分电路。当输入电压 u_i 为一直流电压 U，在 $t=t_0$ 时刻加到 RC 电路输入端的瞬间，因电容 C 上的电压不能跃变，即 $u_C=0$，电容相当于短路，此时输入电压 U 将全部加在电阻 R 上，使输出电压 $u_o=u_R=U$，流过 R 的充电电流为最大。

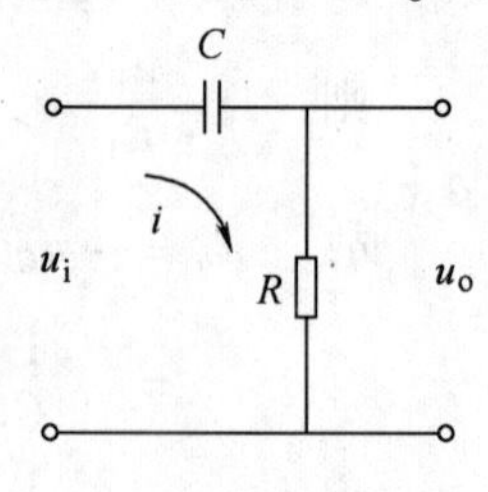

图 3-29 RC 无源微分电路

随着对电容充电的进行，u_C 开始逐渐上升，充电电流随之逐渐减小，使得 $u_o=u_R$ 也不断下降，直至充电结束。充电结束时，$u_C=U$，$u_o=u_R=0$，充电电流 i 也为零。其输出电压随时间的变化如图 3-30 所示。

因充电电流 $i=C\dfrac{\mathrm{d}u_C}{\mathrm{d}t}$，所以输出电压

$$u_o=iR=RC\frac{\mathrm{d}u_C}{\mathrm{d}t}$$

无源 RC 微分电路的输出电压 u_o 不是与输入电压 u_i、而是与电容电压 u_C 成微分关系，这里 $u_C=u_i-u_o\neq u_i$。欲使输出电压与输入电压之间为微分运算关系，即 $u_o=RC\dfrac{\mathrm{d}u_i}{\mathrm{d}t}$，可以采用如图 3-31 所示的用集成运放构成的有源微分电路。

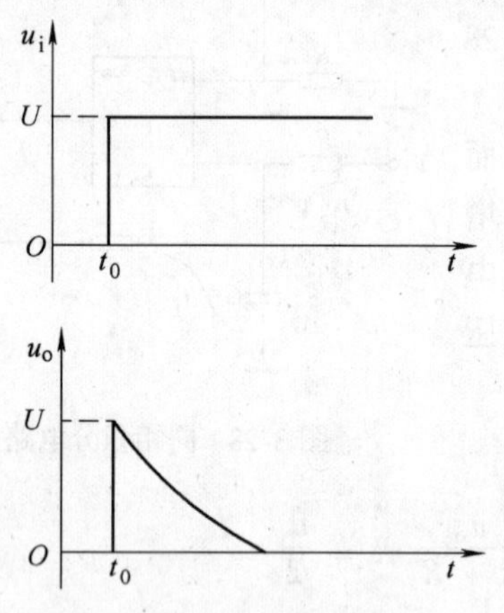

图 3-30 RC 微分电路波形

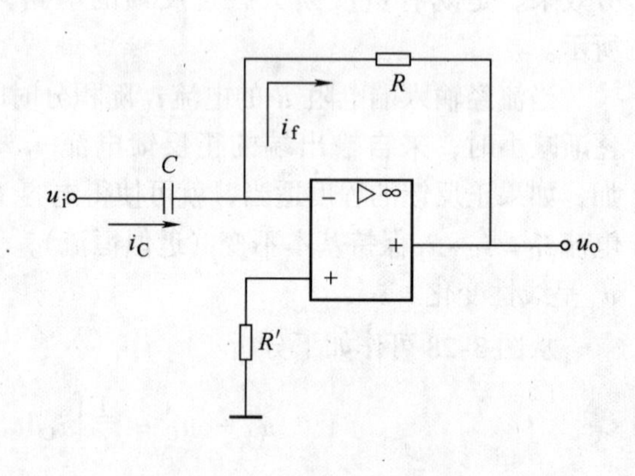

图 3-31 微分运算电路

利用虚断的概念，则 $u_+=0$，$i_C=i_f$

利用虚地的概念，得 $u_-=0$

所以

$$u_C=u_i-u_-=u_i$$

$$u_--u_o=i_fR,\quad u_o=-i_fR$$

而 i_C 与 u_C 为微分关系，即 $i_C=C\dfrac{\mathrm{d}u_C}{\mathrm{d}t}$

故

$$u_o=-i_fR=-i_CR=-RC\frac{\mathrm{d}u_C}{\mathrm{d}t}=-RC\frac{\mathrm{d}u_i}{\mathrm{d}t}\tag{3-26}$$

可见，输出电压与输入电压成微分关系。式中负号表示它们之间在相位上是反相的。输出电压只反映输入电压的变化部分，当输入电压为方波或矩形波时，仅在 u_i 发生突变时，电路才有尖峰电压输出，而当输入电压不变时，电路将无输出。由式（3-26）可知，输出尖峰电压的幅度既与 RC 的大小有关，也与 u_i 对时间的变化率有关。考虑到输入端的信号源有内阻存在，对电容充电的电流不可能为无穷大，所以输出尖峰电压的幅度是一有限值。利用这一点可以实现波形变换，比如把输入矩形波或方波变成尖峰脉冲输出，如图 3-32 所示。

例 3-13 在图 3-31 的微分运算电路中，设 $R=20\text{k}\Omega$，$C=100\mu\text{F}$，输入电压 u_i 的波形如图 3-33 所示，试画出与 u_i 相应的输出电压 u_o 的波形，并标出各时间段的输出电压值。

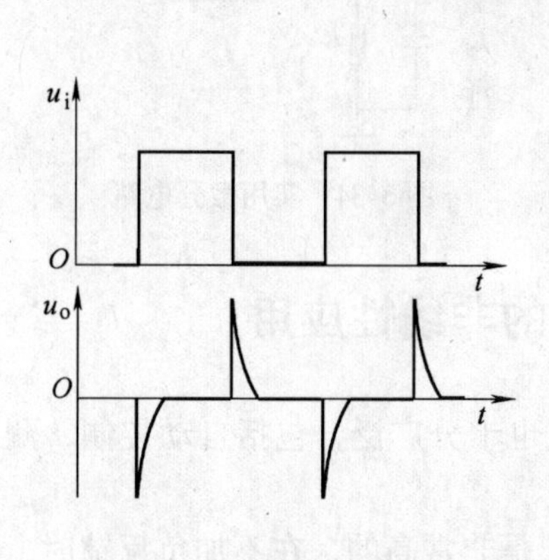

图 3-32 微分电路的波形变换

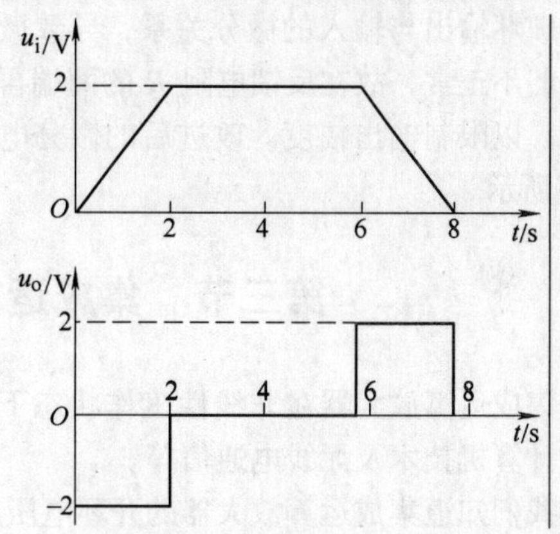

图 3-33 例 3-13 的波形图

解 根据公式(3-26)

$$u_o = -RC\frac{du_i}{dt} \qquad RC = 20\times10^3\times100\times10^{-6}\text{s} = 2\text{s}$$

(1) 在 $t=0\sim2\text{s}$ 期间

$$\frac{du_i}{dt} = \frac{(2-0)\text{V}}{(2-0)\text{s}} = \frac{2\text{V}}{2\text{s}} = 1\text{V/s}$$

$$u_o = -2\times1\text{V} = -2\text{V}$$

(2) 在 $t=2\sim6\text{s}$ 期间

$$\frac{du_i}{dt} = \frac{(2-2)\text{V}}{(6-2)\text{s}} = 0\text{V/s}$$

$$u_o = -2\times0\text{V} = 0\text{V}$$

(3) 在 $t=6\sim8\text{s}$ 期间

$$\frac{du_i}{dt} = \frac{(0-2)\text{V}}{(8-6)\text{s}} = -1\text{V/s}$$

$$u_o = -2\times(-1)\text{V} = 2\text{V}$$

所画 u_o 的波形如图 3-33 所示。

微分电路的输出电压与输入电压的变化率成正比，因此它对输入信号中的噪声和干扰十分敏感，所以抗干扰的能力差。比如，输入端出现一个正弦电压 $u_i = U_{im}\sin\omega t$，输出电压则为 $u_o = -U_{im}RC\omega\cos\omega t$，其幅值与 u_i 的频率成正比。所以输入中如混有高频噪声，输出端将会产生很大的噪声电压，以致输出的噪声可能完全淹没微分信号，使电路不能正常工作。所以在实用中要对图 3-31 所示的微分电路作一些改进。通常是在输入回路加一个小电阻 R_1 和电容 C 串联，可用来限制噪声和输入的突变电压。在反馈电阻 R 和平衡电阻 R' 两端各并联一个小电容 C_2 和 C_1，用以加强高频噪声的负反馈，压低高频噪声及消除自激等。

当输入电压发生跳变时，也有可能使输出电压超过集成运放的最大输出电压而进入非线性区，破坏输出与输入的微分关系，导致微分电路工作的不正常，故在反馈电阻 R 的两端再并联稳压管，以限制输出幅度。改进后的微分电路如图 3-34 所示。

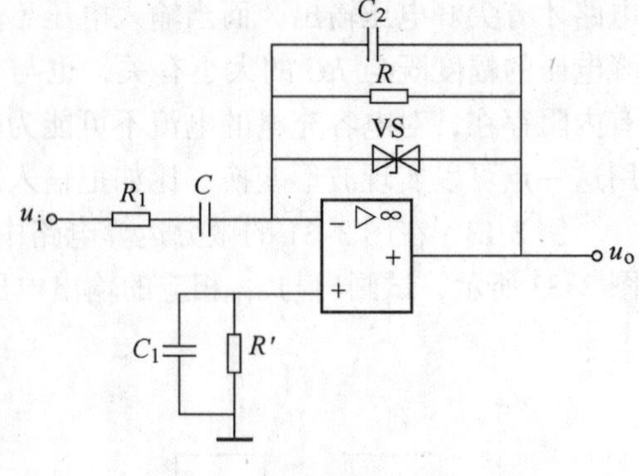

图 3-34　实用微分电路

第三节　集成运算放大器的非线性应用

集成运算放大器在非线性工作状态下的应用领域也十分广泛，包括自动控制、测量技术、计算机技术及无线电通信等。

我们知道集成运算放大器的开环电压放大倍数 A_{od} 是非常高的，在不加负反馈时，由公式 $u_o = A_{od}u_{id} = A_{od}(u_+ - u_-)$ 可以知道，只要 u_+ 稍微大于 u_-，就会超出线性工作范围进入非线性区，输出电压立即偏向正的最大值 $+U_{om}$（或称输出高电平 U_{oH}）；反之，如果 u_- 稍微大于 u_+，u_o 会立即偏向负的最大值 $-U_{om}$（输出低电平 U_{oL}）。如果是理想运放或在实际运放的输出端与同相输入端之间引入正反馈，输出状态的转换则是跃变的。电压比较器和矩形波发生器等就是根据这种特性工作的。应该明白，在上述两种电平转换过程中，运放是从某一非线性区越过线性区进入另一非线性区的，进入线性区是瞬间的过渡状态。显然，“虚短”和“虚地”的概念一般不再适用，仅在判断临界情况时才可以用，而“虚断”原则仍成立。

一、电压比较器

电压比较器简称比较器，是一种对两个输入电压的大小进行鉴别和比较的电路，比较的结果（指两个输入电压的大小）是通过输出的高电平 U_{oH} 或低电平 U_{oL} 来判别的。从电路构成来看，运放处于开环或正反馈状态。从工作情况来看，通常输入的是连续变化的模拟信号，输出的是以高、低电平为特征的数字信号，所以是非线性应用。

比较器广泛应用于数字技术、信号的测量、抗干扰、波形转换和波形发生等领域。

对比较器的要求是动作迅速、性能稳定、判别准确、反应灵敏、抗干扰能力强等。下面介绍几种最常用的比较器。

1. 过零比较器

让集成运放的一个输入端接上固定的参考电压 U_R，另一输入端接输入信号 u_i，当 $u_i > U_R$ 或 $u_i < U_R$ 时，电压比较器输出高电平 U_{oH} 或低电平 U_{oL}，当 u_i 变化到 U_R 瞬间，比较器的输出将发生电平转换，即输出电压从一个电平跃变到另一个电平。

我们把参考电压为零的比较器称为过零比较器或零电平比较器。按输入方式不同，有反相输入和同相输入过零比较器之分。如图 3-35 所示。

以同相输入为例进行分析，因为参考电压 $U_R=0$，所以输入电压 u_i 与零伏进行比较，其输出电平的转换关系为

$$u_i>0 \qquad u_o=U_{oH}$$

$$u_i<0 \qquad u_o=U_{oL}$$

说明每当输入信号 u_i 越过零电平的时刻，输出电压就要翻转到另一个状态（U_{oH} 或 U_{oL}），即过零比较器具有对输入信号进行过零检测的功能。

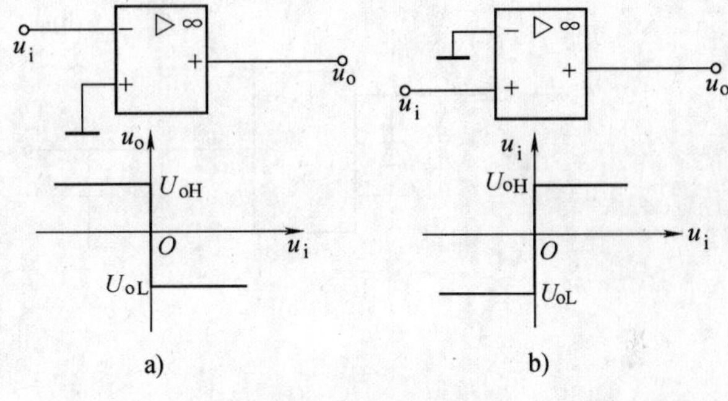

图 3-35 过零比较器

一般用阈值电压和传输特性来反映比较器的工作特性。

阈值电压（又称触发电平、门限电压）是使比较器的输出电压从一个电平翻转到另一个电平时所对应的输入电压值，用符号 U_{TH}表示。阈值电压实际上可以看作是输入电压使输出电压发生跳变时的临界条件，也就是运放的两个输入端的电位相等，即 $u_+=u_-$。对于同相输入过零比较器来说，$u_+=u_i$，$u_-=0$，$U_{TH}=0$。

传输特性是指比较器的输出电压与输入电压之间的关系。在平面直角坐标上画传输特性时，要先求出阈值电压，再根据具体电路，分析输入电压变化时，对应输出电压的变化规律。

例 3-14 如图 3-35a 所示的反相输入过零比较器，当其输入信号 u_i 为图 3-36 所示的正弦波时，试画出输出电压 u_o的波形。

解 对过零比较器来说，输入的正弦波信号每过零一次，输出电压就要跃变一次。但正弦波是从运放反相端输入，所以当其从负值往正值变化过零时，输出电压 $u_o=U_{oL}$，从正值往负值变化过零时，$u_o=U_{oH}$，画出对应 u_o 的波形如图 3-36 所示。可以看出 u_o 为方波，过零比较器将正弦波变成了方波，具有波形变换的作用。

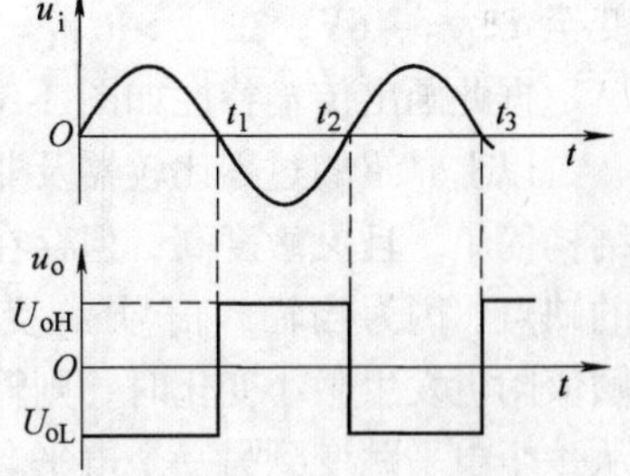

图 3-36 例 3-14 的波形图

图 3-37 所示电路中，输入回路串接的电阻和运放两输入端之间并联的两个相互反接的二极管是用来防止输入信号过大时损坏集成运放的。在实际工作中，有时希望降低比较器的输出电压幅度，并且保持正向幅度和负向幅度的一致性，可采用将双向击穿稳压二极管接在输出端或者反馈回路中，见图 3-37a、b 电路。图 3-37c 中的输出电压正向幅度为稳压管的稳压值，负向幅度为二极管的正向导通电压值，正向幅度和负向幅度不相等。

2. 非过零比较器

非过零比较器也可称为任意电平比较器。

将过零比较器中运放的接地端改接为一个参考电压 U_R，就成了非过零比较器。非过零比较器也有反相输入和同相输入两种形式。

图 3-38a 为反相输入非过零比较器，如要接成同相输入方式，只要将 u_i 与参考电压 U_R 的位置对调即可。

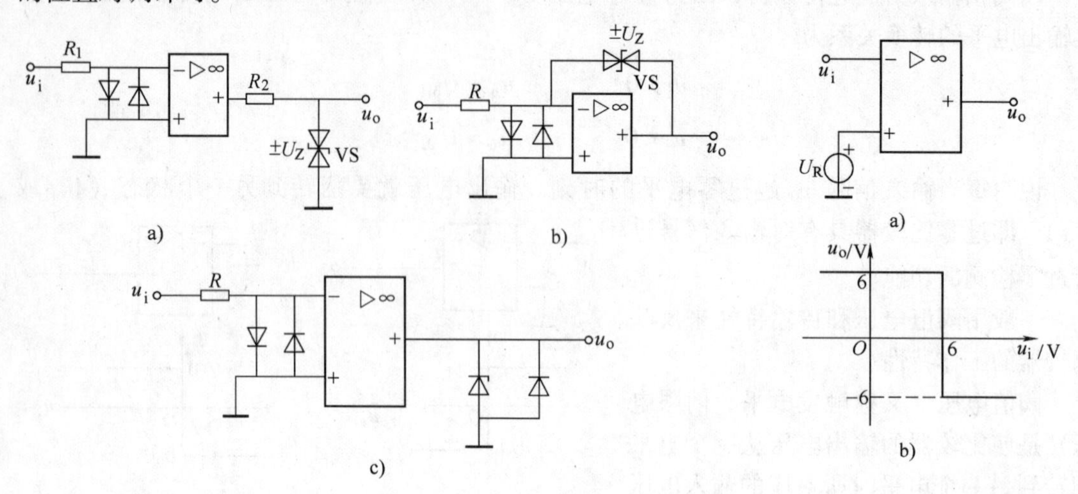

图 3-37 过压保护及限幅电路

a) 输出限幅 b) 反馈限幅 c) 输出限幅

图 3-38 反相输入非过零比较器

a) 电路 b) 传输特性

例 3-15 图 3-38a 中，已知参考电压 $U_R=6\text{V}$，运放输出端的高电平 $U_{oH}=6\text{V}$，低电平 $U_{oL}=-6\text{V}$，求其阈值电压 U_{TH}，画出电路的传输特性。

解 因为使比较器输出电压发生跃变的临界条件是 $u_+=u_-$，今 $u_-=u_i$，$u_+=U_R=6\text{V}$，所以 $U_{TTi}=U_R=6\text{V}$，即

在 $u_i<U_{TH}=U_R=6\text{V}$ 时，$u_o=U_{oH}=6\text{V}$，当 $u_i=U_{TH}=6\text{V}$ 时，输出电压从 $U_{oH}=6\text{V}$ 跳变至 $U_{oL}=-6\text{V}$，在 $u_i>U_{TH}=6\text{V}$ 时，$u_o=U_{oL}=-6\text{V}$。

据此画出传输特性如图 3-38b 所示。

以上介绍的过零比较器及非过零比较器的结构简单，且灵敏度高，但存在抗干扰能力差的缺点。因为当输入信号 u_i 受到干扰恰好在阈值附近发生微小变化时，则输出电压将不断从一个电平跳变到另一个电平。若用这样的电压去控制执行机构（继电器、接触器或电机等），将出现频繁动作或起停现象，这在实际应用中是不允许的。滞回电压比较器克服了上述比较器的缺点，有较强的抗干扰能力。

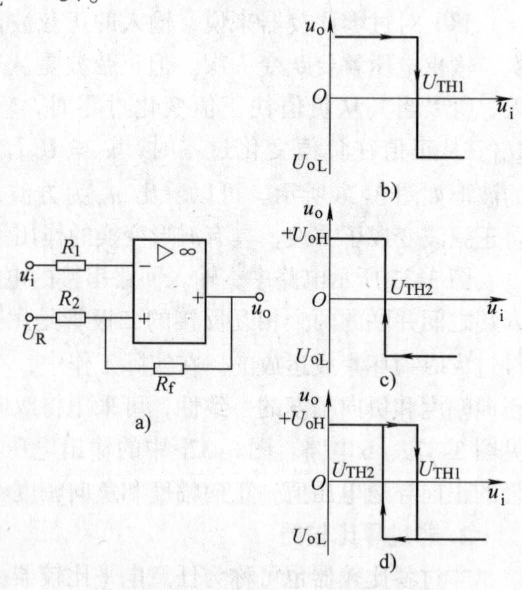

图 3-39 滞回电压比较器

a) 电路图 b)、c)、d) 传输特性

3. 滞回电压比较器

滞回比较器也称施密特触发器，是一种具有滞回特性的比较器，也有反相输入和同相输入两种形式。

图 3-39 是反相输入滞回比较器的电路图及传输特性。

在非过零比较器的基础上，从集成运放的输出端至同相端之间接上反馈电阻 R_f，引入正反馈，可以缩短运放经过线性区的过渡时间，加速输出状态的转换。集成运放的同相端通过电阻 R_2 接参考电压 U_R，输入电压 u_i 加在运放反相端。

下面分析电路的工作原理。

因运放输出电压发生跳变的临界条件是 $u_+ = u_-$，由虚断概念，运放两输入端的电流为零。由于是反相输入接法，当 u_i 足够低时，u_o 为高电平 U_{oH}。运用叠加原理可求阈值电压，因在 $u_i = u_- < u_+$ 时，输出 $u_o = U_{oH}$，可得上限阈值电压 U_{TH1}。

$$u_+ = U_R \frac{R_f}{R_2 + R_f} + U_{oH} \frac{R_2}{R_2 + R_f}$$

式中第一项是 U_R 单独作用时同相端的电压，第二项是 U_{oH} 单独作用时同相端的电压。

因为 $u_- = u_+$ 时对应的 u_i 值就是阈值，故

$$U_{TH1} = U_R \frac{R_f}{R_2 + R_f} + U_{oH} \frac{R_2}{R_2 + R_f} \tag{3-27}$$

若输入电压 u_i 从零逐渐增大，但在 $u_i < U_{TH1}$ 时，$u_o = U_{oH}$ 不变，当 u_i 增加经过 U_{TH1} 时，电路立即翻转，u_o 由 U_{oH} 跳变为 U_{oL}，即从高电平转为低电平。只要 $u_i > U_{TH1}$，输出 u_o 始终为低电平，其传输特性见图 3-39b。当 $u_i > U_{TH1}$ 时，输出电压 $u_o = U_{oL}$，可得下限阈值电压 U_{TH2}。

此时同相端电压为

$$u_+ = U_R \frac{R_f}{R_2 + R_f} + U_{oL} \frac{R_2}{R_2 + R_f}$$

再根据求阈值电压的临界条件 $u_- = u_+$，$u_i = u_-$ 得

$$U_{TH2} = U_R \frac{R_f}{R_2 + R_f} + U_{oL} \frac{R_2}{R_2 + R_f} \tag{3-28}$$

因

$$U_{oH} > U_{oL}$$

可见

$$U_{TH1} > U_{TH2}$$

在 $u_i > U_{TH2}$ 以前，$u_o = U_{oL}$ 不变，当 u_i 逐渐下降到 $u_i = U_{TH2}$ 时（不是 U_{TH1}），电路立即翻转，u_o 从 U_{oL} 跳变到 U_{oH}，即从低电平转为高电平。只要 $u_i < U_{TH2}$，输出 u_o 始终为高电平。其传输特性如图 3-39c 所示，把图 3-39b 和图 3-39c 合在一起，就构成了完整传输特性，如图 3-39d 所示。

上下限阈值电压之差称为回差电压 ΔU_{TH}。

由式(3-27)和式(3-28)可得

$$\Delta U_{TH} = U_{TH1} - U_{TH2} = (U_{oH} - U_{oL}) \frac{R_2}{R_2 + R_f} \tag{3-29}$$

式（3-29）表明，回差电压 ΔU_{TH} 的大小与参考电压 U_R 无关。改变 R_2 的数值可以改变回差电压的大小。而从式（3-27）和式（3-28）知，调整 U_R 可改变 U_{TH1} 和 U_{TH2}，因不影响回差电压大小，故传输特性将平行左移或右移，但滞回曲线宽度不变。

滞回比较器由于存在回差电压，能够大大提高电路的抗干扰能力，回差电压 ΔU_{TH} 越大，抗干扰能力越强。因为输入信号在遇到干扰发生变化时，只要其变化幅度不超过回差电压 ΔU_{TH}，此种比较器的输出电压就不会反复来回变化。

例 3-16 在图 3-39a 所示的滞回比较器电路中，已知 $U_R = 0V$，$R_2 = 10k\Omega$，$R_f = 20k\Omega$，运放最大的输出电压 $U_{om} = \pm 6V$，输入信号 u_i 的波形如图 3-40b 所示。试求：

（1）上、下限阈值电压；（2）画出传输特性曲线；（3）画出输出电压 u_o 的波形。

解 由题意知，输出电压高电平 $U_{oH} = +6V$，低电平 $U_{oL} = -6V$。

（1）由式（3-27）及式（3-28）可求上、下限阈值电压分别为

$$U_{TH1} = U_R \frac{R_2}{R_2 + R_f} + U_{oH} \frac{R_2}{R_2 + R_f} = 0 \times \frac{20}{10 + 20} V + 6 \times \frac{10}{10 + 20} V = 2V$$

$$U_{TH2} = U_R \frac{R_f}{R_2 + R_f} + U_{oL} \frac{R_2}{R_2 + R_f} = 0V - 6 \times \frac{10}{10 + 20} V = -2V$$

（2）传输特性曲线如图 3-40a 所示。

（3）输出电压 u_o 波形如图 3-40c 所示。

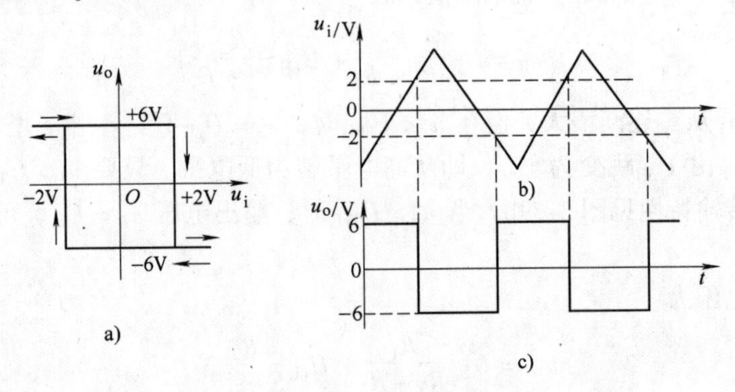

图 3-40 例 3-16 的图形

a）传输特性 b)、c）输入、输出波形

可见，输入一个三角波，输出则成了矩形波，说明滞回比较器能将连续变化的周期信号变换为矩形波，具有波形变换的作用。

例 3-16 中，如果输入信号 u_i 为图 3-41a 所示波形，电路的输出波形将是如图 3-41b 所示矩形波。

由波形图可以看出，虽然图图 3-41a 的输入波形因受到干扰而变得不规则，但由于滞回比较器存在回差电压，只要其不规则的变化量不超过回差电压 ΔU_{TH}，则不会影响输出电压原来的状态。电路所具有的很强的抗干扰能力，使得输出的电压波形变成标准的矩形波。这种作用我们称之为“整形”。

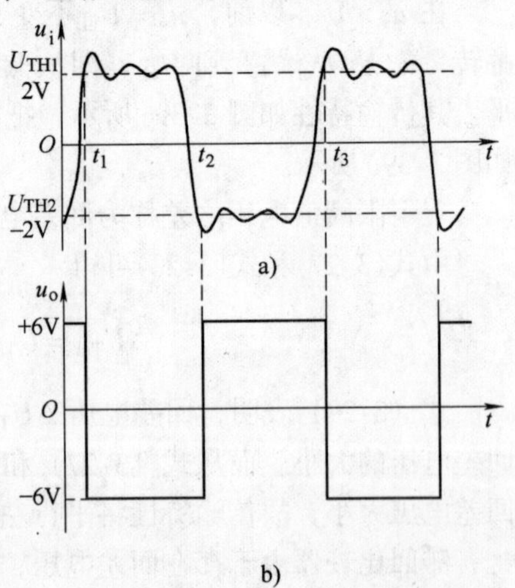

图 3-41 输入输出波形图示例

4. 窗口比较器

上述的几种比较器有一个共同特点，即输入信号 u_i 单方向变化时，输出电压 u_o 只跳变一次，只能检测一个电平。这种比较器称为单限比较器。若要检测 u_i 是否在 U_{RL} 和 U_{RH} 两个电平之间，则需采用窗口比较器。

窗口比较器也称双限比较器，它可用于工业控制系统，当被测量（液面、温度）超出标准范围时，发出指示信号。

窗口比较器的电路如图 3-42a 所示，它由两个阈值不同的非过零比较器组成。阈值小的采用反相输入接法，阈值大的采用同相输入接法，电路输出端与两运放输出端之间各串接一只二极管，参考电压 $U_{RH}>U_{RL}$，其传输特性如图 3-42b 所示。它形似窗口，故称窗口比较器。

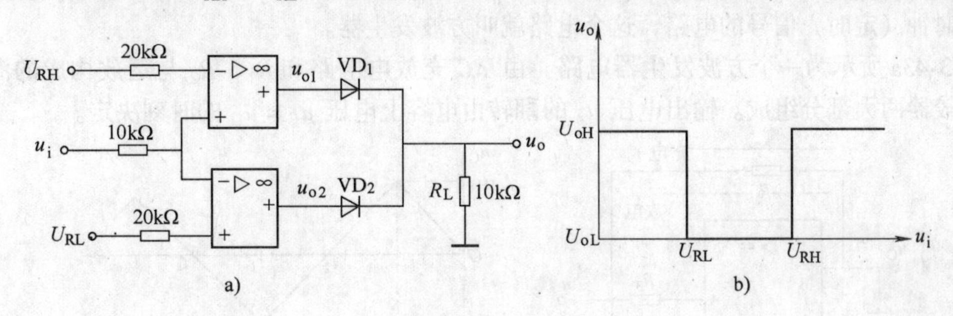

图 3-42　窗口比较器

a）电路图　b）传输特性

下面分析其工作原理：当 $u_i<U_{RL}$时，u_{o2}为高电平 U_{oH}，二极管 VD_2 导通。因 $U_{RH}>U_{RL}$，则 $u_i<U_{RH}$，使 u_{o1}为低电平 U_{oL}，二极管 VD_1 截止。此时整个电路相当于一个参考电压为 U_{RL}的反相输入非过零比较器。输出 $u_o\approx u_{o2}=U_{oH}$。

当 $u_i>U_{RH}$时，u_{o1}为高电平 U_{oH}，VD_1 导通。显然，$u_i>U_{RL}$，使 u_{o2}为低电平 U_{oL}，VD_2 截止。这种情况下，该电路相当于参考电压为 U_{RH}的同相输入非过零比较器。其输出 $u_o\approx u_{o1}=U_{oH}$。

当 $U_{RL}<u_i<U_{RH}$时，u_{o1}和 u_{o2}都为低电平，VD_1 和 VD_2 均截止，所以输出 $u_o=0$，即窗口比较器输出为零电平。

根据以上分析，窗口比较器有 U_{RL}和 U_{RH}两个阈值电压及两个稳定状态。

5. 集成电压比较器简介

前面介绍的电压比较器都是采用通用型集成运算放大器构成的。这些电压比较器的高、低电平与数字电路 TTL 器件的高、低电平的数值相差很大，一般需要加限幅电路才能驱动 TTL 器件，使用不方便，且响应速度低。为了克服这些缺点，制造了专用集成比较器。常用型号有如LM710、LM311(SF31)、BG307 等。主要特点是输出高电平 $U_{oH}=3.3V$，低电平 $U_{oL}=-0.4V$，分别与数字电路的逻辑 1 和逻辑 0 相适应，能与 TTL、DTL、HTL、CMOS 等数字电路的电平兼容。电源的选用范围较大，有单电源或双电源；电源电压在几伏至几十伏之间，使用简单方便。外形采用双列直插封装。转换速率 S_R 比较大，能适应开关电路对响应速度的要求。适用于非线性工作状态，故没有相位补偿引出脚。

二、波形发生器

波形发生器又称信号发生电路、信号源或振荡器，在科技领域和生产实践中有着广泛的应用。

波形发生器按波形分为正弦波和非正弦波发生器两大类，用集成运放可构成波形发生器。正弦波发生器将在第四章详细介绍，本章介绍非正弦波发生器。

非正弦波（方波、矩形波、三角波、锯齿波等）发生器在测量设备、计算机、数字系统及自动控制系统中有着广泛的应用。作为对集成运放的非线性应用，下面讨论方波、三角波等波形发生器的电路和工作原理。

1. 方波发生器

在任何一个计算机系统中，为了使整个计算机的各部分都能有条不紊地工作，都要有一个产生时钟（定时）信号的电路，这个电路就叫方波发生器。

图 3-43a 所示为一个方波发生器电路。由 RC 充放电电路和 R_1、R_2 与运放构成的滞回电压比较器两大部分组成。输出电压 u_o 的翻转由电容上电压 $u_C = u_+$ 的时刻决定。

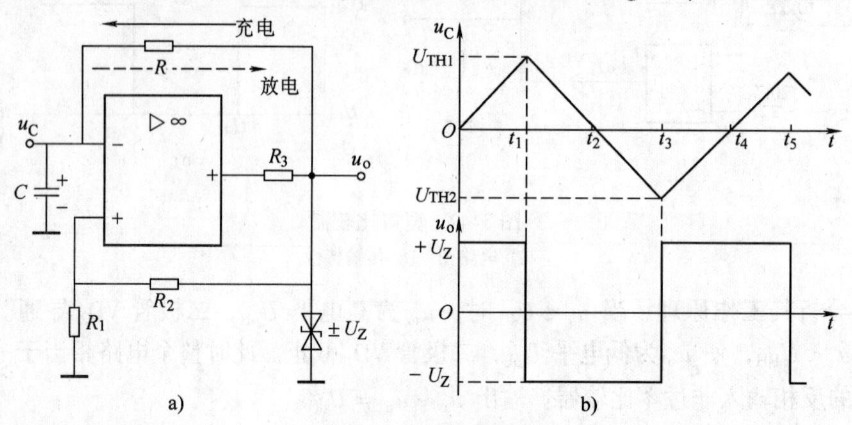

图 3-43　方波发生器

a）电路　b）输出电压波形

先求上、下限阈值电压

当 $u_o = +U_Z$ 时，$u_+ = U_Z \dfrac{R_1}{R_1 + R_2}$

即

$$U_{TH1} = U_Z \frac{R_1}{R_1 + R_2}$$

同理可得　当 $u_o = -U_Z$ 时

$$U_{TH2} = -U_Z \frac{R_1}{R_1 + R_2}$$

根据滞回比较器原理：

当 $u_C = u_- \geqslant U_{TH1} = U_Z \dfrac{R_1}{R_1 + R_2}$时，输出电压 $u_o = -U_Z$

当 $u_C = u_- \leqslant U_{TH2} = -U_Z \dfrac{R_1}{R_1 + R_2}$时，输出电压 $u_o = +U_Z$

其中，$\pm U_Z$ 为稳压管限幅输出电压值。

在 $t = 0$ 时刻，u_o 不是 $+U_Z$ 就是 $-U_Z$。

设在 $t = 0$ 时刻，$u_C = 0$，$u_o = +U_Z$；则电容 C 通过 R 开始充电，u_C 逐渐上升。

$t = t_1$ 时刻，电容电压上升至 $u_C = u_- = U_{TH1}$，电路翻转，$u_o = -U_Z$，$u_+ = U_{TH2}$；则电容 C 通过 R 开始放电（如图 3-43a 中虚线所示），u_C 从 U_{TH1} 逐渐下降，在 t_2 时刻 $u_C = 0$，然

后反向充电，u_C 变为负值。

$t=t_3$ 时刻，电容电压下降到 $u_C=U_{TH2}$，电路再次翻转，使 $u_o=+U_Z$，$u_+=U_{TH1}$。

如此循环，可得到图 3-43b 所示的方波输出。

如果令电路的正反馈电压比（即反馈系数）为 F，则 $F=\dfrac{R_1}{R_1+R_2}$，所以上、下限阈值电压的大小由反馈系数 F 决定。由图 3-43b 可知，反馈系数越大或电容充放电越慢，方波的周期越长。R_1、R_2 决定反馈系数，R、C 决定充放电时间常数，因此方波的周期及频率与 R_1、R_2、R、C 有关。电容的充电和放电时间相等，各等于方波的半个周期。方波的周期和频率可由 u_C 的变化规律求出。根据电工原理知识，电容充、放电时，其端电压变化规律为

$$u_C(t)=u_C(\infty)+[u_C(0)-u_C(\infty)]e^{-\frac{t}{\tau}} \tag{3-30}$$

式中，$u_C(0)$为时间起点 $t=0$ 时电容上的电压，$u_C(\infty)$为电容电压最终的趋向值，τ 为电容充、放电时间常数，$\tau=RC$。

为便于计算方波的周期 T，假定以 t_1 作为时间起点（即认为 $t_1=0$）则

$$u_C(0)=U_{TH1}=U_Z\frac{R_1}{R_1+R_2}$$

而 $u_C(\infty)=-U_Z$

当 $t=t_3$ 时，相当于经过$\dfrac{T}{2}$时 得

$$u_C(t_3)=u_C\left(\frac{T}{2}\right)=U_{TH2}=-U_Z\frac{R_1}{R_1+R_2}$$

将以上各值代入式（3-30）后，可得

$$u_C\left(\frac{T}{2}\right)=-U_Z+\left[U_Z\frac{R_1}{R_1+R_2}-(-U_Z)\right]e^{-\frac{T}{2RC}}=-U_Z\frac{R_1}{R_1+R_2}$$

或 $e^{-\frac{T}{2RC}}=\dfrac{R_2}{R_2+2R_1}$

上式两边取自然对数，可得方波的周期为

$$T=2RC\ln\left(1+\frac{2R_1}{R_2}\right) \tag{3-31}$$

如果选择 $R_1=0.86R_2$，则 $T=2RC$ 或频率

$$f=\frac{1}{T}=\frac{1}{2RC} \tag{3-32}$$

2. 三角波发生器

在前面的例 3-12 中，我们知道积分电路可以把方波转换为三角波。例 3-16 又告诉我们，滞回电压比较器可以把三角波转换成方波。所以，采用同相输入滞回比较器和反相积分器互相级联，便可以构成如图 3-44a 所示的三角波发生器。

滞回比较器输出电压 u_{o1}是对称的方波，作为积分器的反相输入信号，反相积分器的输出 u_o 是三角波，作为比较器的同相输入信号。

比较器中运放的反相端接地，同相输入端的电压 u_+ 由前、后级输出电压共同决定，根据叠加原理

$$u_{+}=u_{o1}\frac{R_1}{R_1+R_2}+u_o\frac{R_2}{R_1+R_2} \tag{3-33}$$

因 $u_{-}=0$，故 $u_{+}>0$ 时，$u_{o1}=+U_Z$，$u_{+}<0$ 时，$u_{o1}=-U_Z$。

积分器同相端接地，当 $u_{o1}=+U_Z$ 时，电容 C 充电，u_o 线性下降；$u_{o1}=-U_Z$ 时，C 放电，u_o 线性上升。

设 $t=0$ 时，$u_{o1}=+U_Z$，电容初始电压 $u_C(0)=0$，$u_o=0$，此时 $u_{+}>0$。

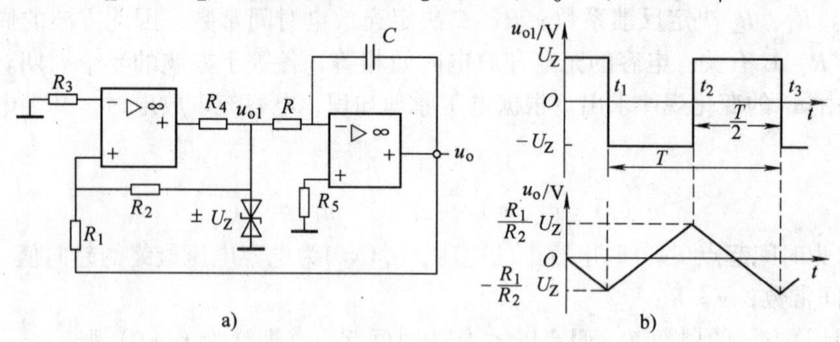

图 3-44　三角波发生器

a）电路图　b）波形图

在 $t=0\sim t_1$ 期间，C 充电，$\tau_{充}=RC$，u_o 线性下降，比较器的 u_{+} 下降，当 u_o 下降至 t_1 时刻时，正好使 u_{+} 由正值降到零，比较器立即翻转，u_{o1} 从 $+U_Z$ 跳变到 $-U_Z$。由式（3-33）可求比较器翻转时的 u_o 值

$$u_{+}=U_Z\frac{R_1}{R_1+R_2}+u_o\frac{R_2}{R_1+R_2}=0$$

得

$$u_o=-\frac{R_1}{R_2}U_Z \tag{3-34}$$

在 $t=t_1\sim t_2$ 期间，$u_{o1}=-U_Z$，此时 $u_{+}<0$，C 放电，$\tau_{放}=RC$，u_o 线性上升，比较器的 u_{+} 上升，当 u_o 上升至 t_2 时刻时，正好使 u_{+} 由负值升到零，比较器又发生翻转，u_{o1} 从 $-U_Z$ 跳变到 $+U_Z$。由式（3-33）可求比较器再次翻转时的 u_o

$$u_{+}=-U_Z\frac{R_1}{R_1+R_2}+u_o\frac{R_2}{R_1+R_2}=0$$

得

$$u_o=\frac{R_1}{R_2}U_Z \tag{3-35}$$

式（3-35）表明，当 u_o 上升到 $\frac{R_1}{R_2}U_Z$ 时，比较器又翻转，u_{o1} 从 $-U_Z$ 变成 $+U_Z$。

如此周而复始，可得到图 3-44b 中 u_o 的三角波。其幅值为

$$U_{om}=\pm\frac{R_1}{R_2}U_Z \tag{3-36}$$

可见，只要 R_1、R_2、U_Z 不变，U_{om} 就是一个稳定值，而与 u_{o1} 方波的频率无关。

由图 3-44b 可见，三角波和方波的周期是 u_o 从零变到 $-\frac{R_1}{R_2}U_Z$ 所需时间的 4 倍。利用积分器知识，不难求得三角波的周期。

因为对积分器来说，在 $t=0\sim t_1$ 的 $\frac{T}{4}$ 期间，输入电压 $u_i=u_{o1}=U_Z$，则

$$u_o(t)=-\frac{U_Z}{RC}t$$

将 $t=\frac{T}{4}$，$u_o(t)=u_o(t_1)=-\frac{R_1}{R_2}U_Z$ 代入

得
$$-\frac{R_1}{R_2}U_Z=-\frac{U_Z}{RC}\frac{T}{4}$$

故
$$T=4\frac{R_1}{R_2}RC \tag{3-37}$$

由式（3-37）知，三角波的周期与 R_1、R_2、R 及 C 有关，一般先调节 R_1 或 R_2，确定三角波的幅值，再粗调 C，细调 R，以满足三角波的周期和频率。

3. 锯齿波发生器

当三角波的上升时间远大于下降时间时，就成为了锯齿波。在示波器等仪器中，锯齿波扫描电压使电子束沿水平方向扫过荧光屏，把光点水平展开。

只要在三角波发生器电路中设置两条积分电路，让放电时间常数远大于充电时间常数，其输出就是锯齿波。图 3-45 所示为锯齿波发生器电路，它由滞回电压比较器和充放电时间常数不相等的反相输入积分器组成。

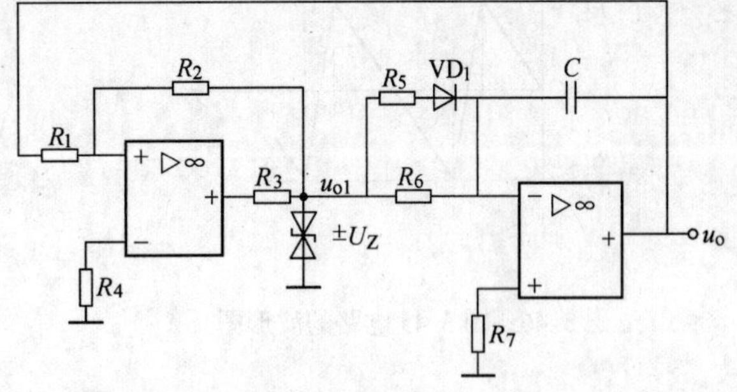

图 3-45　锯齿波发生器

图 3-45 中，积分器设有两条积分支路，当 u_{o1} 为 $+U_Z$ 时，通过 R_5、VD_1 和 R_6 并联支路向电容 C 充电使 u_o 迅速线性下降到负值，当 u_{o1} 为 $-U_Z$ 时，二极管 VD_1 承受反向电压截止，电容 C 只经 R_6 支路放电，使输出 u_o 按线性规律增长至正值。因 $R_6>R_5/\!/R_6$，适当选值 R_5 和 R_6 的阻值，使 $R_6>>R5/\!/R_6$，则输出 u_o 的锯齿波上升时间将远大于下降时间。图 3-46 所示为锯齿波发生器的波形图，图中 u_{o1} 是前级滞回比较器的输出电压，为矩形波。

参照前面三角波发生器的分析方法，可求图 3-45 所示电路中滞回比较器的两个阈值电压分别为 $+\frac{R_1}{R_2}U_Z$ 和 $-\frac{R_1}{R_2}U_Z$。可以证明，在忽略二极管 VD_1 的正向电阻时，锯齿波的周期为

$$T=T_1+T_2=2\frac{R_1R_6C}{R_2}+2\frac{R_1(R_5/\!/R_6)C}{R_2}=2\frac{R_1R_6C(2R_5+R_6)}{R_2(R_5+R_6)} \tag{3-38}$$

4. 集成运放使用时的保护措施

实际工作中的集成运放，有时会发生突然损坏或失效的现象，原因可能是输入信号过大，输出发生短路、过载等。为了安全可靠地工作，避免器件的损坏，需要在电路中采取一些保护措施。常用的保护方法有如下几种。

（1）输入限幅保护　运放的输入级会因为输入信号过大而损坏，这是造成运放损坏最重要的原因。如果在输入端并联两个反向二极管，就可以将输入信号的幅度限制在二极管的正

向导通压降的范围之内，从而达到保护的目的，如图 3-47a 所示。

（2）输出过电压限幅保护　如图 3-47b 所示的电路，当输出端有过电压出现时，总有一只稳压管导通，另一只反向击穿使输出电压限制在稳压管稳定电压范围之内。R 为限流电阻，当输出端出现过电流时，也可以起到一定的限流保护作用。不少运放，如 μA741、F007 等，其内部已设置了过电流保护电路，就不需要外部过电流保护了。

（3）电源极性保护　当供电电源的极性接反时，可能会损坏集成运放。利用二极管的单向导电性可以防止由于电源极性接反而造成运放损坏。由图 3-47c 可知，当电源极性错接成上负下正时，两二极管均截止，相当于电源断路，从而起到了保护作用。

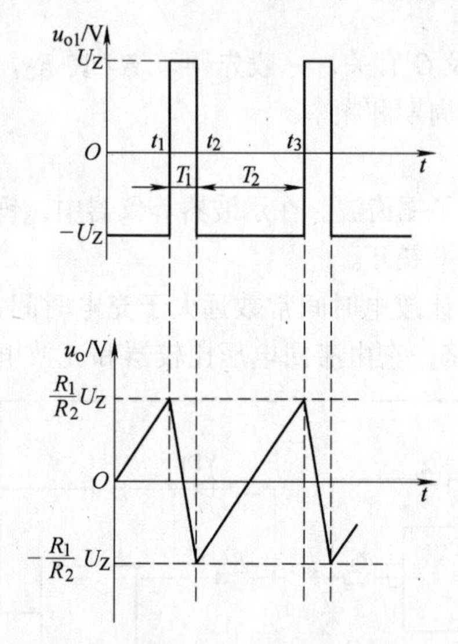

图 3-46　图 3-45 电路的波形图

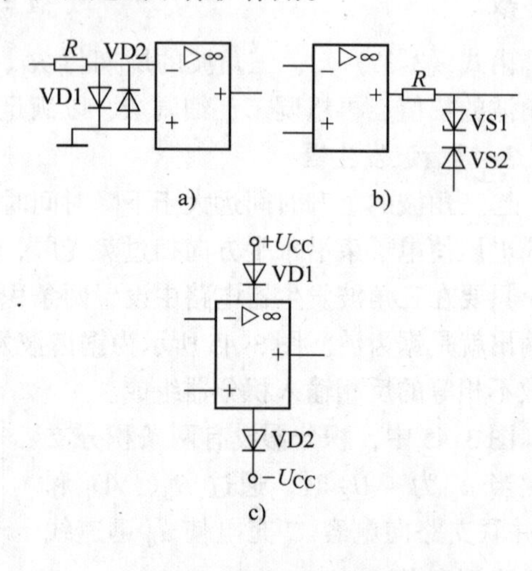

图 3-47　集成运放的保护电路
a）输入限幅保护　b）输出限幅保护
c）电源极性保护

本章小结

1. 集成运算放大器是采用集成化工艺制作的、高放大倍数的、多级直接耦合的直流放大器。一般由输入级、中间级、输出级和偏置电路四个部分组成。它是模拟集成电路的典型产品之一，应用最为广泛。

2. 为了正确地选择和使用集成运放，应该理解其参数的意义。

3. 理想运算放大器的开环差模电压放大倍数 $A_{od}=\infty$，输入电阻 $r_i=\infty$，输出电阻 $r_o=0$。由此可以推导出“虚短”和“虚断”两个重要概念，要特别注意领会和应用。

4. 把实际运放看作理想运放，可以使电路的分析大为简化，误差不大，在实践中是可行的。

5. 运算放大器有反相输入、同相输入和差动输入三种基本输入方式。分为线性应用与非线性应用两大类型。

6. 线性应用时，集成运放工作在线性放大状态，集成运算电路通常接成负反馈形式。典型应用有比例运算、加减法运算及微积分运算等。在分析这些运算电路的输入、输出关系时，往往要用到虚短、虚断、虚地的重要概念。

比例运算电路是最基本的运算电路，有同相输入和反相输入之分，在此基础上可以演变、扩展成其他运算电路。在加减电路中，反相输入加法运算电路应用较为广泛。

将反相比例电路中反馈支路或输入回路的电阻换成电容，就可以构成反相积分电路或微分电路，以积分电路的应用较为广泛。

7. 非线性应用时，集成运放工作在非线性放大状态，集成运算电路通常处于开环或正反馈形式。典型应用有各种电压比较器、方波发生器、矩形波发生器、三角波发生器、锯齿波发生器等。在分析这些电路的输入、输出关系时，虚断的概念仍然适用，虚短及虚地的概念一般不再适用，仅在判断临界情况时才能用。

电压比较器的输入电压是模拟量，输出电压只有高电平或低电平两种稳定状态。过零比较器和非过零比较器只有一个阈值电压，抗干扰能力差。滞回比较器和窗口比较器有两个阈值电压，抗干扰能力强。

波形发生器通常由比较器、反馈网络和积分电路等组成。方波与矩形波发生器、三角波与锯齿波发生器之间的主要差别是，前者积分电路的充、放电时间常数相等，后者是不相等的。

8. 为了使集成运放能安全可靠地工作，需要给运放设置输入限幅保护，输出限幅及过电流保护，电源极性保护等保护电路。

习 题 三

1. 集成运放主要由哪几部分组成？对各组成部分的要求是什么？

2. 集成运放是具有什么特点的多级直接耦合放大电路？

3. 什么叫“虚短”、“虚断”和“虚地”？在三种基本输入方式中，哪种方式有“虚地”？哪种方式没有“虚地”？

4. 集成运放线性应用的必要条件是什么？非线性应用的必要条件是什么？

5. 已知某集成运放的开环差模电压放大倍数为 80dB，其最大输出电压 $U_{omax}=\pm 13V$。如果运放的同相端接地，信号从反相端加入，设 $u_i=0$ 时，$u_o=0$，试求：

（1）$u_i=0.6mV$，$u_o=?$

（2）$u_i=-1.3mV$，$u_o=?$

（3）$u_i=1.6mV$，$u_o=?$

（4）若输入失调电压 $U_{IO}=1.8mV$，问该运放能否进行正常放大，为什么？

6. 试求图 3-48 中两电路的 u_o 值，要求先写表达式，再计算，并写出电路名称。

7. 按下列要求分别设计比例运算电路。要求画出电路，标出各电阻值。

（1）电压放大倍数为 −6，输入电阻为 20kΩ；

（2）电压放大倍数为 +6，$u_i=0.3V$ 时，反馈电阻 R_f 中的电流等于 10mA。

8. 在图 3-10 所示的同相比例运算电路中，设集成运放的最大输出电压为 ±13V，电阻 $R_1=10k\Omega$，$R_f=39k\Omega$，$R=R_1 /\!/ R_f$，输入电压 $u_i=0.3V$，试求下列各种情况下输出电压 u_o 的数值。

（1）正常；

（2）电阻 R_1 因虚焊造成开路；

（3）电阻 R_f 因虚焊造成开路；

（4）电阻 R_f 被短路。

9. 图 3-49 是运放组成的电流放大器。光电池产生的十分微弱的电流 I_s 经过运放放大，

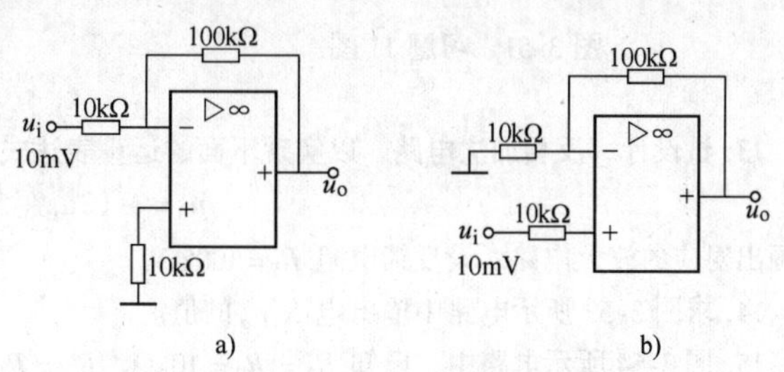

图 3-48　习题 6 图

就足以推动发光二极管发光。设 $I_s=0.1\text{mA}$，发光二极管已发光，试用虚断和虚短的概念求发光二极管的电流 I_L 值。图 3-49 中的 R_1 为负反馈电阻，R_2 为输出电流取样电阻。

10. 图 3-50a 为反相输入加法电路，图 3-50b 为输入信号 u_{i1} 和 u_{i2} 的波形。

(1) 写出 u_o 与 u_{i1}、u_{i2} 的关系式；

(2) 画出 u_o 的波形。

11. 运算放大器可以用作测量电压，图 3-51 为运算放大器构成的电压表，图中表头的满量程为 5V。针对 50V、5V 和 0.5V 三种不同的量程，电阻 R_1、R_2 和 R_3 应取多大？设反馈电阻 R_f 为 1MΩ。

12. 运算放大器可以用作测量电流，图 3-52 为运算放大器构成的电流表，图中电压表头的满量程为 5V。当测 5mA、0.5mA 和 50μA 的电流时 5V 电压表满量程，确定电阻 R_1、R_2 和 R_3 的值。

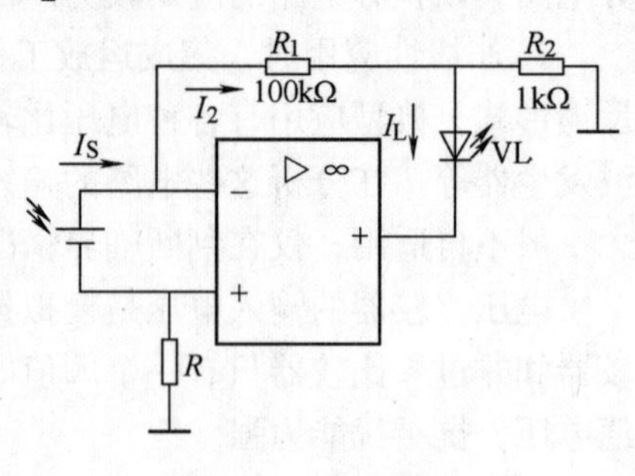

图 3-49　习题 9 图

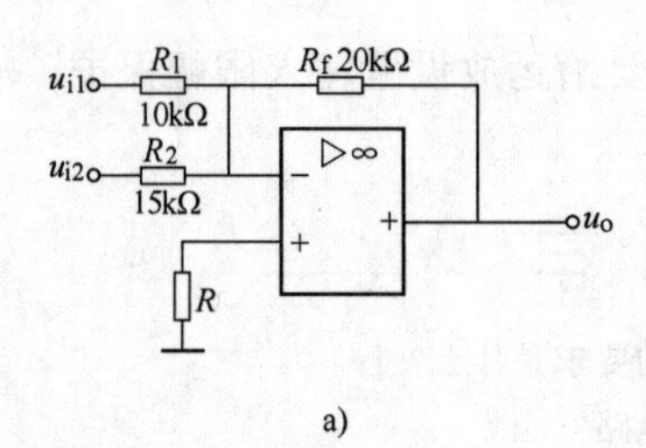

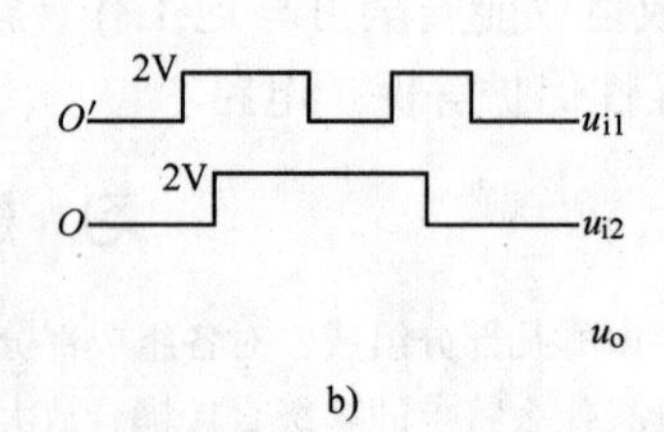

图 3-50　习题 10 图

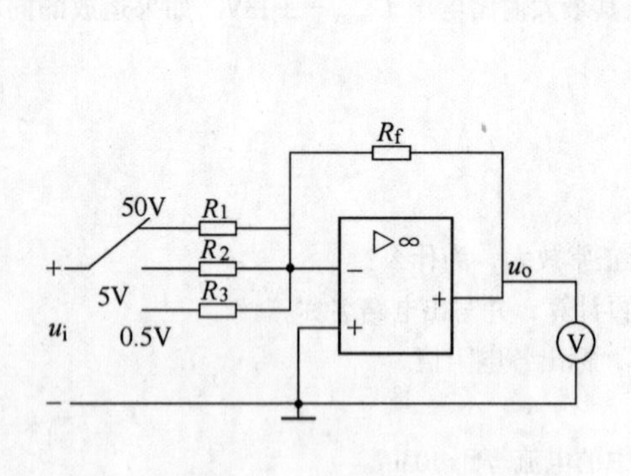

图 3-51　习题 11 图

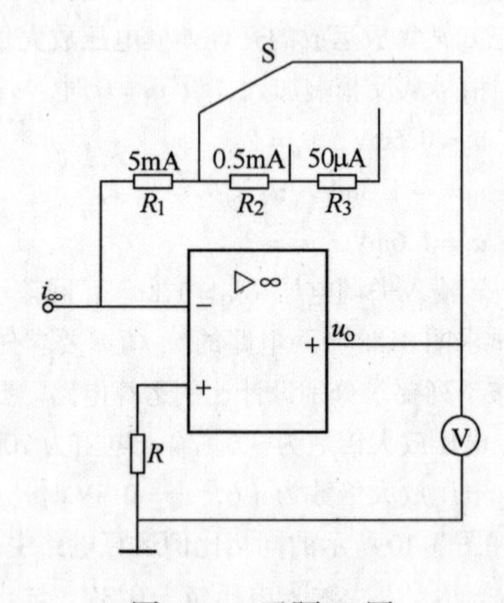

图 3-52　习题 12 图

13. 试设计一反相加法电路，以实现下面的运算表达式

$$u_o=-(2u_{i1}+5u_{i2})$$

并画出对应的放大电路。设反馈电阻 $R_f=100\text{k}\Omega$。

14. 求图 3-53 所示电路中输出电压 u_o 的值。

15. 图 3-54 所示电路中，已知 $R_1=R_2=10\text{k}\Omega$，$R'=R_f=20\text{k}\Omega$，$u_{i1}=10\text{mV}$，$u_{i2}=20\text{mV}$，试求输出电压 u_o。

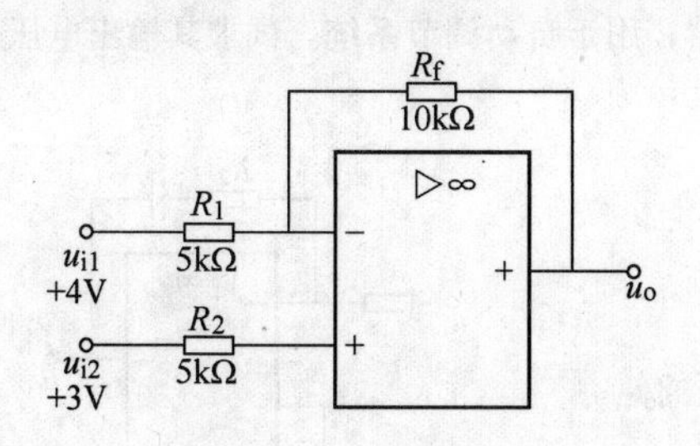

图 3-53　习题 14 图

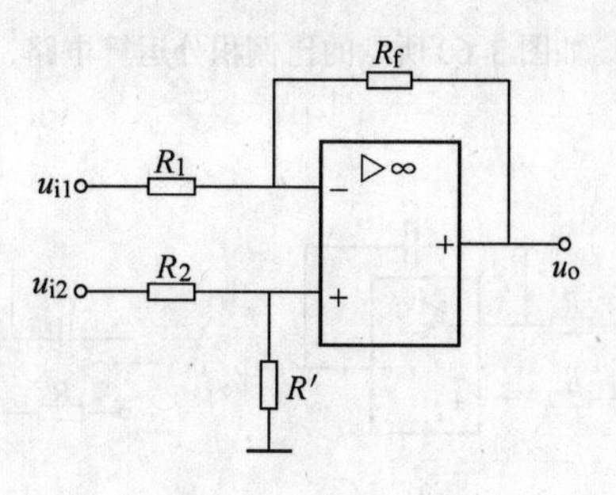

图 3-54　习题 15 图

16. 试求出图 3-55 所示电路中输出电压 u_o 的值。

17. 试写出图 3-56 所示电路中输出电压 u_o 与输入电压 u_i 的关系式。

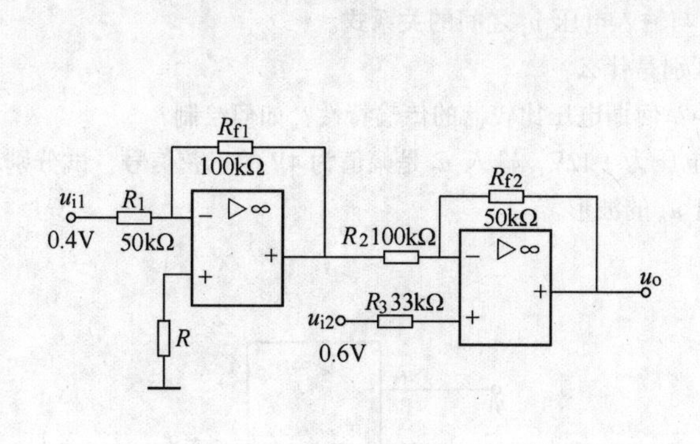

图 3-55　习题 16 图

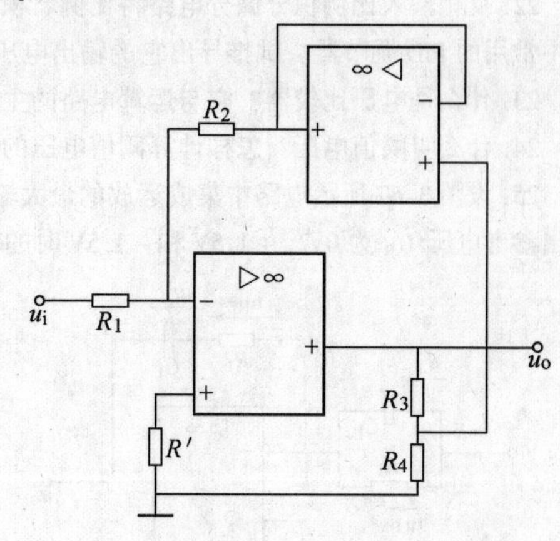

图 3-56　习题 17 图

18. 为了用低值电阻获得高电压放大倍数，常用一 T 形网络代替反馈电阻 R_f，如图 3-57 所示，试证明

$$u_o = -\frac{R_2 + R_3 + R_2\dfrac{R_3}{R_4}}{R_1}$$

19. 图 3-58a 为反相积分电路，图 3-58b 为输入电压 u_i 的波形图，当 $t=0$ 时，输出电压 $u_o=0$，试在图 3-58b 图上画出 u_o 的波形，并标明其幅度。

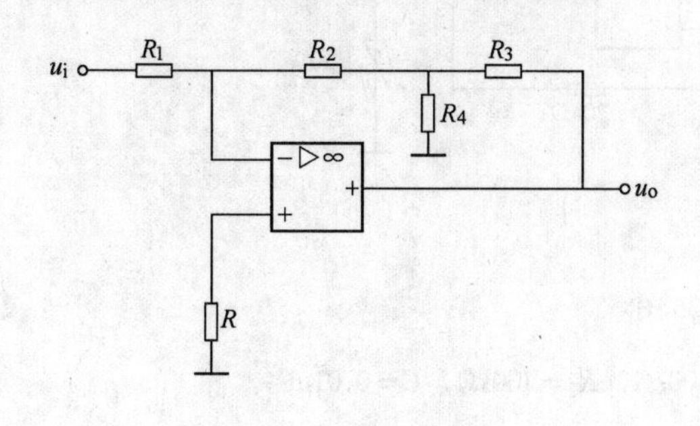

图 3-57　习题 18 图

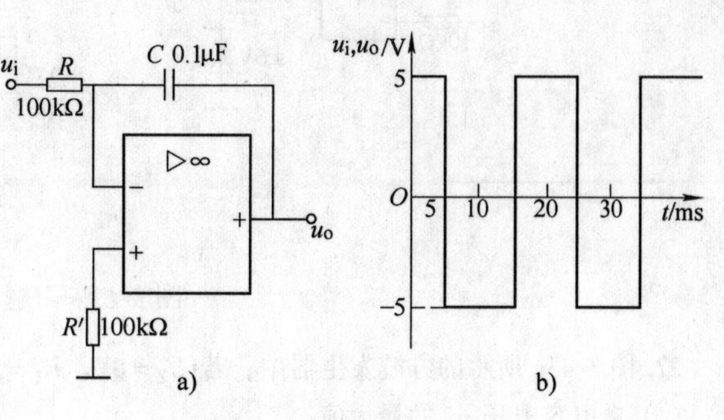

图 3-58　习题 19 图

20. 同相输入接法的积分和微分电路如图 3-59 所示，分析各自的 u_o 与 u_i 之间存在的运算关系，写出相应的表达式。

21. 如图 3-60 所示的比例积分运算电路，又称 PI 调节器，用于自动调节系统。试求其输出电压 u_o 的表达式。

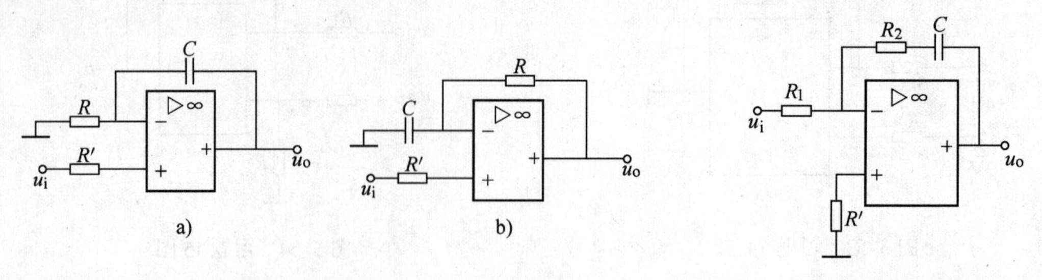

图 3-59　习题 20 图　　　　图 3-60　习题 21 图

22. 反相输入比例积分微分电路将比例、积分和微分运算组合在一起，如图 3-61 所示，是自动调节系统中常用的 PID 调节器。试推导出它的输出电压 u_o 与输入电压 u_i 之间的关系式。

23. 什么是电压比较器？它与运算电路的主要区别是什么？

24. 什么叫阈值电压？怎样计算阈值电压的大小？何谓电压比较器的传输特性？如何绘制？

25. 设图 3-62 所示电路中集成运放的最大输出电压为 ±12V，输入 u_i 是幅值为 4V 的正弦信号，试分别画出参考电压 U_R 为 0V、+1.5V 和 −1.5V 时的输出 u_o 的波形。

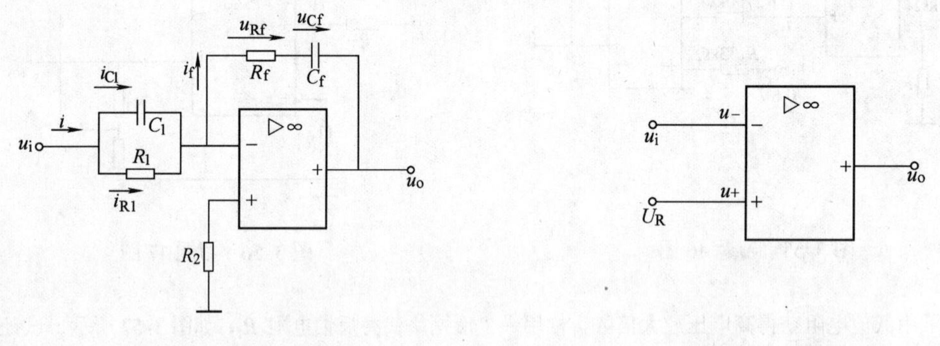

图 3-61　习题 22 图　　　　图 3-62　习题 25 图

26. 先分别求出图 3-63a、b 所示比较器的阈值电压，再画出各自的传输特性。

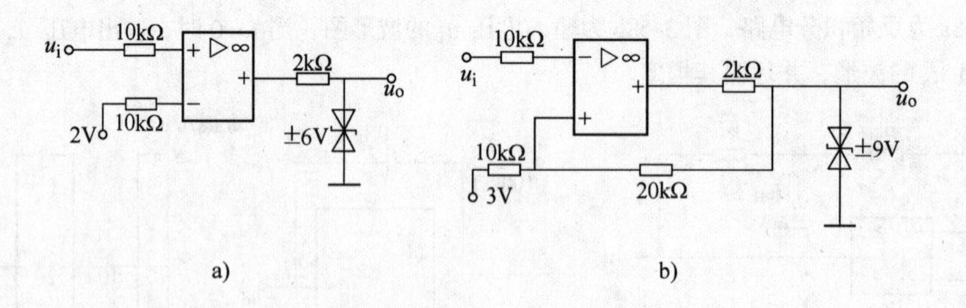

图 3-63　习题 26 图

27. 图 3-43a 所示的方波发生器中，若 $U_Z = 6V$，$R_1 = 500k\Omega$，$R_2 = 100k\Omega$，$C = 0.01\mu F$。

(1) 求电容电压 u_C 的最大值；

(2) 电阻 R 为何值时，输出方波的周期等于 0.001s。

28. 图 3-43a 所示的方波发生器中，除电阻 R_2 以外，其他参数都与习题 27 相同，则 R_2 的阻值为多大时，输出方波的频率 $f = \dfrac{1}{2RC}$？

29. 图 3-64 所示电路中，若电容 C 保持不变，则要使 u_o 的频率下降应该调节什么？怎样调？

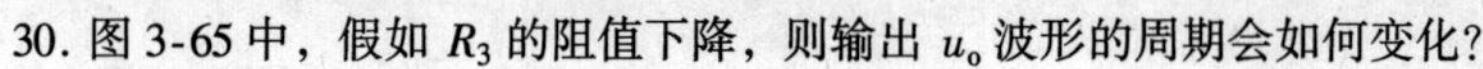

30. 图 3-65 中，假如 R_3 的阻值下降，则输出 u_o 波形的周期会如何变化？

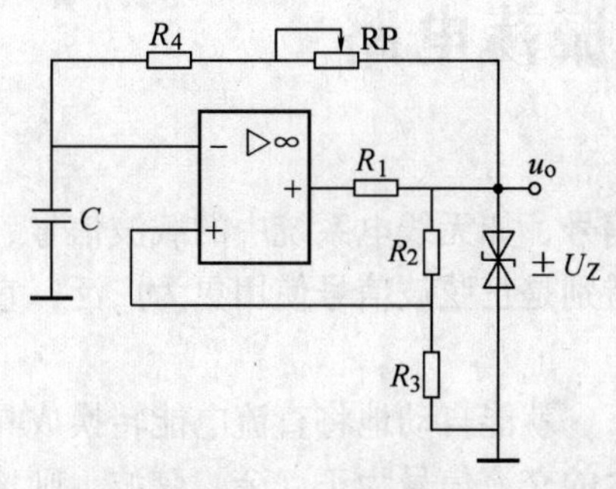

图 3-64　习题 29 图

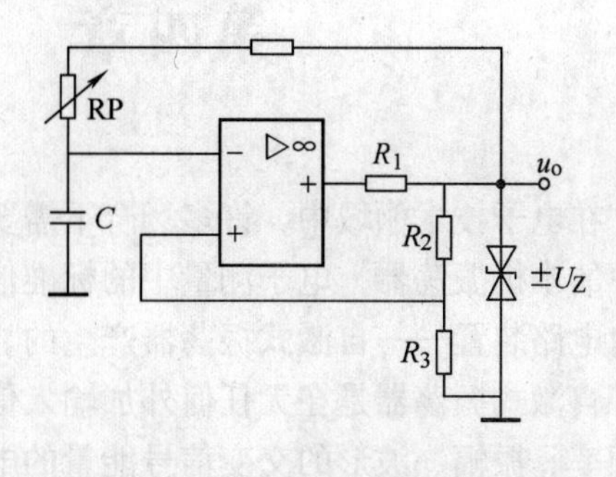

图 3-65　习题 30 图

31. 图 3-44a 所示三角波发生器，输出三角波的频率与电路中哪些元件的参数有关？实际操作中是如何调节三角波的频率的？

32. 采用什么措施可以将三角波发生器改变成锯齿波发生器？

第四章　正弦波振荡电路

在电子技术领域中，许多场合下需要使用交变信号，如无线电系统中的载波信号、接收机中的本机振荡器，电子测量中的标准信号源等，特别是正弦波信号使用更为广泛，它一般是由电路装置——自激式振荡器产生的。

自激式振荡器是在无任何外加输入信号的情况下，就能自动地将直流电能转换成具有一定频率、振幅、波形的交变信号能量的电路。若产生的交流信号为正（余）弦波，则称为正弦波振荡器。振荡器的种类很多，按信号的波形来分，可分为正弦波振荡器和非正弦波振荡器。常见的非正弦波形有：方波、矩形波、锯齿波等。

在正弦波振荡器中，按构成选频网络的元件不同可分为 *LC* 振荡器、石英晶体振荡器、*RC* 振荡器等。本章重点讨论自激式正弦波振荡器的组成、振荡条件及 *LC* 振荡器、三点式振荡器、*RC* 振荡器等三种振荡器的电路结构和基本工作原理。

第一节　自激式振荡器的基本工作原理

一、自激振荡现象

我们常见到这样情况，当有人把他所使用的传声器靠近扬声器时，会引起一种刺耳的哨叫声，该现象如图 4-1 所示。

这种现象，是由于当传声器靠近扬声器时，来自扬声器的声波激励传声器，传声器感应电压并输入放大器，然后扬声器又把放大了的声音再送回传声器，形成正反馈。如此反复循环，就形成了声电和电声的自激振荡哨声。显然，自激振荡是扩音系统所不希望的，它会把有用的广播信号“淹没”掉。这时，通过减低对传声器的输入，或者把放大器音量调小，或者移动传声器使之偏离声波的来向，就可以把哨叫现象抑制掉。

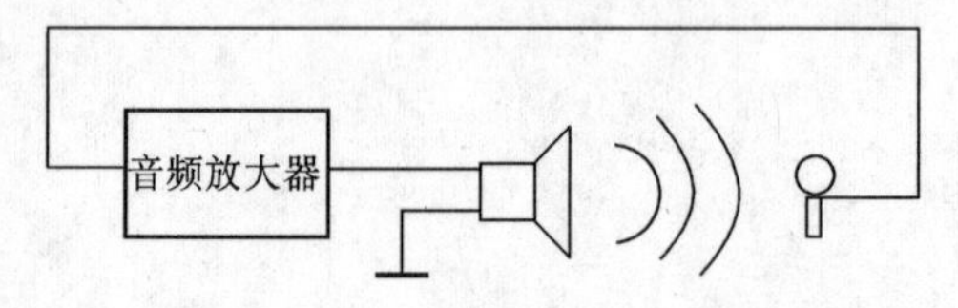

图 4-1　扩音系统中的电声振荡

许多有用的振荡电路，也是采用上述的正反馈自激振荡原理工作的，下面将作进一步的分析。

二、产生正弦波自激振荡的条件

图 4-2 为正反馈放大电路的框图，在无外加输入信号时就成为图 4-3 所示的自激振荡器框图。图中，通常取输入信号 $\dot{X}_i = \dot{U}_i$，反馈信号 $\dot{X}_f = \dot{U}_f$，净输入信号 $\dot{X}'_i = \dot{U}'_i$。

在电路进入稳定状态后，要求反馈信号 $\dot{U}_f$ 等于原净输入信号 $\dot{U}'_i$。此时，$\dot{U}_f = \dot{U}'_i$，由图 4-3 得 $\dot{U}_f = \dot{U}'_i\dot{A}\dot{F}$，因此自激振荡形成的条件就是

$$\dot{A}\dot{F} = 1 \tag{4-1}$$

由于 $\dot{A}\dot{F}=A\angle\varphi_a\cdot F\angle\varphi_f=AF\angle\varphi_a+\varphi_f$，所以 $\dot{A}\dot{F}=1$ 便可分解为幅值和幅角（相位）两个条件。

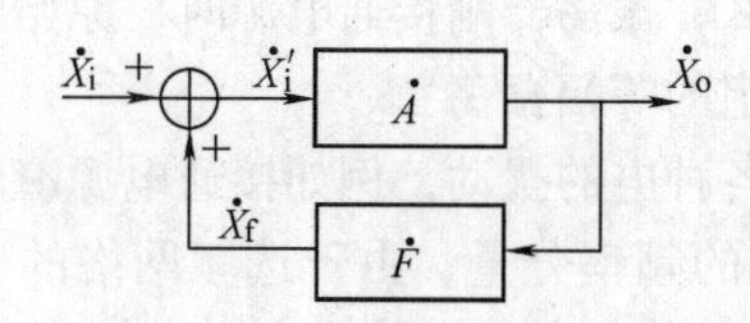

图 4-2　正反馈放大器框图

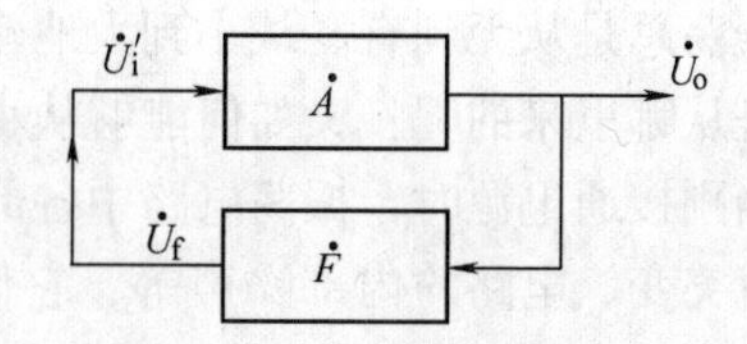

图 4-3　自激振荡器框图

1. 相位平衡条件

$$\varphi_a+\varphi_f=n\times2\pi\qquad(n=0,\ 1,\ 2,\ 3\cdots)\tag{4-2}$$

相位平衡条件的意义是指，如果断开反馈信号至放大器输入端的连线，在放大器的输入端加一个信号 $\dot{U}_i$，则经过放大和反馈后，得到的反馈信号 $\dot{U}_f$ 必须和 $\dot{U}'_i$ 同相，这就是正反馈的要求。

2. 振幅平衡条件

$$|\dot{A}\dot{F}|=1\tag{4-3}$$

振幅平衡条件的意义是指，频率为 f_0 的正弦波信号，沿 $\dot{A}$ 和 $\dot{F}$ 环绕一周以后，得到的反馈信号 $\dot{U}_f$ 的大小正好等于原输入信号 $\dot{U}'_i$。由于当 $|\dot{A}\dot{F}|<1$ 时，$U_f<\dot{U}'_i$，沿 $\dot{A}$ 和 $\dot{F}$ 每环绕一周，信号的幅值都要削弱一些，结果信号幅值越来越小，最终导致停止振荡。因此，要求振荡刚开始时（称为起振）$|\dot{A}\dot{F}|>1$，使得频率为 f_0 的信号幅度逐渐增大，当信号的幅度达到要求后，再利用半导体器件的非线性或者负反馈的作用，使得满足 $|\dot{A}\dot{F}|=1$ 的条件，从而把振荡电压的幅值稳定下来（称为稳幅）。

自激振荡两个条件中，关键是相位平衡条件，如果电路不能满足正反馈要求，则肯定不会振荡。至于幅值条件，可以在满足相位条件后，调节电路的参数来达到。判断相位条件，通常采用“瞬时极性法”，即断开反馈信号至放大电路输入端间的连线，施加一个对地瞬时极性为正的信号 $\dot{U}_i$ 于放大电路的输入端，并记作“(＋)”，经放大和反馈后（包括选频网络作用），若在频率从 0 到 ∞ 的范围内存在某一频率为 f_0 的反馈信号 $\dot{U}_f$，它的瞬时极性与 $\dot{U}_i$ 一致，即也是“（＋)”，则认定该电路满足正反馈的相位条件。后面的具体电路，就按此分析。

三、自激式振荡器的组成

从振荡条件的组成框图及分析中，我们了解到，一个自激式振荡器由以下几部分组成：

①基本放大电路——作用是对反馈信号进行放大；

②选频网络——作用是获得单一确定的振荡频率；

③反馈网络——作用是将输出回路中的能量取出一部分加到基本放大器的输入端；

④为了使振荡的输出稳定，在电路中，有的还含有稳幅环节。

通常，选频网络由 *RC* 电路构成的称为 *RC* 正弦波振荡器；选频网络由 *LC* 电路构成的称为 *LC* 正弦波振荡器。

四、振荡的建立过程

振荡总是从无到有、从小到大地建立起来的。那么，振荡器刚接通电源时，原始的输入电压是从哪里来的呢？又如何能够从小到大建立起稳定的等幅振荡？

当刚接通电源时，振荡电路中各部分总是会存在各种电的扰动，例如接通电源瞬间引起的电流突变、电路的内部噪声等，它们包含了非常多的频率分量，由于选频网络的选频作用，只有频率等于振荡频率 f_0 的分量才能被送到反馈网络，其他频率分量均被选频网络所滤除。通过反馈网络送到放大器输入端的频率为 f_0 的信号，就是原始的输入电压。该输入电压被放大器放大后，再经选频网络和反馈网络，得到的反馈电压又被送到放大器的输入端。由于满足振荡的相位平衡条件和起振条件，因此该输入电压（即反馈电压）与原输入电压相位相同，振幅更大。这样，经放大、选频和反馈的反复循环，振荡电压振幅就会不断增大。

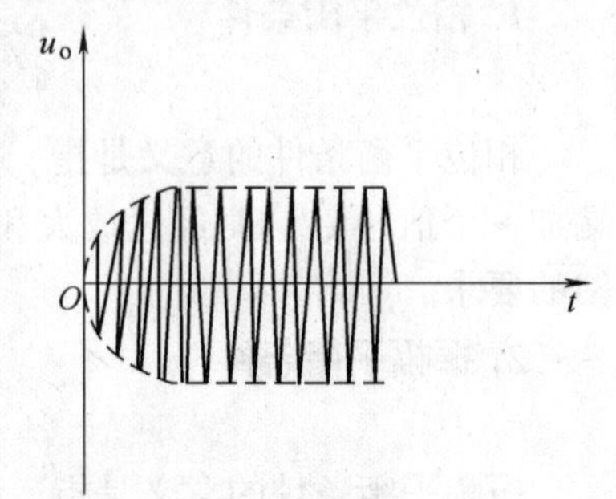

图 4-4　振荡的建立过程

随着振幅的增大，放大管进入大信号的工作状态。当振幅增大到一定程度后，由于稳幅环节的作用，放大倍数的模 A 将下降（反馈系数的模 F 一般为常数），于是环路增益 AF 逐渐减小，输出振幅 U_{om} 的增大变缓，直至 AF 下降到 1 时，反馈电压振幅与原输入电压振幅相同，电路达到平衡状态，于是振荡器就输出频率为 f_0、且具有一定振幅的等幅振荡电压。图 4-4 画出了正弦振荡的建立过程中输出电压 u_o 的波形。这样，一个微弱的电扰动就能使振荡器建立起自激振荡。

第二节　*RC* 正弦波振荡器

RC 正弦波振荡器分为 *RC* 串、并联电路式（桥式），移相式和双 T 电路等类型，这里重点讨论 *RC* 串、并联电路式振荡器。

一、*RC* 串、并联电路的选频特性

图 4-5 所示电路由 R_1 与 C_1 的串联组合和 R_2 与 C_2 的并联组合串联而成，它在 *RC* 正弦波振荡器中一般既是反馈网络又是选频网络。

在图 4-5 中，R_1 与 C_1 的串联阻抗 $Z_1 = R_1 + 1/(\mathrm{j}\omega C_1)$，$R_2$ 与 C_2 的并联阻抗 $Z_2 = R_2 /\!/ (1/\mathrm{j}\omega C_2) = R_2/(1+\mathrm{j}\omega R_2 C_2)$，而电路输出电压 $\dot{U}_f$ 与输入电压 $\dot{U}_o$ 的关系为

$$\dot{F} = \frac{\dot{U}_f}{\dot{U}_o} = \frac{Z_2}{Z_1 + Z_2} = \frac{R_2/(1+\mathrm{j}\omega R_2 C_2)}{R_1 + (1/\mathrm{j}\omega C_1) + R_2/(1+\mathrm{j}\omega R_2 C_2)}$$

$$= \frac{1}{(1 + C_2/C_1 + R_1/R_2) + \mathrm{j}(\omega R_1 C_2 - 1/\omega C_1 R_2)}$$

通常取 $R_1 = R_2 = R$，$C_1 = C_2 = C$，于是

$$\dot{F} = \frac{1}{3 + \mathrm{j}(\omega/\omega_0 - \omega_0/\omega)} \tag{4-4}$$

式中，$\omega_0 = 1/RC$ 是电路的特征角频率，$\dot{F}$ 的幅频特性为

$$|\dot{F}| = \frac{1}{\sqrt{3^2 + (\omega/\omega_0 - \omega_0/\omega)^2}} \tag{4-5}$$

相频特性为

$$\varphi_F = -\arctan\frac{\omega/\omega_0 - \omega_0/\omega}{3} \tag{4-6}$$

根据式（4-5）和式（4-6）画出 $\dot{F}$ 的频率特性如图4-6所示。可见，当 $\omega = \omega_0 = 1/RC$ 时，$|\dot{F}|$ 达到最大，其值为 $\frac{1}{3}$；而当 ω 偏离 ω_0 时，$|\dot{F}|$ 急剧下降。因此，RC 串联电路具有选频特性。另外，当 $\omega = \omega_0$ 时，$\varphi_F = 0°$，电路呈现纯阻性，即 $\dot{U}_f$ 与 $\dot{U}_o$ 同相。利用 RC 串、并联电路的幅频特性和相频特性在 $\omega = \omega_0$ 时的特点，既可把它作为选频网络，又可作为反馈网络。

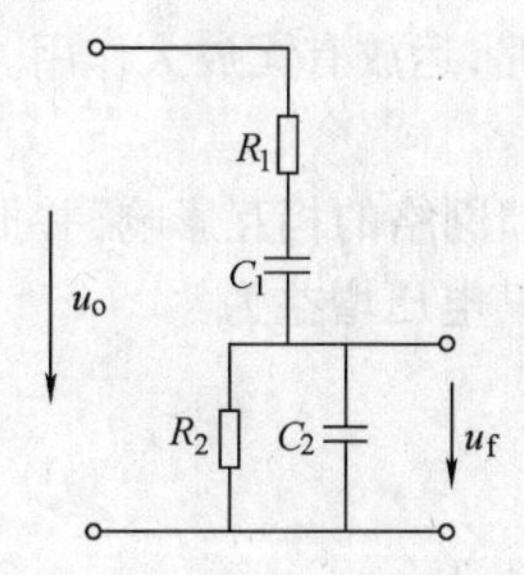

图4-5　RC 串、并联电路

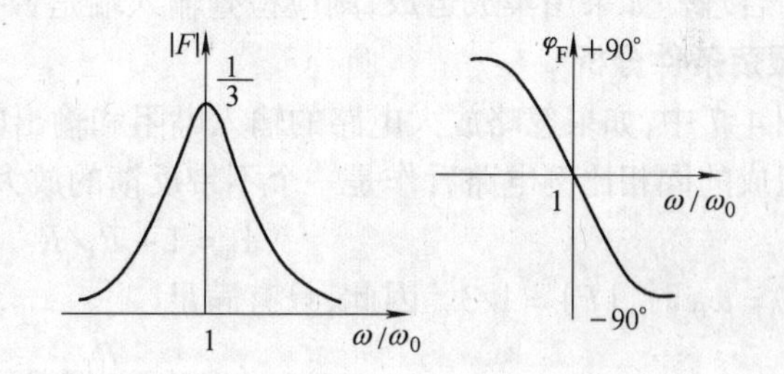

图4-6　RC 串、并联电路的频率特性

二、RC 桥式振荡器

由图4-6可知，若用 RC 串、并联电路作为振荡器的反馈网络，组成 RC 正弦波振荡器，则要求在 $\omega = \omega_0$ 时，放大电路的输出与输入同相，即 $\varphi_A = 0°$，这样才能满足相位平衡条件。同时，要求放大电路的放大倍数略大于3，以满足起振条件 $|\dot{A}\dot{F}| > 1$（因为在 $\omega = \omega_0$ 时，$|\dot{F}| = 1/3$）。在振荡器中还应加入稳幅环节，使幅值平衡条件得以满足。图4-7即为采用 RC 串、并联电路的正弦波振荡器。

下面结合图4-7介绍分析 RC 振荡器的步骤和方法。

1. 电路结构分析

即检查电路是否包括放大电路、反馈电路和选频网络三部分。图4-7中，集成运放和电阻 R_f、R' 共同组成同相比例放大电路，其中通过 R_f、R' 为集成运放引入一个负反馈，其反馈电压为 $\dot{U}_{f(-)}$。但是，这个反馈网络并没有选频作用。RC 串、并联电路为集成运放引入另一个反馈，其反馈电压为 $\dot{U}_{f(+)}$，这个电路既是反馈网络，又是选频网络。

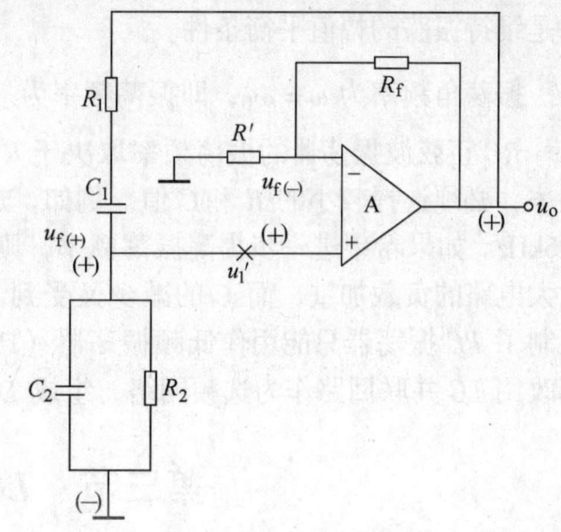

图4-7　采用 RC 串、并联电路的正弦波振荡器

2. 反馈网络

我们可以把带负反馈的集成运放看成是 $A_u = 1 + R_f/R'$ 的一个不带反馈的放大电路。因此，主要是分析由 $\dot{U}_{f(+)}$ 引入的反馈极性。如果是正反馈，则能满足产生自激振荡的相位平衡条件，反之则不能。为此，可采用判断反馈极性的方法。例如，可以假定断开 $\dot{U}_{f+}$ 到集成运放同相输入端的连线，并在断开处加一假想的输入信号 $\dot{U}'_i$。然后，通过标注瞬时极性的方法，判断 $\dot{U}_{f(+)}$ 与 $\dot{U}'_i$ 的相位关系。实际上，在图 4-7 中不难直接看出，由于集成运放是同相输入，$\dot{U}_o$ 与 $\dot{U}'_i$ 相同。又根据 *RC* 串、并联电路的频率特性，在某一 $\omega = \omega_0$ 时，从 $\dot{U}_o$ 到 $\dot{U}_{f(+)}$ 也是同相，因此，$\dot{U}_{f(+)}$ 与假想的输入信号 $\dot{U}'_i$ 同相。电路满足产生振荡的相位平衡条件（$\varphi_A = 0°, \varphi_F = 0°, \varphi_{AF} = \varphi_A + \varphi_F = 0°$）。

应该说明，为了产生振荡，电路必须同时满足相位平衡条件和幅值平衡条件。但是，我们在本章中往往首先检查电路是否满足相位平衡条件。

3. 基本放大电路分析

由相位条件可知，放大电路应为同相放大器。如果采用分立元件放大电路，应检查管子的静态是否合理。如果用集成运放，则应检查输入端是否有直流通路，运放有无放大作用。

4. 振荡条件分析

在图 4-7 中，如果忽略放大电路的输入电阻和输出电阻与反馈网络的相互影响，并把由集成运放组成的同相比例电路看作是一个不带反馈的放大电路，则其电压增益为

$$A_u = 1 + R_f/R' \tag{4-7}$$

当 $\omega = \omega_0$ 时，$|\dot{F}| = 1/3$。因此，只有满足

$$A_u = 1 + \frac{R_f}{R} > 3 \tag{4-8}$$

才能满足 $|\dot{A}\dot{F}| > 1$ 的起振条件。由此得出

$$R_f > 2R' \tag{4-9}$$

再从图 4-7 中的两个反馈看，在 $\omega = \omega_0$ 时，正反馈电压 $\dot{U}_{f(+)} = \dot{U}_o/3$，负反馈电压 $\dot{U}_{f(-)} = \dot{U}_o R'/(R' + R_f)$。显然，只有 $\dot{U}_{f(+)} > \dot{U}_{f(-)}$，才是正反馈，才能产生自激振荡。因此，必须有 $\dot{U}_o/3 > \dot{U}R'/(R' + R_f)$，或 $R_f > 2R'$。

式（4-9）就是图 4-7 的 *RC* 桥式振荡器的起振条件，而

$$R_f = 2R' \tag{4-10}$$

则是维持振荡的幅值平衡条件。

振荡角频率为 $\omega = \omega_0$，即振荡频率为

$$f_0 = \frac{1}{2\pi RC} \tag{4-11}$$

RC 正弦波振荡器的振荡频率取决于 *R* 和 *C* 数值，见式（4-11）。要想得到较高的振荡频率，必须选择较小的 *R* 和 *C* 值。例如，选 $R = 1\text{k}\Omega$，$C = 200\text{pF}$，由式（4-11）可求得 $f_0 = 796\text{kHz}$。如果希望进一步提高振荡频率，则势必要再减少 *R* 和 *C* 值。但是，*R* 的减小将使放大电路的负载加重，而 *C* 的减少又受到晶体管结电容和线路分布电容的限制，这些因素限制了 *RC* 振荡器只能用作低频振荡器（1Hz ~ 1MHz）。一般在要求振荡频率高于 1MHz 时，都改用 *LC* 并联回路作为选频网络，组成 *LC* 正弦波振荡器。

第三节　*LC* 正弦波振荡器

选频网络采用 *LC* 谐振回路的反馈式正弦波振荡器，称为 *LC* 正弦波振荡器，简称 *LC*

振荡器。*LC* 振荡器中的有源器件可以是晶体管、场效应晶体管，也可以是集成电路。由于 *LC* 振荡器产生的正弦信号的频率较高（几十千赫到 1000MHz 左右），而普通集成运放的频带较窄，高速集成运放的价格又较贵，所以 *LC* 振荡器常由分立元件组成。

首先来讨论一下 *LC* 并联谐振特性。

一、*LC* 并联谐振特性

让我们回顾一下电工原理中关于并联谐振电路的讨论。图 4-8 的谐振放大器的输出端交流等效电路可以画成图 4-9 的形式，该并联回路 *AB* 端的阻抗 *Z* 可写成

$$Z=\frac{(R+\mathrm{j}\omega L)\left(\frac{1}{\mathrm{j}\omega C}\right)}{R+\mathrm{j}\left(\omega L-\frac{1}{\omega C}\right)} \tag{4-12}$$

通常 *LC* 电路中 $\omega L >> R$，故上式可简化为

$$Z=\frac{\frac{L}{C}}{R+\mathrm{j}\left(\omega L-\frac{1}{\omega C}\right)} \tag{4-13}$$

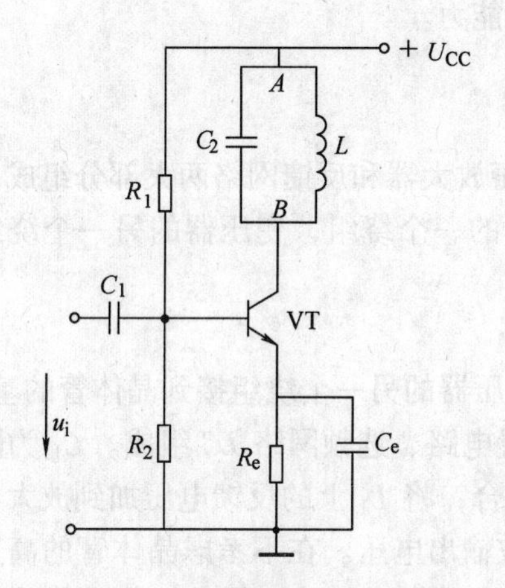

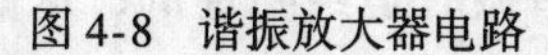

图 4-8　谐振放大器电路

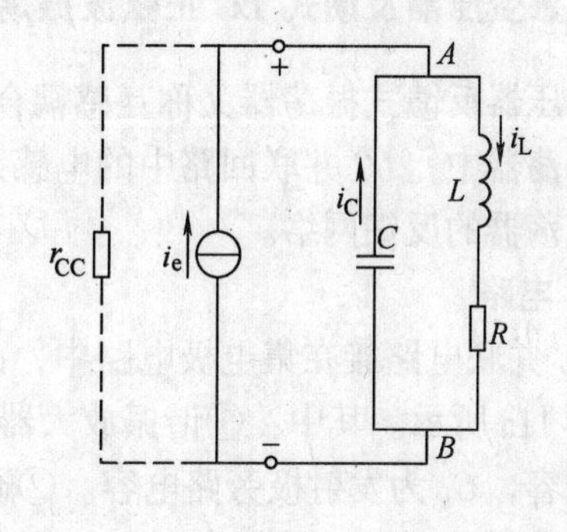

图 4-9　*LC* 并联谐振选频网络

1. 谐振频率

阻抗的虚部为零时，电流与电压同相，称为并联谐振，令并联谐振的角频率为 ω_0，则由式（4-13）可得

$$f_0\approx\frac{1}{2\pi\sqrt{LC}}\quad（LC\ 回路的品质因数\ Q\ 值较大时）\tag{4-14}$$

2. 并联谐振阻抗 Z_0

并联谐振时，图 4-8 *A*、*B* 端的阻抗，称为谐振阻抗，用 Z_0 表示。在式（4-13）中角频率 ω 用 ω_0 取代，可得

$$Z_0=\frac{\frac{L}{C}}{R+\mathrm{j}\left(\omega_0 L-\frac{1}{\omega_0 C}\right)}=\frac{L}{RC} \tag{4-15}$$

可见，谐振时回路的等效阻抗最大，且为纯电阻性质。

3. *LC* 并联谐振回路的选频特性

由 *LC* 并联回路的阻抗表达式（4-13）可以看出，阻抗 Z 是频率 f 的函数，图 4-10a 和 b 为回路的幅频特性和相频特性。画幅频特性的条件是电流源 $\dot{I}_0$ 为常数，但其频率 f 是可变的，电压 $\dot{U}=\dot{U}_{AB}=\dot{I}_0 Z$，作图时外加信号频率由低到高变化。

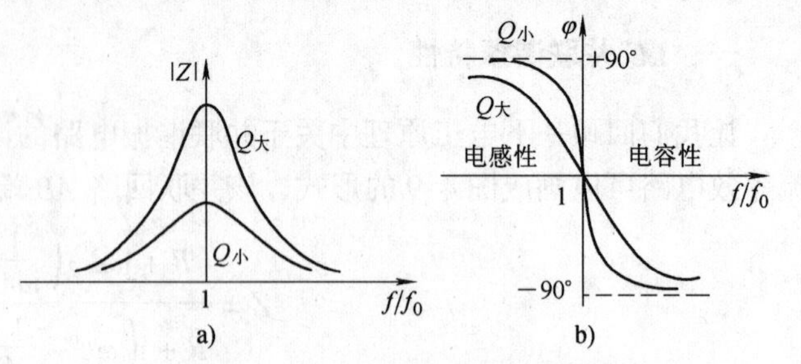

图 4-10　*LC* 并谐振电路的频率特性
a）幅频特性　b）相频特性

当频率较低时，回路阻抗 Z 呈电感性；当发生谐振时（即 $f=f_0$），回路阻抗 Z 最大，且为纯电阻；当频率较高时，回路阻抗 Z 呈电容性。

从图 4-10a 的幅频特性可以看出，Q 值越大，谐振阻抗 Z_0 也越大；Q 值越大，谐振电压 U 不但越大而且随信号频率下降也越快（Q 大时的特性曲线比 Q 小时的特性曲线尖锐），如果把它作为选频放大器使用，其通频带就越窄，其选择信号的能力也就越强。因此，回路的品质因数 Q，标志着 *LC* 回路的选择性，即选择有用信号频率的能力。

二、变压器反馈式 *LC* 正弦波振荡器

变压器反馈式振荡器又称互感耦合振荡器。由谐振放大器和反馈网络两大部分组成。在这类振荡器中，*LC* 并联回路中的电感元件 L 是变压器的一个绕组，变压器的另一个绕组则作为振荡器的反馈网络。

1. 电路

LC 并联电路接在集电极电路中，而反馈信号由变压器的另一个绕组接到晶体管的基极，如图 4-11a 所示。其中：①谐振放大器由晶体管、偏置电路、选频网络 *LC* 组成。C_b 为隔直耦合电容，C_e 为发射极旁路电容。②通过 L_1L 互感耦合，将 L_1 上的反馈电压加到放大器输入端。③通过 L_2L 互感耦合，在负载 R_L 上得到正弦波输出电压。在不考虑晶体管的高频效应的情况下，交流通路如图 4-11b，由于 *LC* 并联电路在谐振时是纯阻性的，从晶体管的基极对地输入电压到集电极对地输出电压有一次反相，即 $\varphi_A=180°$。因此，为了满足相位平衡条件，必须要求 $\varphi_F=180°$。这样，与晶体管集电极相连的变压器绕组端Ⅰ和与基极相连的绕组端点Ⅲ必须互为异名端。在这一条件下，$\varphi_{AF}=\varphi_A+\varphi_F=2n\pi$，满足产生自激振荡的相位平衡条件。

LC 并联电路仍接在集电路中，反馈信号由变压器的另一个绕组接到晶体管的发射极，如图 4-12。由于在共基接法中，从发射极对地的输入电压到集电极对地的输出电压没有反相，即 $\varphi_A=0°$，因此，为了满足相位平衡条件，必须有 $\varphi_F=0°$。这样，与集电极相连的绕组端点Ⅰ和与射极相连的绕组端点Ⅲ必须互为同名端。在这一条件下，$\varphi_{AF}=\varphi_A+\varphi_F=2n\pi$，电路满足相位平衡条件。

2. 相位平衡条件的判断和振荡频率

（1）相位条件——正反馈的判断　由以上分析可知，构成变压器反馈式 *LC* 正弦波振荡器的一般规律是：根据放大电路的组态（是共射极还是共基极；如果是集成运放就要看反相

输入还是同相输入)，决定放大电路输出端（集电极）和输入端（基极或发射极）所连接的变压器绕组的端点应为异名端还是同名端。

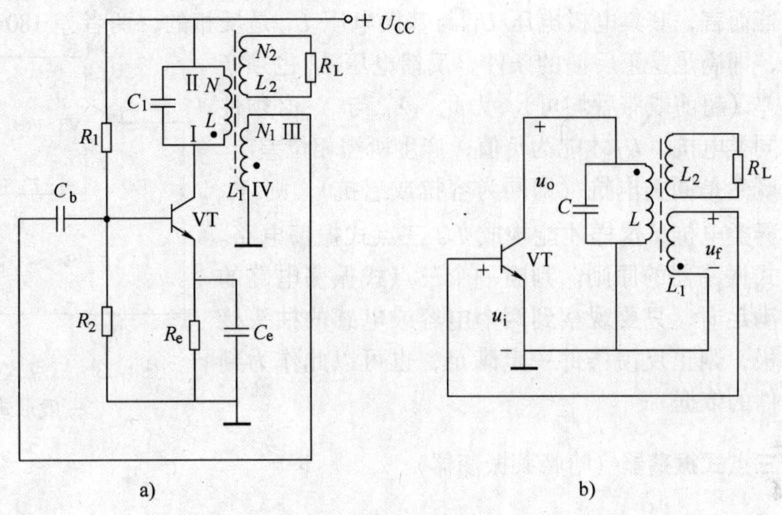

图 4-11　变压器反馈式振荡器（共射极接法）

a）电路　b）交流通路

(2) 振荡频率　若负载很小，LC 回路的 Q 值较高，则振荡频率近似等于回路并联谐振频率，即

$$f_0=\frac{1}{2\pi\sqrt{LC}} \tag{4-16}$$

对于以 f_0 为中心的通频带以外的其他频率分量，因回路失谐而被抑制掉。变压器反馈式振荡器的工作频率不宜过低或过高，一般应用于中、短波段（几十千赫到几十兆赫）。

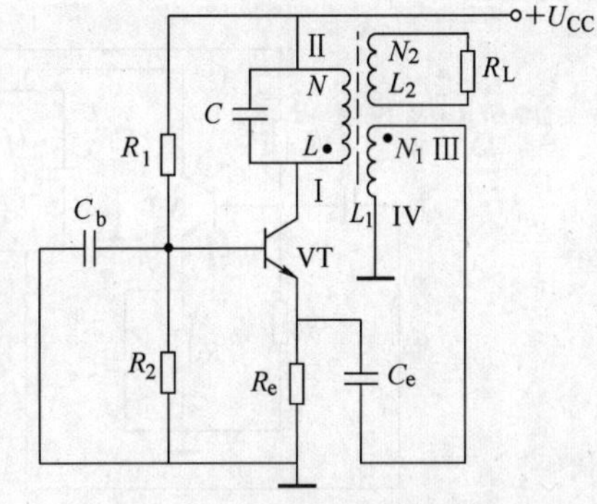

图 4-12　变压器反馈式振荡器（共基极接法）

3. 电路特点

变压器反馈式 LC 振荡电路利用变压器作为正反馈耦合元件，它的优点是便于实现阻抗匹配，因此振荡电路效率高、起振容易。但要注意变压器绕组的一次、二次间的极性同名端不可接错，否则成为负反馈，电路就不起振。

这种电路的另一优点是调频方便，只要将谐振电容换成一个可变电容器就可以满足调节 f_0 的要求，调频范围较宽。

第四节　三点式振荡电路

一、三点式振荡电路的组成原则

三点式振荡电路的一般形式如图 4-13 所示。图中，振荡管的三个电极分别与振荡回路

中的电容 C 或电感 L 的三个点相连接，三点式的名称即由此而来。X_{ce}、X_{be}、X_{cb}是振荡回路的三个电抗元件的电抗。

对于振荡器而言，其集电极电压 U_{ce}与基极电压 U_{be}是反相的，两者差 180°。为了满足相位平衡条件，即满足是正反馈的条件，反馈电压 U_f 也须产生 180°的相位差（超前或滞后均可）。为此，X_{be}与 X_{ce}必须性质相同，即为同类电抗，U_f 才能为负值，产生所需相位差。

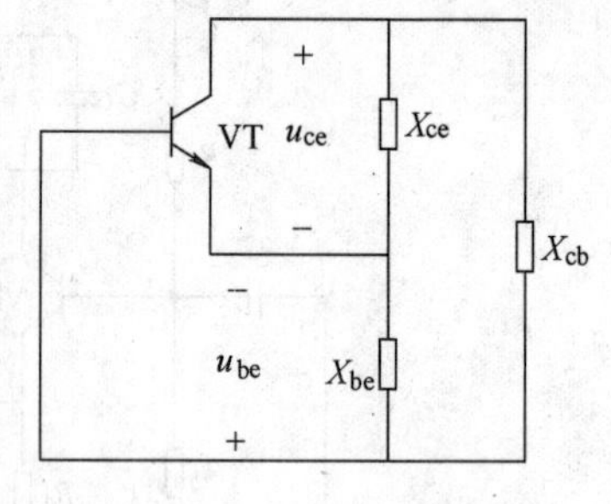

图 4-13　三点式振荡器的一般形式

X_{be}与 X_{ce}既然是同类电抗（即同为容抗或感抗），则 X_{cb}与 X_{ce}、X_{be}为异类电抗，这样才能构成 LC 三点式振荡电路。这是构成三点式振荡器的原则。判断一个三点式振荡电路的相位条件是否满足时，只要观察到两个电容或电感的抽头接晶体管的发射极，则正反馈条件一定满足，也可以此作为判断满足相位条件的依据。

二、电感三点式振荡器（哈特莱振荡器）

1. 电路结构

如图 4-14a 所示，振荡管为晶体管，R_{b1}、R_{b2}是它的偏置电阻；C_e 为交流旁路电容；C_1 为隔直耦合电容。L_1、L_2、C 组成选频回路。反馈信号从电感 L_2 两端取出送至输入端，所以叫电感反馈式振荡器。因电感的三个抽头分别接晶体管的三个电极，所以又称电感三点式振荡器。

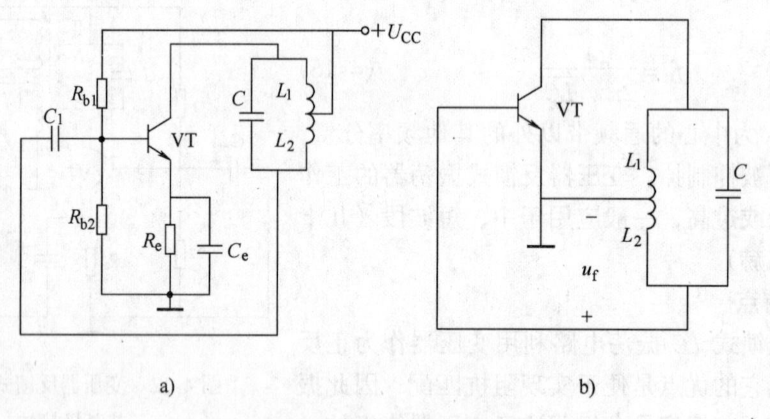

图 4-14　电感三点式振荡器

a）电路　b）交流通路

2. 相位平衡条件的判断和振荡频率

（1）相位平衡条件的判断　参见图 4-14b 与图 4-13，X_{cb}相当于 C，X_{be}相当于 L_2，X_{ce}相当于 L_1，故 X_{be}与 X_{ce}是同类电抗（即同为感抗），则 X_{cb}与 X_{be}、X_{ce}为异类电抗。满足三点式振荡器的组成原则，满足相位平衡条件。

（2）振荡频率　当不考虑分布参数的影响，且 Q 值较高时，振荡频率近似等于回路的谐振频率，即

$$f_0 = \frac{1}{2\pi\sqrt{LC}} \tag{4-17}$$

式中，$L=L_1+L_2+2M$（M 为L_1 和 L_2 间的互感，不考虑互感时 $M=0$）。

对于 f_0 以外的其他频率成分，因回路失谐被抑制掉。

3. 电感三点式振荡器的特点

1）振荡波形较差。由于反馈电压取自电感，而电感对高次谐波阻抗大，反馈信号较强，使输出量中谐波分量较大，所以波形同标准正弦波相比失真较大。

2）振荡频率较低。由电路结构可见，当考虑电路的分布参数时，晶体管的输入、输出电容并联在 L_1、L_2 两端，频率越高，回路 L、C 的容量要求越小，分布参数的影响也就愈严重，使振荡频率的稳定度大大降低而失去意义。因此，一般最高振荡频率只能达几十兆赫。

3）由于起振的相位条件和幅度条件很容易满足，所以容易起振。

4）调整方便。若将振荡回路中的电容选为可变电容，便可使振荡频率在较大的范围内连续可调。另外，若在线圈 L 中装上可调磁心，当磁心旋进时，电感量 L 增大，振荡频率下降；当磁心旋出时，电感量 L 减小，振荡频率升高，但电感量的变化很小，只能实现振荡频率的微调。

三、电容三点式振荡器（考毕兹振荡器）

1. 电路结构

如图 4-15a 所示，振荡管为晶体管，R_{b1}、R_{b2}和 R_e 构成稳定偏置电路结构；C_e 为交流旁路电容；C_3、C_4 为隔直耦合电容；LC 为扼流圈，防止交流分量通过电源短路；C_1、C_2 和 L 组成选频网络。反馈信号从电容 C_2 两端取出，送往输入端，故称电容反馈式振荡器。

2. 相位平衡条件的判断和振荡频率

（1）相位平衡条件的判断　参见图 4-15b。对交流而言，振荡回路中两个电容的三根引线分别接晶体管三个电极（电容三点式振荡器的名称正是缘于此处），且两个电容的中间抽头接振荡管的发射极。对照图 4-13，X_{cb}相当于 L，X_{be}相当于 C_2，X_{ce}相当于 C_1，故 X_{be}与 X_{ce}是同类电抗（即同为容抗），则 X_{cb}与 X_{be}、X_{ce}为异类电抗。满足三点式振荡器的组成原则，满足相位平衡条件。

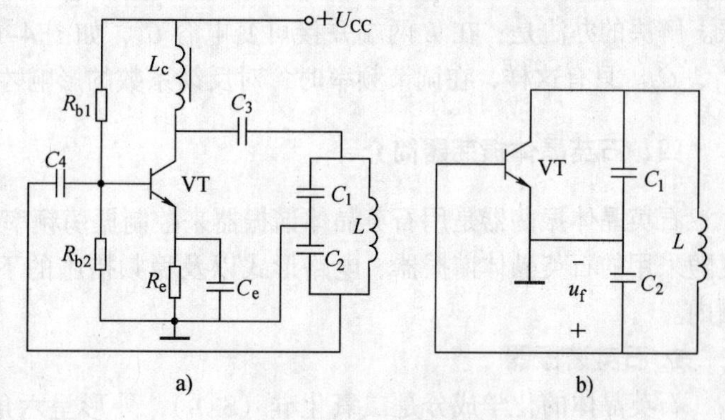

图 4-15　电容三点式振荡器

a）电路　b）交流通路

（2）振荡频率　当不考虑分布参数的影响，且 Q 值较高时，振荡频率近似等于回路的谐振频率，计算表达式与式（4-14）相同，即

$$f_0=\frac{1}{2\pi\sqrt{LC}} \tag{4-18}$$

式中，C 为L 两端的等效电容，当不考虑分布电容时，C 为 C_1、C_2 的串联等效电容，即

$$C = \frac{(C_1 + C_2)}{C_1 C_2} \tag{4-19}$$

对于 f_0 以外的其他频率成分，因回路失谐被抑制掉。

3. 电容三点式振荡器的特点

1）输出波形好。由于反馈信号取自电容两端，而电容对高次谐波阻抗小，相应地反馈量也小，所以输出量中谐波分量也较小，波形较好。

2）加大回路电容可提高振荡频率稳定度。由于晶体管不稳定的输入、输出电容 C_i 和 C_o 与谐振回路的电容 C_1、C_2 相并联，增大 C_1、C_2 的容量，可减小 C_i 和 C_o 对振荡频率稳定度的影响。

3）振荡频率较高。电容三点式振荡器可利用器件的输入、输出电容作为回路电容（甚至无须外接回路电容），可获得很高的振荡频率，一般可达几百兆赫甚至上千兆赫。

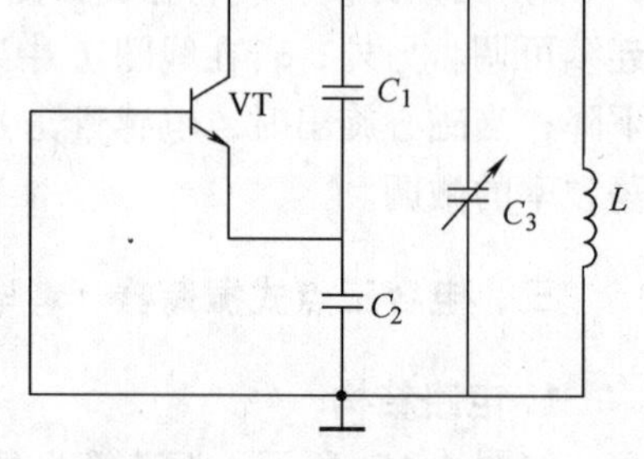

图 4-16　增加调整电容

4）调整频率不方便。若调节频率时，改变电感显然很不方便，一是频率高时，电感量小，一般采用空芯线圈，只能靠伸缩匝间距改变电感量，准确性太差；二是采用有抽头的电感，但也不能使振荡频率连续可调。若改变电容来调节振荡频率，则需同时改变 C_1、C_2 而保持其比值不变，否则反馈系数 $F = C_1/C_2$ 将发生变化，反馈信号的大小也会随之而变，甚至可能破坏起振条件，造成停振。解决的办法是：在 L 两端并接可变电容 C_3，如图 4-16 所示，容量大小要满足：$C_3 \ll C_1$、C_2。只有这样，在调节频率时，对反馈系数的影响才比较小。

四、石英晶体振荡器简介

石英晶体振荡器是用石英晶体谐振器来控制振荡频率的一种三点式振荡器，其频率稳定度随采用的石英晶体谐振器、电路形式以及稳频措施的不同而不同，一般在 $10^{-4} \sim 10^{-11}$ 范围内。

1. 石英谐振器

石英晶体的化学成分是二氧化硅（SiO_2），外形呈六角形锥体。石英晶体的导电性与晶体的晶格方向有关，按一定方位把石英晶体切成具有一定几何形状的石英片，两面敷上银层，焊出引线，装在支架上，再用外壳封装，就制成了石英谐振器，其电路符号如图 4-17 所示。

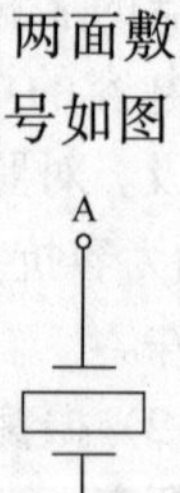

A

B

图 4-17　石英谐振器

（1）正反压电效应　当石英晶体两面加机械力时，晶片两面将产生电荷，电荷的多少基本上与机械力所引起的形变成正比，电荷的正负将取决于所加机械力是张力还是压力而异。由机械形变引起产生电荷的效应称为正压电效应，交变电场引起石英晶体发生机械形变（压缩或伸展）的效应称为反压电效应。实验证明，当石英晶体外加不同频率的交变信号时，其机械形变的大小也不相同，当外加交变信号为某一频率时，机械形变最大，晶片的机械振动最强，相应地晶体表面所产生的电荷量也最大，外电路中的电流也最大，即发生了谐振现象。因此，说明石英晶体具有谐振电路的特性。石英晶片和其他物体一样存在着固有振动频率，当外加信号的频率与晶片的固有振动频率相等时，将产生谐振，且谐振频率由石英晶片机械振动的固有频率（又称基频）所决定。石英晶片的固有频率与晶片的几何尺寸有关，一般来说晶片愈薄，则频率愈高。但晶片愈薄，机械强度愈差，加工也愈困难。目前，石英晶片的基频频率最高可达 20MHz。此外，还有一种泛音晶体，它工作在机械振动的谐波频率上，但这种谐波与电信号谐波不同，它不是正好等于基频的整数倍，而是在整数倍的附近。泛音晶体必须配合适当电路才能工作在指定的频率上。

(2) 石英晶体的等效电路　当石英晶体发生谐振现象时，在外电路可以产生很大的电流，这种情况与电路的谐振现象非常相似。因此，可以采用一组电路参数来模拟这种现象，其等效电路如图 4-18 所示。L_1、C_1、R_1 分别为石英晶体的模拟动态等效电感、等效电容和损耗电阻，C_0 为静态电容，它是以石英为介质在两极板间所形成的电容。一般石英谐振器的参数范围约为：$R_1 = 10 \sim 140\Omega$；$L_1 = 0.01 \sim 10\text{H}$；$C_1 = 0.004 \sim 0.1\text{pF}$；$C_0 = 2 \sim 4\text{pF}$。

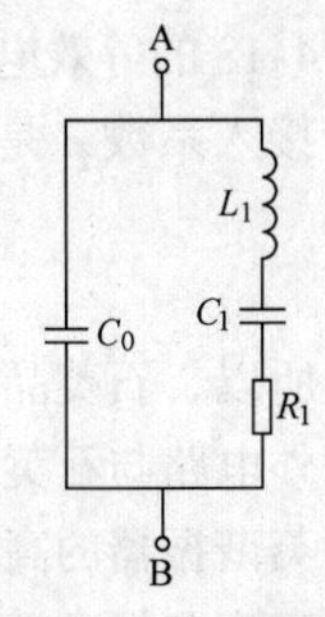

图 4-18　石英谐振器等效电路

(3) 石英谐振器的特点

1）高 Q 值，由于参数 L_1 很大，而 C_1 又很小，故 L_1、C_1、R_1 串联支路中的 Q 值为

$$Q = \frac{1}{R_1}\sqrt{\frac{L_1}{C_1}} \tag{4-20}$$

其 Q 值很高，可达 $10^4 \sim 10^6$，这是普通 LC 电路无法相比的。

2）有两个谐振频率 f_1 和 f_2。由图 4-17 分析可得，石英晶体有两个谐振频率。一是由 L_1、C_1 和 R_1 串联支路决定的串联谐振频率 f_1，它就是石英晶体片本身的自然谐振频率，为

$$f_1 = \frac{1}{2\pi\sqrt{L_1 C_1}} \tag{4-21}$$

二是由石英晶片和静态电容 C_0 组成的并联电路所决定的并联谐振频率 f_2，对回路电感 L_1 而言，总等效电容 C_1 和 C_0 为串联关系，则 $f_2 > f_1$，所以串联支路等效为电感，与 C_0 并联谐振，故

$$f_2 = \frac{1}{2\pi\sqrt{L_1 \frac{C_0 C_1}{C_0 + C_1}}} = f_1\sqrt{1 + \frac{C_1}{C_0}} \tag{4-22}$$

因为 $C_1 \ll C_0$，故上式可近似为

$$f_2 = f_1\left(1 + \frac{C_1}{2C_0}\right) \tag{4-23}$$

则

$$f_2 - f_1 \approx f_1 \frac{C_1}{2C_0} \tag{4-24}$$

其差值随不同的石英谐振器而不同，一般约为几十赫兹至几百赫兹。

3）石英谐振器的电抗特性曲线。当 L_1、C_1、R_1 支路发生串联谐振时，电抗为零，则 AB 间的阻抗为纯电阻 R_1，由于 R_1 很小，可视为短路，说明石英晶体在这种情况下可充当特殊短路元件使用。当晶体发生并联谐振时，AB 两端间的阻抗为无穷大。当 $f > f_2$ 或 $f < f_1$ 时，等效电路呈容性，晶体充当一个等效电容；当 $f_1 < f < f_2$ 时，等效电路呈电感性，这个

区域很窄，石英谐振器充当一个等效电感。不过此电感是一个特殊的电感，它仅存在于 f_1 与 f_2 之间，且随频率 f 的变化而变化，如图 4-19 所示。

4）接入系数很小。用石英谐振器构成振荡器时，总是要将它接入到电路中去的，由图 4-18 的等效电路可见，外电路一般接在 A、B 端，即 C_0 两端，因此对晶体（等效电感）的接入系数 p 是很小的，一般为 $10^{-3}\sim10^{-4}$数量级

$$p\approx\frac{C_1}{C_0} \tag{4-25}$$

所以，石英晶体与外电路的耦合是很弱的，这样就削弱了外电路与石英谐振器之间的相互不良影响，从而保证了石英谐振器的高 Q 值，因此，石英晶体振荡器振荡频率的稳定度和标准性都很高。

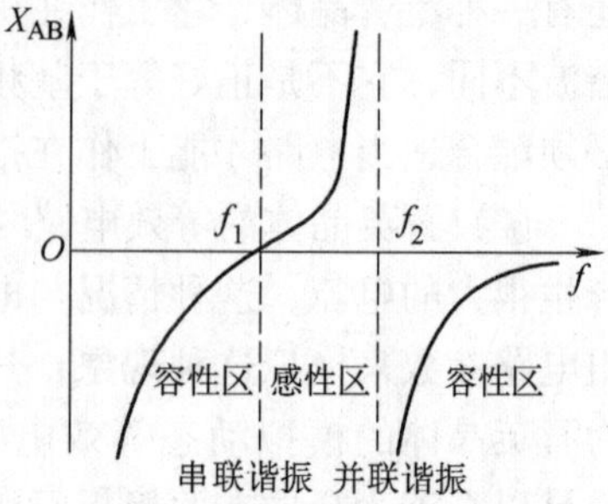

图 4-19　石英晶体的电抗特性

2. 石英晶体振荡电路

根据石英晶体电抗特性曲线可知，石英晶体在电路中可以起三种作用：一是充当等效电感，晶体工作在接近于并联谐振频率 f_2 的狭窄的感性区域内，这类振荡器称为并联谐振型石英晶体振荡器；二是石英晶体充当短路元件，并将它串接在反馈支路内，用以控制反馈系数，它工作在石英晶体的串联谐振频率 f_1 上，称为串联谐振型石英晶体振荡器；三是充当等效电容，使用较少。

（1）并联型晶体振荡电路　这类石英晶体振荡的工作原理及振荡电路和一般的三点式 LC 振荡器相同，只是将三点式振荡回路中的电感元件用晶体取代，分析方法也和 LC 三点式振荡器相同。在实际中，常用石英晶体振荡器是将石英晶体接在振荡管的 c—b 间（或场效应晶体管的 D—G 间）或 b—e 间（或场效应晶体管的 G—S 间）。振荡管可以是晶体管，也可以是场效应晶体管，图 4-20 画出了基本电路和等效电路。由等效电路可见，相当于电容三点式振荡电路，又称皮尔斯电路。与 LC 三点式振荡电路相比，皮尔斯电路的等效电路可看成是考毕兹振荡器，电路中的石英晶体只有等效为电感元件，振荡电路才能成立。

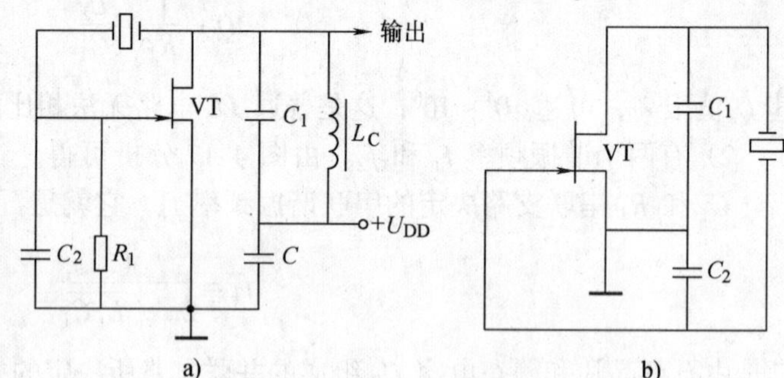

图 4-20　并联型晶体振荡电路

a）皮尔斯电路　b）等效电路

（2）串联型晶体振荡电路　石英晶体作为短路元件应用的振荡电路就是串联型晶体振荡电路，电路如图 4-21 所示。电路中既可用基频晶体，也可用泛音晶体。

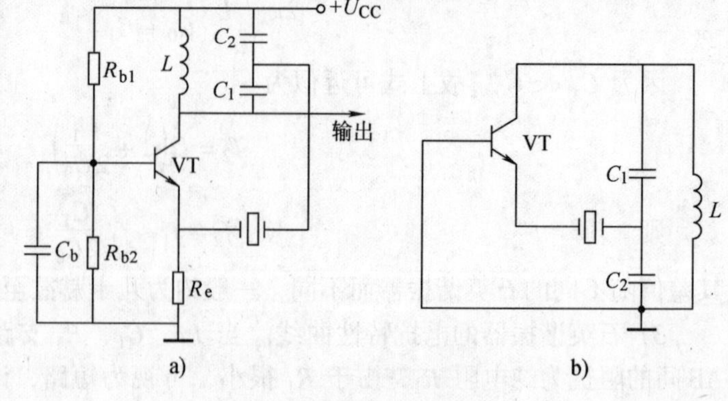

图 4-21　串联型晶体振荡器

a）电路结构　b）等效电路

在这两种振荡器中，石英晶体的作用类似于一个容量很大的耦合电容或旁路电容，并且只有使石英晶体基本工作在串联谐振频率上，才能获得这种特性。

在图 4-21b 中，视石英晶体为短路元件，等效电路与电容三点式毫无区别。根据这个原理，应将振荡回路的振荡频率调谐到石英晶体的串联谐振频率上，使石英晶体的阻抗最小，电路的正反馈最强，满足振荡条件。而对于其他频率的信号，晶体的阻抗较大，正反馈减弱，电路不能起振。

上述两种电路的振荡频率以及频率稳定度，都是由石英谐振器和串联谐振频率所决定的，而不取决于振荡回路。但是，振荡回路的元件也不能随意选用，而应该使所选用的元件所构成的回路的固有频率与石英谐振器的串联谐振频率相一致。

本章小结

1. 正弦波振荡器是一种非线性电路，由基本放大器、选频网络、反馈网络和稳幅环节组成。要产生正弦波振荡信号，振荡器在直流偏置合理的前提下，还必须满足起振条件和平衡条件。

2. *RC* 正弦波振荡器的振荡频率较低。常用的 *RC* 振荡器是桥式振荡器，其振荡频率 $f_0 = \frac{1}{2\pi RC}$，只取决于 *R*、*C* 的数值。

3. *LC* 振荡器可以产生频率很高的正弦波信号，其振荡频率 $f_0 = \frac{1}{2\pi\sqrt{LC}}$。变压器反馈式 *LC* 振荡器电路效率高、容易起振、调频方便。

4. 三点式振荡器分为电感三点式和电容三点式两种基本形式。石英晶体振荡器有串联型和并联型两种电路，石英晶体振荡器具有高频率稳定度的原因是由于晶体的 *Q* 值极高、接入系数小和它相当于一特殊电感等。

各种正弦波振荡器的性能比较见表 4-1。

表 4-1　各种正弦波振荡器性能比较

振荡器名称	频率稳定度	振荡波形	适用频率	频率调节范围	其　他
桥式	$10^{-2} \sim 10^{-3}$	差	200kHz 以下	频率调节范围较宽	在低频信号发生器中被广泛采用
变压器反馈式	$10^{-2} \sim 10^{-4}$	一般	几千赫～几十兆赫	可在较宽范围内调节频率	易起振，结构简单
电感三点式	$10^{-2} \sim 10^{-4}$	差	几千赫～几十兆赫	可在较宽范围内调节频率	易起振，输出振幅大
电容三点式	$10^{-3} \sim 10^{-4}$	好	几兆赫～几百兆赫	只能在小范围内调节频率（适用于固定频率）	常采用改进电路
石英晶体	$10^{-5} \sim 10^{-11}$	好	几百千赫～一百兆赫	只能在极小范围内微调频率（适用于固定频率）	用在精密仪器设备中

习 题 四

1. 正弦波振荡器是由哪几部分组分的？画框图说明。

2. 振荡器的起振条件是什么？平衡条件是什么？

3. 试用相位平衡条件判断图 4-22 中各电路能否振荡？

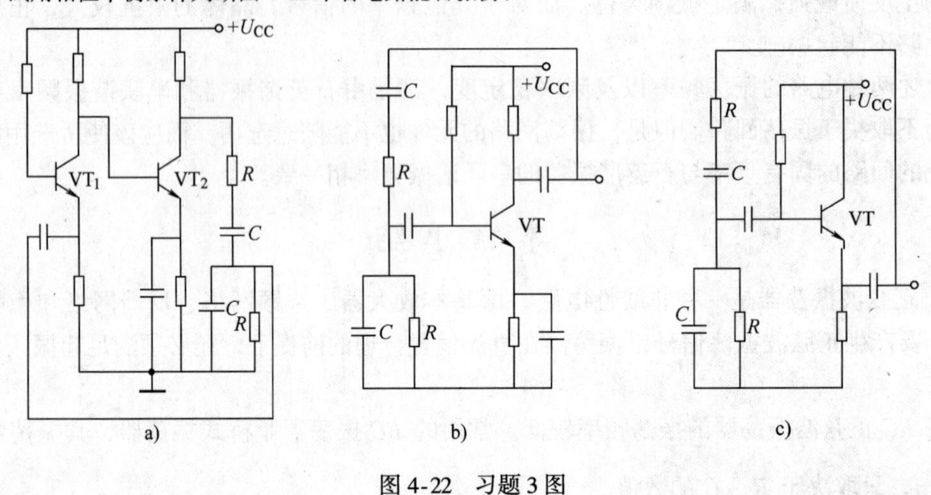

图 4-22　习题 3 图

4. 用相位条件的判别规则说明图 4-23 所示几个三点式振荡器等效电路中，哪个电路可以起振？哪个电路不能起振？

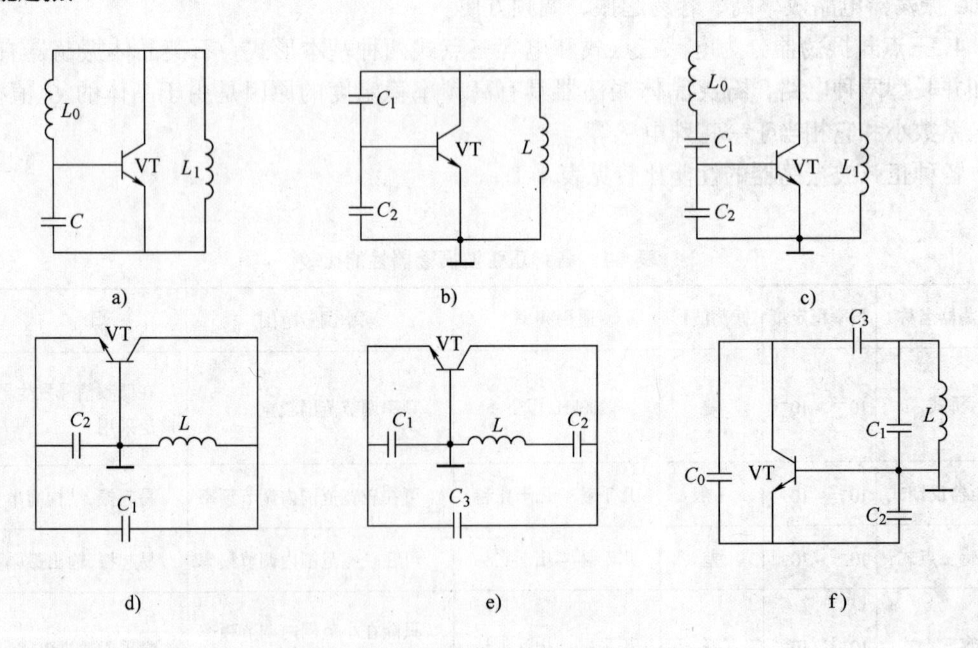

图 4-23　习题 4 图

5. 三点式振荡器的组成原则是什么？

6. 画出电感三点式振荡器和电容三点式振荡器的交流等效电路，分析它们是怎样满足自激振荡的相位条件的？写出振荡频率的计算公式。

7. 已知电视机的本振电路如图 4-24 所示，试画出它的交流等效电路，指出振荡类型。

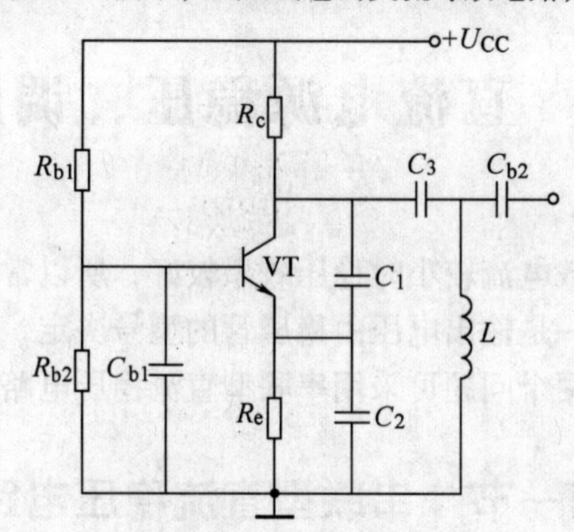

图 4-24　习题 7 图

8. 什么是“压电效应”和“反压电效应”？什么是压电谐振？

9. 为什么石英谐振器具有很高的频率稳定性？

第五章　直流电源稳压、调压电路

硅稳压管稳压电路在负载电流较小时稳压效果较好，所以常用于小型电子设备中。但这种稳压电路存在两个问题：一是输出电压由稳压管的型号决定，不能随意调节；二是允许负载电流变化不大。为解决这两个问题可采用串联型直流稳压电路和集成三端稳压电路。

第一节　串联型直流稳压电路

一、电路组成

如图5-1所示稳压电路中VT_1为调整管，它与负载是串联的关系，所以是串联型稳压电路；VT_2为放大管，其作用是将输出电压的变化量放大后送到调整管的基极。只要输出电压稍有变化，就能使调整管压降发生较大的变化，提高了稳压的效果。R_1、RP、R_2组成取样电路，当输出电压发生变化时，取样电路将变化量的一部分送到放大管VT_2的基极；稳压管VS提供一个基准电压，取样电压与基准电压比较后再由VT_2进行放大；电阻R_3是稳压管VS的限流电阻。电阻R_4既是放大管VT_2的集电极电阻，又是调整管VT_1的基极电阻。

若将放大管VT_2改为集成运放A，则构成了由集成运放组成的串联型稳压电路，如图5-2所示。集成运放A与放大管VT_2起着相同的作用，另外集成运放将稳压管与负载隔离，能使稳压管的电流基本不变。集成运放的放大倍数越大，输出电压的稳定性越高。

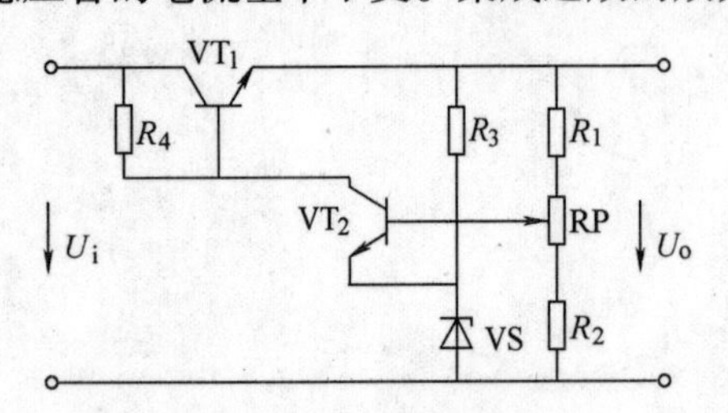

图5-1　串联型稳压电路

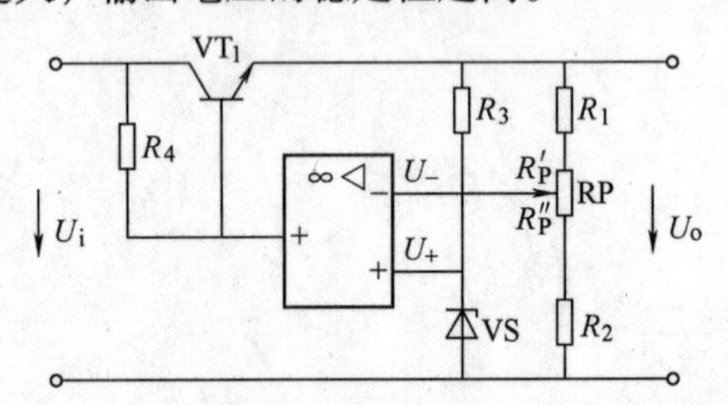

图5-2　集成运放组成的串联型稳压电路

二、稳压原理

经整流滤波后的输出电压作为串联型稳压电路的输入电压U_i。

1）当电网波动使U_i增加，将引起输出电压U_o增大。通过取样电阻的分压使运放的反相输入电压U_-升高，运放输出电压降低，所以调整管的基极电压U_B也降低，跟随作用使U_E降低，即U_o降低，从而保持输出电压U_o基本不变。上述过程表示为

$$U_i\uparrow\rightarrow U_o\uparrow\rightarrow U_-\uparrow\rightarrow U_B\downarrow\rightarrow U_E\downarrow\rightarrow U_o\downarrow$$

2）当负载变化时，如负载电阻R_L增大，使输出电压U_o增大。通过取样电阻的分压使运放的反相输入电压U_-升高，运放输出电压降低，所以调整管的基极电压U_B也降低，跟

随作用使 U_E 降低，即 U_o 降低，从而保持输出电压 U_o 基本不变。上述过程表示为

$$R_L\uparrow\rightarrow U_o\uparrow\rightarrow U_-\uparrow\rightarrow U_B\downarrow\rightarrow U_E\downarrow\rightarrow U_o\downarrow$$

由此可见，稳压过程实质上是通过负反馈使输出电压保持稳定的过程。这种电路的输出电压具有一定的可调范围，其调节范围的大小取决于 R_1、R_2 和 RP 之间的比例关系及稳压管的稳压值，由图 5-2 可知

$$U_o = U_Z(R_1 + R_P + R_2)/(R_P'' + R_2)$$

当 RP 的滑动端移至最上端时，$R_P' = 0$，$R_P'' = R_P$

$$U_{omin} = U_Z(R_1 + R_P + R_2)/(R_P + R_2)$$

当 RP 的滑动端移至最下端时，$R_P' = R_P$，$R_P'' = 0$

$$U_{omax} = U_Z(R_1 + R_P + R_2)/R_2$$

第二节　三端式集成稳压电路

集成稳压器是利用半导体工艺制成的集成器件，其特点是体积小、稳定性高、性能指标好等，已逐步取代了由分立元件组成的稳压电路。三端式集成稳压器可分为三端固定式和三端可调式两大类。

一、三端固定式集成稳压器

三端式集成稳压器外形与管脚排列如图 5-3 所示。三端集成稳压器有三个引出端，输入端、输出端和公共端。稳压器直接输出的是固定电压，分正电压输出（有 CW78××系列等）和负电压输出（有 CW79××系列等）。××表示电压等级。

三端稳压电源如图 5-4 所示，图中 C_i 的左边为整流滤波环节，三端式稳压器与 C_i、C_o 组成稳压环节。整流滤波的输出电压作为稳压器输入电压，稳压器的输出电压供给负载，稳压器的输入、输出端接有电容 C_i、C_o。C_i 为输入电容，其作用是防止干扰，若滤波电容 C 与 C_i 接近时，C_i 可省略；C_o 为输出电容，其作用是消除可能产生的振荡。分别用示波器和数字万用表观察并测量输出电压波形和数值。改变负载电阻 R_L，再观察和测量输出电压波形和数值。

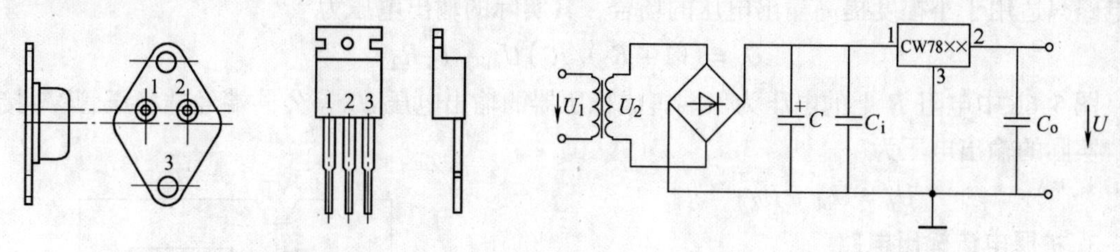

图 5-3　三端集成稳压器　　　　图 5-4　三端稳压电源

可见三端稳压电源把交流电压转换成非常稳定的直流电压输出，而且输出电压值是固定不变的，故称三端固定式集成稳压器，适当配些外接元器件，能实现电压、电流的扩展。

1. 固定电压输出电路

固定电压输出电路有三种形式，输出正电压电路，输出负电压电路和输出正、负电压电

路。

如图 5-5 所示。图 5-5a 为输出正电压电路，是三端集成稳压器基本应用电路，输入电压 U_i 是整流滤波后的输出电压，输出电压 U_o 的值为型号中的标称值，如 CW7805：U_o = 5V。图 5-5b 为输出正、负电压电路。

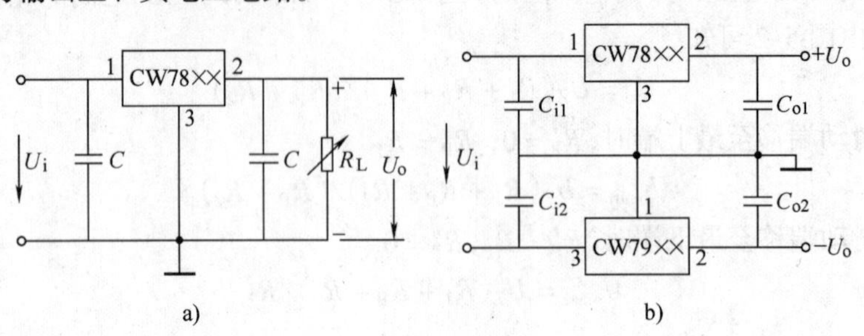

图 5-5 固定电压输出电路

a）输出正电压 b）输出正、负电压

2. 扩展电压输出电路

在三端集成稳压器的公共端连接电阻或硅稳压管，便组成了输出电压扩展电路，如图 5-6 所示。

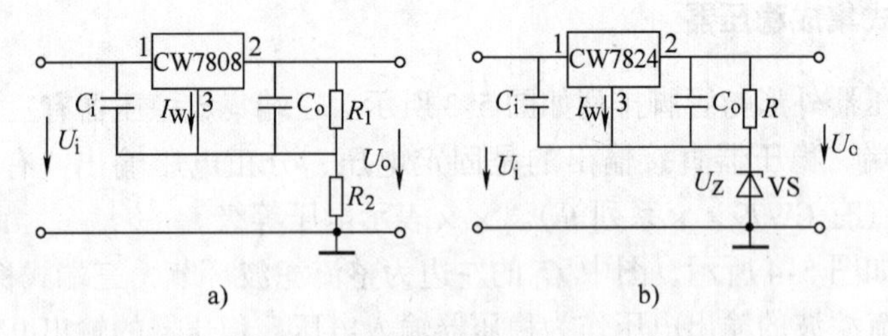

图 5-6 输出电压扩展电路

a）利用电阻扩展输出电压 b）利用硅稳压管扩展输出电压

图 5-6a 中电阻 R_1 上的电压为三端集成稳压器的输出电压 U_{o1}，公共端经电阻 R_2 接地，该电路只适用于小幅度提高输出电压的场合，其实际的输出电压为

$$U_o=((1+R_2)/R_1)U_{o1}+I_W R_2$$

图 5-6b 中电阻 R 上的电压为三端集成稳压器的输出电压 U_{o1}，公共端经硅稳压管 VS 接地，实际的输出电压为

$$U_o=U_{o1}+U_Z$$

3. 扩展电流输出电路

CW78××系列稳压管的最大输出电流为 2A 左右，当电路需要大电流时，可采用外接功率管 VT 的方法来扩大输出电流。

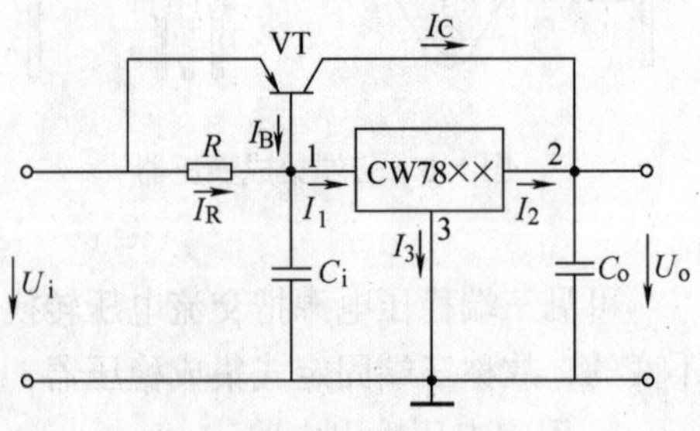

图 5-7 输出电流扩展电路

在图 5-7 中，I_2 为稳压器的输出电流，I_C 是功率管的集电极电流，I_R 是电且 R 上的电流。一般 I_3 很小，可忽略不计，则可得出

$$I_2 \approx I_1 = I_R + I_B = -U_{BE}/R + I_C/\beta$$

式中，β是功率管的电流放大系数。设$\beta = 10$，$U_{BE} = -0.3V$，$R = 0.5\Omega$，$I_2 = 1A$，则由上式可算出$I_C = 4A$。可见输出电流比I_2扩大了。图中的电阻R的阻值要使功率管只能在输出电流较大时才导通。

二、三端可调式集成稳压器

三端可调式集成稳压器的三个引出端分别为调整端、输入端和输出端，有正电压输出（CW117/CW217/CW317）和负电压输出（CW137/CW237/CW337）两种。正电压输出其调整端和输出端间内部电压恒等于1.25V；负电压输出其调整端和输出端间的内部电压恒等于-1.25V。三端可调式集成稳压电路如图5-8所示，图5-8a为可调正压输出电路，图中U_i是整流滤波后的输出电压，R_1、RP用来调节输出电压，为使电路正常工作，其输出电流一般不小于5mA，调节端的电流很小，可忽略，因1、3端的电压恒等于1.25V，所以输出电压为

$$U_o = 1.25(1 + R_P/R_1)V$$

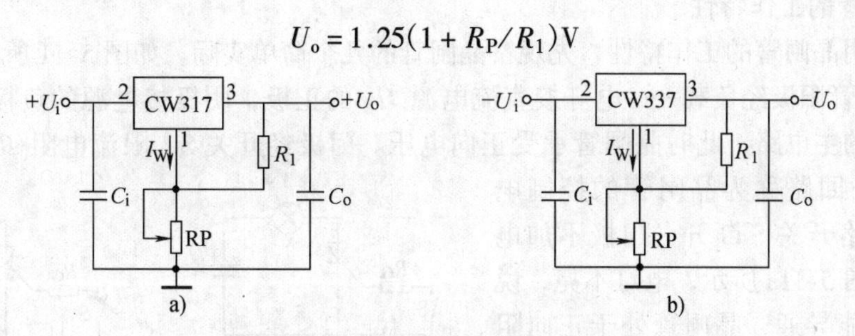

图5-8　三端可调式集成稳压电路

a) 正电压输出　b) 负电压输出

第三节　晶闸管和晶闸管可控整流电路

一、晶闸管

晶闸管是硅晶体闸流管的简称，普通晶闸管（SCR）俗称可控硅。它是一种大功率半导体器件，具有单向导电的整流作用，又有可控的开关作用，还具有以弱电控制强电的作用。因而在调速系统、变频电源、无触点开关等方面得到了广泛应用。前些年又针对普通晶闸管的缺点研制成可关断型晶闸管（GTO），性能优越于普通晶闸管，在变频器等要求更高的场合有广泛的用途。

1. 普通晶闸管的结构

普通晶闸管（下称晶闸管）的类型较多，图5-9所示的是两种常见结构形式，图5-9a是螺栓式，图5-9b是平板式。晶闸管有三个电极：阳极A、阴极K和门极G。螺栓式的螺栓为阳极，粗引线为阴极，细引线为控制级，安装更换方便，但散热差，仅在200A以下采用。平板式的细引线为控制级，一般靠近细引线的平面为阴极，远离细引线的平面为阳极，散热效果好，但安装更换麻烦，故在200A以上采用。

晶闸管的管芯是P-N-P-N四层半导体，有三个PN结，如图5-10a所示。它是在一块

0.4～0.5mm厚的硅片上，通过扩散、烧结等工艺制成的。图5-10b所示为晶闸管的图形符号。

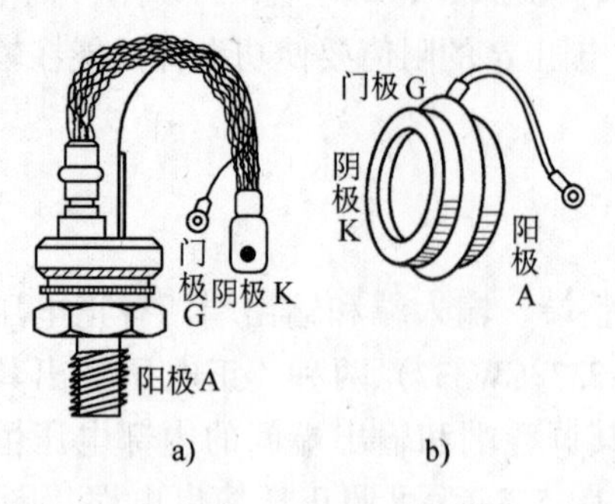

图5-9　晶闸管的外形

a）螺栓式　b）平板式

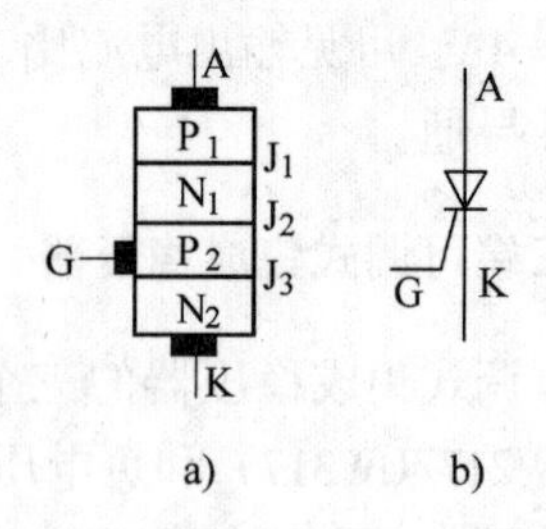

图5-10　晶闸管的结构示意图和图形符号

a）示意图　b）图形符号

2. 晶闸管的工作特性

为了说明晶闸管的工作特性，先观察晶闸管的几个简单实际。如图5-11所示。

1）晶闸管阳极经负载——电灯接直流电源 U_A 的正极，阴极接电源的负极，这一回路称为晶闸管的主电路，此时晶闸管承受正向电压。门极经开关S、限流电阻 R_G 接电源 U_G 的正极，这一回路称为晶闸管的控制电路。控制电路开关S断开（门极不加电压）时，如图5-11a所示，电灯不亮，说明晶闸管未能导通，晶闸管处于正向阻断状态。

2）如图5-11b所示，把控制电路中开关S合上，在门极与阴极之间加上适当大小的正向触发电压 U_G。这时电灯亮，说明晶闸管经触发由阻断状态变为导通状态。

3）晶闸管导通后，如果把控制电路中开关S断开，电灯仍保持亮度，表明晶闸管继续导通。即晶闸管一旦经触发导通后，门极就失去了控制作用。如图5-11c所示。

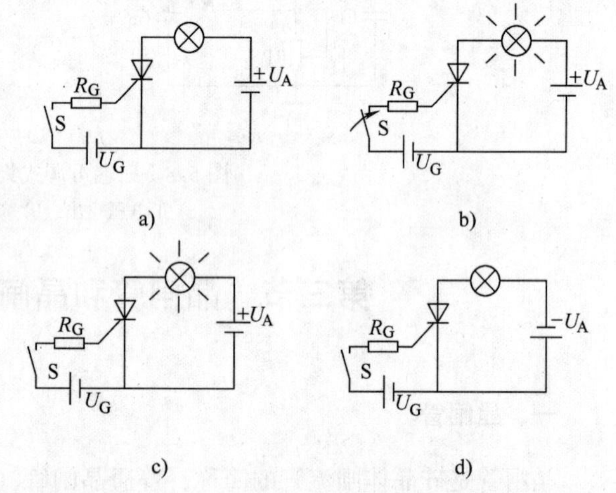

图5-11　晶闸管的工作性能实验

a）正向阻断　b）触发导通　c）除去触发信号仍导通　d）反向阻断

4）在晶闸管的阳极和阴极间加反向电压，如图5-11d所示，无论门极有无触发电压，电灯都不亮，晶闸管处于反向阻断状态。

由上述实验可知，晶闸管导通必须同时具备的条件是：阳极A与阴极K之间施加正向电压；门极G与阴极K之间施加正向触发电压（在实际工作中，门极加正触发脉冲信号）。

要关断已经导通的晶闸管，可以把阳极电压切除或反向。阳极电压被切除后，晶闸管的阳极电流迅速降低到维持电流（维持晶闸管导通的最小阳极电流）以下，此时晶闸管就关断了。如果使阳极电压反向，可使晶闸管关断得更为迅速。

3. 晶闸管的主要参数

(1) 正向阻断峰值电压 U_{FRM}　它指在门极开路、额定结温（50A 以下为 100℃，100A 以上为 115℃）时，允许每秒 50 次、每次持续时间不大于 10ms、重复加在晶闸管阳极和阴极之间的正向峰值电压。

(2) 反向阻断峰值电压 U_{RRM}　指在门极开路、额定结温时，允许重复加在晶闸管阳极和阴极之间的反向峰值电压。

(3) 额定电压 U_N　通常把 U_{FRM}和 U_{RRM}中较小的那个数值，标作晶闸管型号上的额定电压。选用晶闸管时，其额定电压应为正常工作峰值电压的 2～3 倍。

(4) 额定正向平均电流 I_F　指在环境温度为 +40℃ 和规定散热条件下，允许通过晶闸管的阳极和阴极之间的单相工频正弦半波电流的平均值。为留有余量，选晶闸管时，其额定正向平均电流 I_F 应为正常工作平均电流的 1.5～2 倍。

(5) 维持电流 I_H　指在门极开路和规定环境温度条件下，晶闸管触发导通后，维持晶闸管继续导通所需要的最小阳极电流。一般为几十至一百多毫安。

目前我国生产的普通型晶闸管的型号组成为：

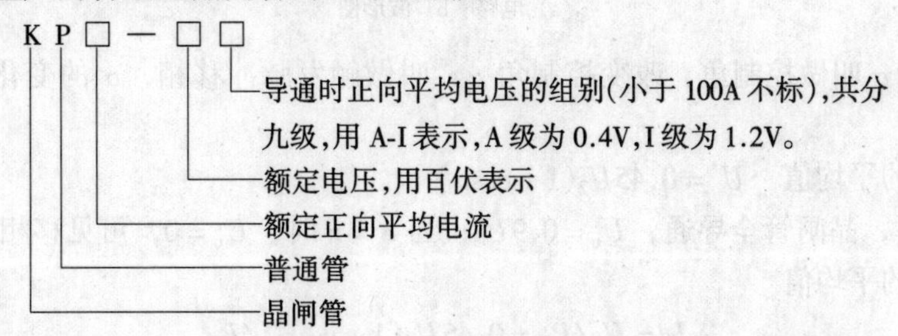

例如，KP200-12F 表示额定电流为 200A，额定电压为 1200V，管压降为 0.9V 的普通型晶闸管。

可关断型晶闸管 GTO，是普通晶闸管 SCR 的派生产品，与 SCR 相比，主要特点是门极加负向触发信号时能自行关断；SCR 从关断信号开始到实际关断时间约 100μs，开关频率低，GTO 实际关断时间约为 10μs，而且可以在正向电压下关断；目前容量已达 2500A/3500V，工作频率已达 10kHz。GTO 在性能上是较普通晶闸管优越得多的大功率电子器件。

二、晶闸管可控整流电路

整流元件用可控开关的晶闸管，在把交流电变换成直流电的同时，输出电压的值还可以根据需要进行调节。因为由电源、晶闸管的阳极、阴极及负载组成的主电路，有单相半波、单相桥式及三相桥式等多种接法，而负载又有纯电阻、感性、容性和反电动势等，所以电路有多种。在此仅讨论电阻性负载单相桥式可控整流电路。

图 5-12a 所示是常用的单相桥式可控整流电路。它采用两个晶闸管 VT_1、VT_2 和两个二极管 VD_3、VD_4 组成桥式电路，称为单相半控桥式整流电路。

电源电压 u_2 的正半周，在 $\omega t=\alpha$ 时，晶闸管的控制极加触发脉冲 u_G，则承受正向电压的晶闸管 VT_1 和二极管 VD_4 导通，忽略管压降时，u_2 全部加在负载电阻 R_L 上，此时 VT_2、VD_3 均承受反向电压而阻断。电源电压 u_2 过零时，负载电流 $i_o=0$，晶闸管 VT_1 阻断。u_2 的负半周，$\omega t=\pi+\alpha$，门极加触发脉冲，承受正向电压的 VT_2 和 VD_3 导通，承受反向电压的

VT_1 和 VD_4 阻断，u_2 加在负载 R_L 上，极性仍是上正下负。当 u_2 过零时 VT_2 阻断。如果触发脉冲 u_G 周期性地加到门极上，负载 R_L 上就可得到单向的脉动电压 U_o，如图 5-12b 所示。

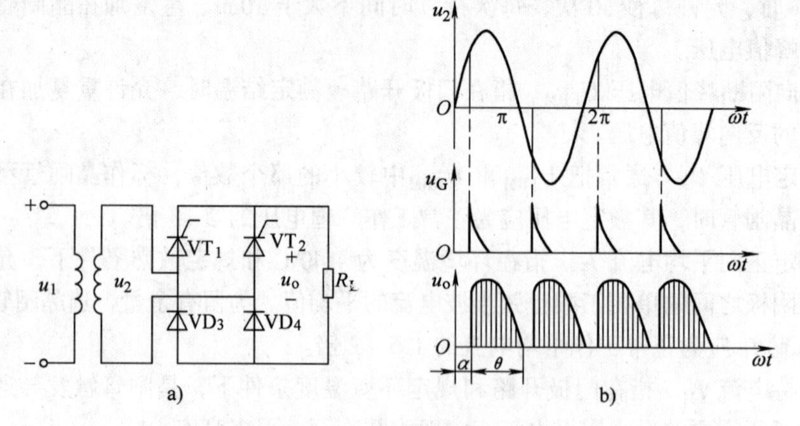

图 5-12　单相半控桥式整流电路

a）电路　b）波形图

图 5-12 中 α 叫做控制角，改变控制角 α，叫做触发脉冲移相，α 的变化范围叫做移相范围。

负载电压的平均值　$U_o = 0.45U_2(1+\cos\alpha)$

当 $\alpha = 0$ 时，晶闸管全导通，$U_o = 0.9U_2$；当 $\alpha = \pi$ 时，$U_o = 0$，可见移相范围为 $0 \sim \pi$。

负载电流的平均值

$$I_o = U_o/R_L = 0.45U_2(1+\cos\alpha)/R_L$$

由于两组整流器件轮流导通，故通过每组整流器件的平均电流，仅是负载电流的一半，即

$$I_{VT1} = I_{VD4} = I_o/2$$

晶闸管承受的最大正、反向电压，二极管承受的最大反向电压均为 $\sqrt{2}U_2$。

例 5-1　有一单相半控桥式整流电路，要求其供给负载电压平均值 U_o 为 0~100V，电流 I_o 为 0~25A，求变压器二次电压有效值 U_2 并选择晶闸管。

解　设负载电压平均值为 100V 时晶闸管全导通，即 $\alpha = 0$，所以

$$U_2 = U_o/0.9 = 111\text{V}$$

实际上晶闸管不可能全导通，因此要得到 100V 的负载电压，变压器二次电压必须上浮 10% 左右，所以

$$U_2 = (111 + 111 \times 10\%)\text{V} = 122\text{V}$$

晶闸管承受的最大反向电压为

$$U_{RM} = \sqrt{2}U_2 = 172.5\text{V}$$

晶闸管中流过的平均电流为

$$I_{VT} = I_o/2 = 12.5\text{A}$$

按两倍的余量选择晶闸管，可选用 KP 型晶闸管，它的额定正向平均电流为 30A，额定电压为 400V。

本章小结

1. 直流电源一般由整流、滤波和稳压三部分组成。稳压的作用是在电网电压和载电流发生变化时，使输出电压和基准电压之间的关系维持基本不变，所以稳压电路实质上是一个电压自动调节电路。

2. 三端式集成稳压电路具有电路简单、使用方便和性能稳定等特点。固定式稳压电路和可调式稳压电路均有几种输出方式，可输出正电压、输出负电压或同时输出正、负电压，得到了越来越广泛的应用。

3. 普通晶闸管（SCR）是一个有阳极 A、阴极 K 和门极 G 的三极元件。晶闸管既具有均导电的整流作用，又具有可控的开关作用，因此被称为硅可控整流元件。普通晶闸管的导通的条件是：①阳极电位高于阴极电位；②门极加适当的触发电压和电流。晶闸管一旦导通，门极就失去控制作用。要使晶闸管关断，必须使阳极电流小于维持电流 I_H。晶闸管可控整流电路可以把交流电压变换成大小可调的直流电压。晶闸管主电路对触发电路的要求是能与主电路同步，移相范围宽，触发脉冲前沿要陡，触发功率足够。

习 题 五

1. 输出电压可调的稳压电源如图 5-13 所示，试估算 U_o 的可调范围。

2. 输出电压可调的稳压电源如图 5-14 所示，试估算 U_o 的可调范围。

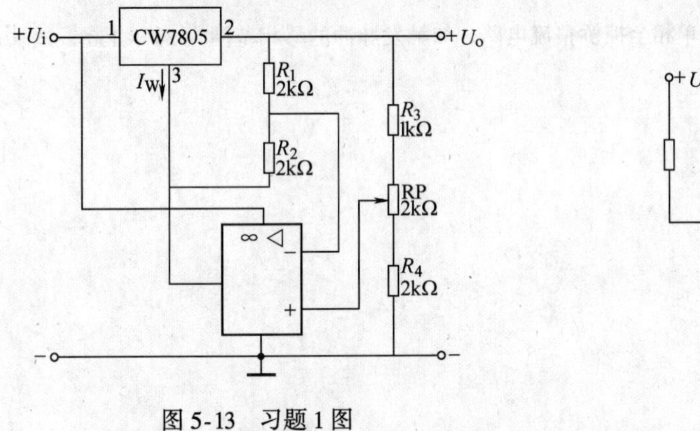

图 5-13 习题 1 图

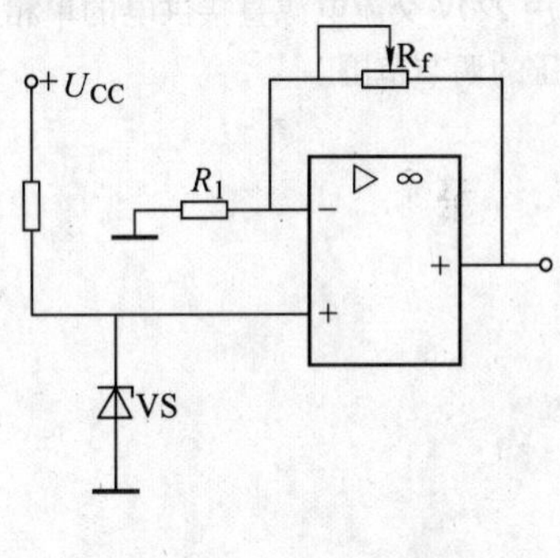

图 5-14 习题 2 图

3. 串联型稳压电路如图 5-15 所示，晶体管的 $U_{BE}=0.7V$，电阻 $R_1=R_2=200\Omega$。已知稳压管 VS 的稳压值 $U_Z=5.3V$。(1) 电路中各元器件的作用；(2) 当电位器 RP 的滑动端在最下端时 $U_o=15V$，计算 RP 值；(3) 若电位器 RP 的滑动端在最上端时，U_o 为多少？(4) 若要求调整管的管压降 U_{CE} 不小于 4V，则变压器二次电压 U_2 的有效值为多少？(5) 当 $U_2=20V$，RP 的滑动端调到中点时，估算图中点 A、B、C、D 的电位。

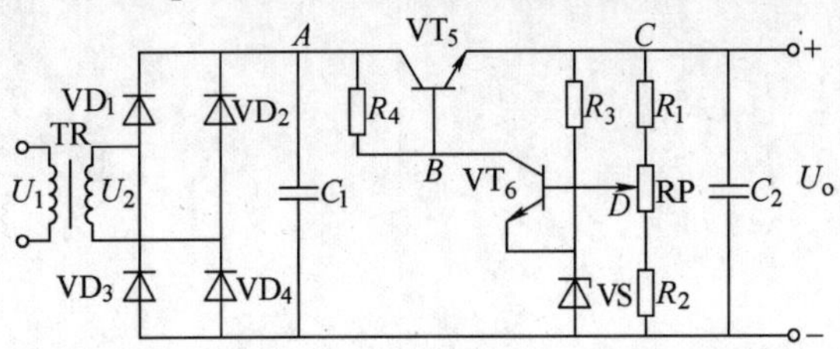

图 5-15 习题 3 图

4. 晶闸管的型号为 KP100-3，其维持电流 $I_H = 4mA$，使用在图 5-16 电路中是否合理？并说明原因。

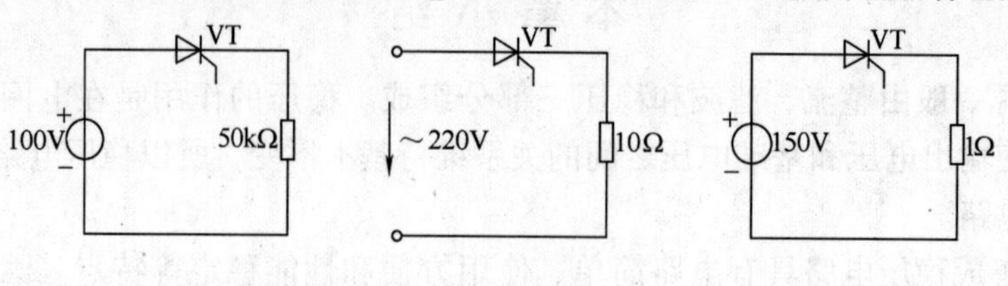

图 5-16　习题 4 图

5. 试分析图 5-17 所示电路的工作原理。

6　某电阻性负载需要 0 ~ 24V 直流电压，最大负载电流 $I_d = 30A$，试求晶闸管的导通角 θ。

7. 由一个晶闸管组成的桥式可控整流电路如图 5-18 所示，试分析输出电压 U_o 的波形。

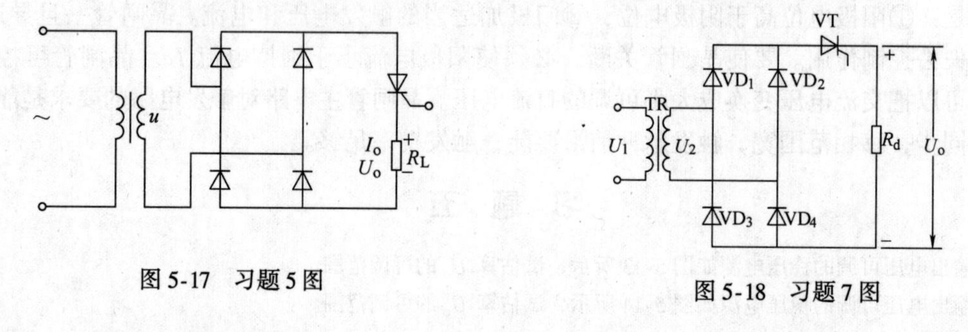

图 5-17　习题 5 图

图 5-18　习题 7 图

8. 采用 220V 交流电源直接供电的单相全控桥整流电路，如触发脉冲的移相范围为 30° ~ 150°，试求直流输出电压的调节范围。

第六章 逻辑门电路和组合逻辑电路

第一节 数字逻辑基础

电子电路按工作信号的特点可分为两类：一类是处理和传递模拟信号（时间的连续函数）的模拟电路，例如，前几章讨论的基本放大电路、运算放大器、信号发生器等；另一类是处理和传递数字信号的数字电路。数字电路的主要研究对象是电路的输入和输出之间的逻辑关系，在这种电路中不能采用模拟电路的分析方法。在数字电路中使用的主要方法是逻辑分析和逻辑设计，主要工具是逻辑代数，它能对输入的数字信号进行各种算术运算和逻辑运算。因此，数字电路的应用极为广泛，如各种智能仪表、数控装置、电子计算机等。

一、数字信号

数字信号是时间和幅度都离散的脉冲信号，具有不连续和突变的特性。矩形脉冲信号就是一种典型的数字信号。

图 6-1a 是矩形脉冲信号的理想形式。矩形脉冲分为正脉冲和负脉冲，如图 6-1b、c 所示。脉冲跃变后的值比初始值高，称为正脉冲，反之，为负脉冲。

矩形脉冲信号的常用参数如下：

(1) 脉冲幅度 U_m　脉冲信号变化的最大值。

(2) 脉冲宽度 t_P　脉冲信号上升沿和下降沿的时间间隔。

(3) 脉冲频率 f　单位时间内的脉冲个数。

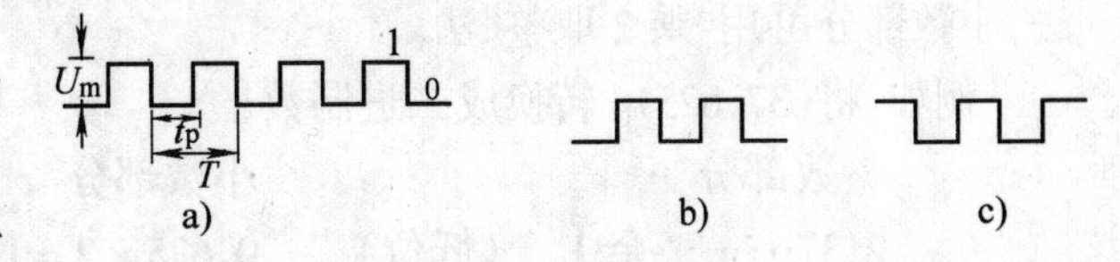

图 6-1　矩形脉冲信号

a) 理想的矩形脉冲信号　b) 正脉冲　c) 负脉冲

(4) 脉冲周期 T　周期性脉冲信号相邻两个上升沿（或下降沿）的时间间隔。

理想的矩形脉冲有高、低电平两种状态，可以分别用 1（逻辑壹）和 0（逻辑零）两种数字来表示，则一组脉冲就可以代表一串用 1 和 0 表示的数字量。因此，矩形脉冲信号又称为数字信号。

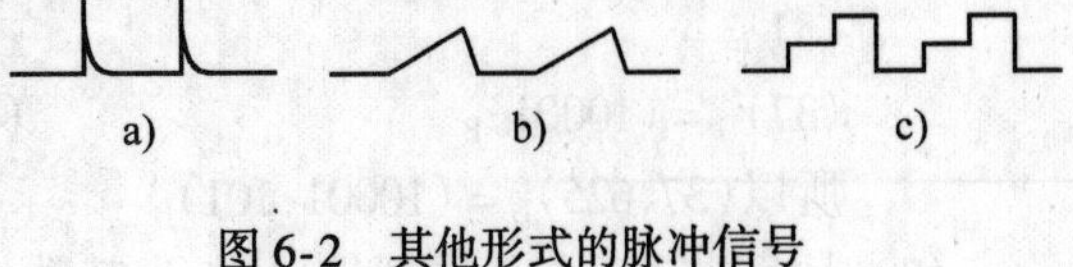

图 6-2　其他形式的脉冲信号

a) 尖峰波　b) 锯齿波　c) 阶梯波

其他形式的脉冲信号还有尖峰波、锯齿波、阶梯波等，如图 6-2 所示。

二、数制与码

用数码表示数量的多少称为计数，而用何种方法来计数则是计数体制的问题。我们在日常生活及生产中广泛使用的计数体制是十进制，而在数字系统中多采用的是二进制计数体制。由于二进制数太长时会使得记录起来不方便，故经常采用十六进制和八进制进行辅助计数。

1. 数制

(1) 十进制　十进制是以 10 为基数的计数体制。十进制数是以“0～9”十个数码按一定规律排列起来表示的，其计数规律是“逢十进一”。十进制常用 D 表示。

例如，数 $(123.4)_D$ 可表示为

$$(123.4)_D = 1 \times 10^2 + 2 \times 10^1 + 3 \times 10^0 + 4 \times 10^{-1}$$

任意十进制数都可表示为

$$(N)_D = \sum_{i=-\infty}^{\infty} K_i \times 10^i$$

式中 K_i 为基数“10”的第 i 次幂的系数，10^i 为第 i 位的权。

(2) 二进制　二进制是以 2 为基数的计数体制。二进制数的数码为 0 和 1，其计数规律是“逢二进一”，即 1 + 1 = 10（读为“壹零”）。二进制常用 B 表示。

例如，数 $(101101)_B$ 可表示为

$$(101101)_B = 1 \times 2^5 + 0 \times 2^4 + 1 \times 2^3 + 1 \times 2^2 + 0 \times 2^1 + 1 \times 2^0 = (45)_D$$

数 $(101.101)_B$ 可表示为

$$(101.101)_B = 1 \times 2^2 + 0 \times 2^1 + 1 \times 2^0 + 1 \times 2^{-1} + 0 \times 2^{-2} + 1 \times 2^{-3} = (5.625)_D$$

任意二进制数都可表示为

$$(N)_B = \sum_{i=-\infty}^{\infty} K_i \times 2^i$$

十进制数转换成二进制数可将整数部分和小数部分分开进行。整数部分可用“除 2 取余”法，小数部分可用“乘 2 取整”法。

例如，将 $(37.625)_D$ 转换成二进制数：

整数部分		小数部分	
2|37……余 1	（低位）	0.625 × 2 = 1.25……取整 1	（低位）
2|18……余 0	↓	0.25 × 2 = 0.5……取整 0	↓
2|9……余 0	↓	0.5 × 2 = 1……取整 1	（高位）
2|4……余 0	↓		
2|2……余 1	（高位）		
1			

$(37)_D = (10001)_B$　　　　$(0.625)_D = (0.101)_B$

所以 $(37.625)_D = (10001.101)_B$

(3) 十六进制　十六进制是以 16 为基数的计数体制。十六进制数的数码为“0,1,2,3,4,5,6,7,8,9,A(10),B(11),C(12),D(13),E(14),F(15)”十六个不同的数字，其计数规律是“逢十六进一”，即 F + 1 = 10。十六进制常用 H 表示。其表达式为

$$(N)_H = \sum_{i=-\infty}^{\infty} K_i \times 16^i$$

例如，数 $(A5E.C)_H$ 可表示为

$$(A5E.C)_H = A \times 16^2 + 5 \times 16^1 + E \times 16^0 + C \times 16^{-1} = (2654.75)_D$$

十六进制与二进制之间的转换比较方便，每四位二进制数对应一位十六进制数。

例如，$(0101\ 1101\ 1001)_B = (5D9)_H$

(4) 八进制　八进制是以 8 为基数的计数体制。八进制数的数码为“0 ~ 7”八个不同的数字，其计数规律是“逢八进一”，即 7 + 1 = 10。八进制常用 O 表示。其表达式为

$$(N)_O = \sum_{i=-\infty}^{\infty} K_i \times 8^i$$

例如，数 $(231.5)_O$ 可表示为

$$(231.5)_O = 2 \times 8^2 + 3 \times 8^1 + 1 \times 8^0 + 5 \times 8^{-1} = (153.625)_D$$

八进制与二进制之间的转换也比较方便，每三位二进制数对应一位八进制数。

例如，$(011\ 010\ 001)_B = (321)_O$

表 6-1 给出了几种不同进制的对应关系。

表 6-1　几种不同进制的对应关系

十进制	二进制	八进制	十六进制	十进制	二进制	八进制	十六进制
0	0000	0	0	8	1000	10	8
1	0001	1	1	9	1001	11	9
2	0010	2	2	10	1010	12	A
3	0011	3	3	11	1011	13	B
4	0100	4	4	12	1100	14	C
5	0101	5	5	13	1101	15	D
6	0110	6	6	14	1110	16	E
7	0111	7	7	15	1111	17	F

2. 二进制码

数字系统中的信息可分为数值和文字符号（包括控制符）。用来表示文字符号信息的二进制数码称为二进制码。下面介绍几种常见的二进制码，见表 6-2。

表 6-2　常见的二进制码

十进制数	二—十进制码				二进制数	格雷码
	8421	5421	2421	余 3		
0	0000	0000	0000	0011	0000	0000
1	0001	0001	0001	0100	0001	0001
2	0010	0010	0010	0101	0010	0011
3	0011	0011	0011	0110	0011	0010
4	0100	0100	0100	1111	0100	0110
5	0101	1000	1011	1000	0101	0111
6	0110	1001	1100	1001	0110	0101
7	0111	1010	1101	1010	0111	0100
8	1000	1011	1110	1011	1000	1100
9	1001	1100	1111	1100	1001	1101
10					1010	1111
11					1011	1110
12					1100	1010
13					1101	1011
14					1110	1001
15					1111	1000

(1) 二—十进制码（BCD 码） 用四位二进制数码来表示一位十进制数的编码方式码称为二—十进制码。BCD 码分为有权码和无权码，有权码是指二进制数的每一位都有固定的权值，所代表的十进制数为每位二进制数加权之和，而无权码则无需加权。无论是有权码还是无权码，四位二进制数码共有十六种组合，而十进制数码仅有 0 ~ 9 十个。因此，BCD 码是利用四位二进制数码编出十个代码。

1) 8421 码是使用最多的有权 BCD 码，它的四位二进制数对应的权分别为 8、4、2、1。

例如，$(0110)_{8421BCD} = 0\times8 + 1\times4 + 1\times2 + 0\times1 = (6)_D$

2) 5421 和 2421 码也是有权码，它们的名称就是四位二进制数对应的权。2421 码具有互补性，即 0 和 9、1 和 8、2 和 7、3 和 6、4 和 5 互为反码。

3) 余 3 码是由 8421 码加 $(0011)_B$ 得来的，它是一种无权码，也具有互补性。

(2) 格雷码　格雷码也是无权码，它们的两组相邻数码之间只有一位代码的取值不同。

(3) ASCⅡ码　ASCⅡ码全名为美国信息交换标准码，是一种现代字母数字编码。ASCⅡ码采用七位二进制数码来对字母、数字及标点符号进行编码，用于微型机算机之间读取和输入信息。ASCⅡ码参见本章阅读材料。

第二节　分立元件门电路

数字电路的输入量和输出量常用高、低电平来表示，它们之间的关系是一种因果关系，可以用逻辑关系来描述，因而数字电路又称为逻辑电路。用以实现各种基本逻辑关系的电路称为门电路，它是构成逻辑电路的基本单元。

一、基本逻辑运算

逻辑电路通常用逻辑代数来分析和研究。逻辑代数和普通代数一样也是用字母表示变量及函数，区别在于逻辑代数的变量只有 0（逻辑零）和 1（逻辑壹）两种取值。逻辑值 0 和 1 并不表示数量的大小，而是表示两种对立的逻辑状态。

逻辑代数中的逻辑关系也称逻辑运算，逻辑运算可以用逻辑表达式、逻辑符号及真值表来描述。在逻辑代数中有与、或、非三种基本逻辑运算。

1. 与运算

与运算又称逻辑乘，它表述的是逻辑关系中的与逻辑，如图 6-3 所示的用两个串联开关控制一盏灯的电路。若要灯亮，则两个开关必须全都闭合；只要有一个开关断开，灯就不亮。如果用 1 表示开关闭合和灯亮，用 0 表示开关断开和灯灭，则这一逻辑关系可用表 6-3 与逻辑真值表来描述。由表 6-3 可见，与逻辑可表述为：输入全 1，输出为 1；输入有 0，输出为 0。

与逻辑的代数表达式为 $Y = A\cdot B$。

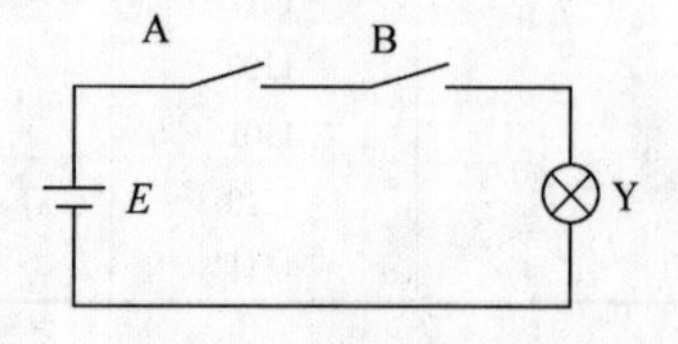

图 6-3　与逻辑电路

表 6-3　与逻辑真值表

A	B	Y = A·B
0	0	0
0	1	0
1	0	0
1	1	1

2. 或运算

或运算又称逻辑加，它表述的是逻辑关系中的或逻辑，如图 6-4 所示的用两个并联开关控制一盏灯的电路。若要灯亮，只要有一个开关闭合就可以；若要灯灭，则两个开关必须全都断开。同样可列出或逻辑关系的真值表，见表 6-4。由表 6-4 可得，或逻辑为：输入有 1，输出为 1；输入全 0，输出为 0。

或逻辑的代数表达式为 Y = A + B。

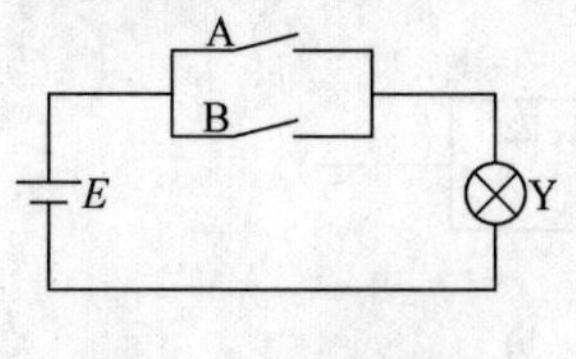

图 6-4　或逻辑电路

表 6-4　或逻辑真值表

A	B	Y = A + B
0	0	0
0	1	1
1	0	1
1	1	1

3. 非运算

非运算又称逻辑非，它表述的是逻辑关系中的非逻辑，如图 6-5 所示的控制灯电路。图中开关与灯的状态是相反的，开关闭合灯就灭，开关断开灯就亮。非逻辑关系的真值表见表 6-5。由表可得，非逻辑为：输入为 0，输出为 1；输入为 1，输出为 0。

或逻辑的代数表达式为 $Y = \overline{A}$。

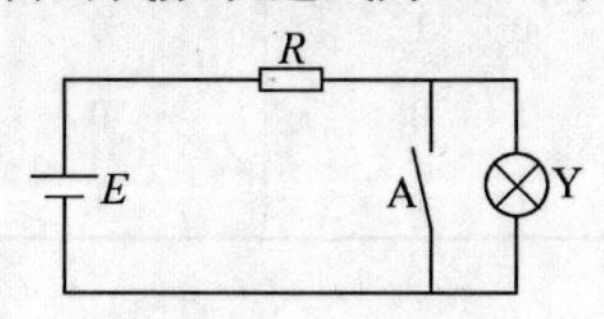

图 6-5　非逻辑电路

表 6-5　非逻辑真值表

A	$Y = \overline{A}$
0	1
1	0

二、二极管和晶体管的开关特性

数字电路是一种开关电路，开关的两种状态“开通”与“关断”，常用电子器件的“导通”和“截止”来实现。在数字电路中，二极管和晶体管大多数工作在开关状态，它们在脉冲信号的作用下，时而导通，时而截止。表 6-6 中列出了它们的开关特性。

表 6-6　开 关 特 性

类型	二极管		晶体管（NPN）	
状态	导通	截止	截止	饱和（导通）
条件	PN 结正偏 $U_I > 0.7V$（硅） $U_I > 0.2V$（锗）	PN 结反偏 或 $U_I < 0.5V$（硅） $U_I < 0.1V$（锗）	发射结和集电结均反偏 $i_B \approx 0$，$i_C \approx 0$，$U_{CEO} \approx U_{CC}$	发射结和集电结均正偏 $i_B > \frac{I_{CS}}{\beta}$，$i_C = I_{CS} \approx \frac{U_{CC}}{R_C}$ $U_{CES} \approx 0.3V$

三、基本逻辑门电路

能够实现与、或、非三种基本逻辑运算的电路称为基本逻辑门电路。下面介绍由分立器件二极管和晶体管构成的与门、或门和非门。

1. 二极管与门

二极管与门电路及逻辑符号如图 6-6 所示。图中 A、B 为输入变量，Y 为输出变量。若二极管的正向压降 $U_D = 0.7V$，输入端对地的高、低电平分别为：$U_{IH} = +3V$、$U_{IL} = 0V$，则可得到图 6-6a 所示电路的输入与输出的电平关系，见表 6-7。如用 1 表示高电平、0 表示低电平，则可得到与门的真值表，见表 6-8。

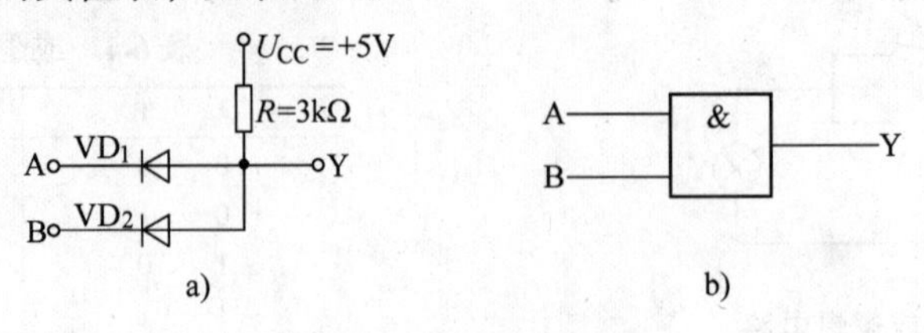

图 6-6 二极管与门电路

a) 电路图 b) 逻辑符号

表 6-7 与门电路的电平关系

A/V	B/V	Y/V
0	0	0.7
0	3	0.7
3	0	0.7
3	3	3.7

表 6-8 与门的真值表

A	B	Y
0	0	0
0	1	0
1	0	0
1	1	1

由真值表得与门的逻辑表达式为 Y = A·B。

2. 二极管或门

二极管或门电路及逻辑符号如图 6-7 所示。其输入变量 A、B 和输出变量 Y 的电平关系及逻辑真值表见表 6-9 和表 6-10。

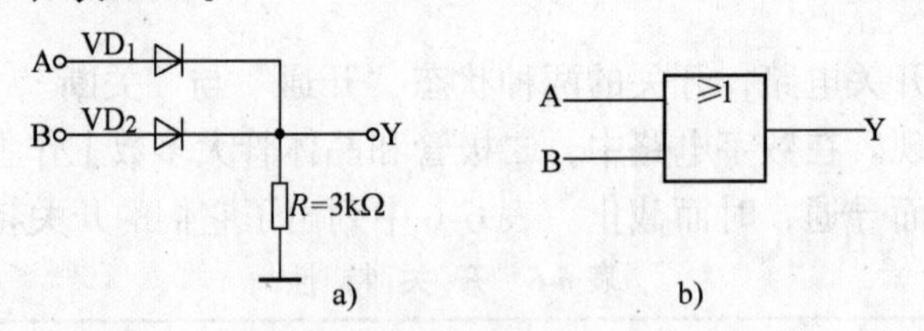

图 6-7 二极管或门电路

a) 电路图 b) 逻辑符号

表 6-9 或门电路的电平关系

A/V	B/V	Y/V
0	0	0
0	3	2.3
3	0	2.3
3	3	2.3

表 6-10 或门的真值表

A	B	Y
0	0	0
0	1	1
1	0	1
1	1	1

由真值表得或门的逻辑表达式为 $Y = A + B$。

3. 晶体管非门（反相器）

晶体管非门电路及逻辑符号如图 6-8 所示。其输入变量 A 和输出变量 Y 的电平关系及逻辑真值表见表 6-11 和表 6-12。

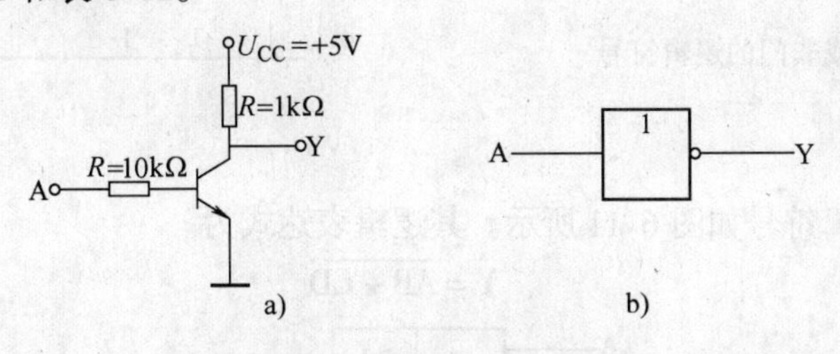

图 6-8　晶体管非门电路

a) 电路图　b) 逻辑符号

表 6-11　非门电路的电平关系

A/V	Y/V
0	5
5	0.3

表 6-12　非门的真值表

A	Y
0	1
1	0

由真值表得非门的逻辑表达式为 $Y = \overline{A}$。

二极管门电路的优点是电路简单、经济，缺点是输出电平存在偏移、带负载能力较差；而晶体管反相器的优点是没有电平偏移，且带负载能力和抗干扰能力较强。

四、复合逻辑门电路

实际的逻辑关系往往比较复杂，但是它们都可以用与、或、非三种基本逻辑运算的组合来实现，常见的复合逻辑运算有与非、或非、与或非、异或、同或等。能够实现复合逻辑运算的电路称为复合逻辑门电路。

1. 与非门

二输入与非门的逻辑符号如图 6-9 所示，真值表见表 6-13。其逻辑表达式为

$$Y = \overline{AB}$$

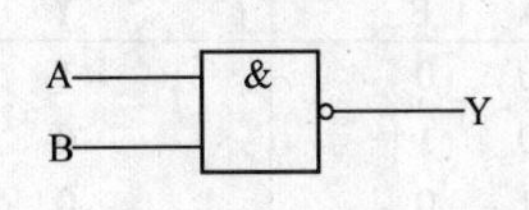

图 6-9　与非门的逻辑符号

表 6-13　与非门真值表

A	B	Y
0	0	1
0	1	1
1	0	1
1	1	0

2. 或非门

二输入或非门的逻辑符号如图 6-10 所示，真值表见表 6-14。其逻辑表达式为

$$Y = \overline{A + B}$$

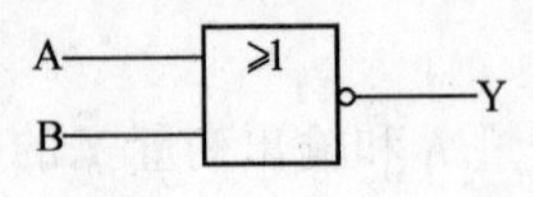

图 6-10　或非门的逻辑符号

表 6-14　或非门真值表

A	B	Y
0	0	1
0	1	0
1	0	0
1	1	0

3. 与或非门

与或非门的逻辑符号如图 6-11 所示。其逻辑表达式为

$$Y=\overline{AB+CD}$$

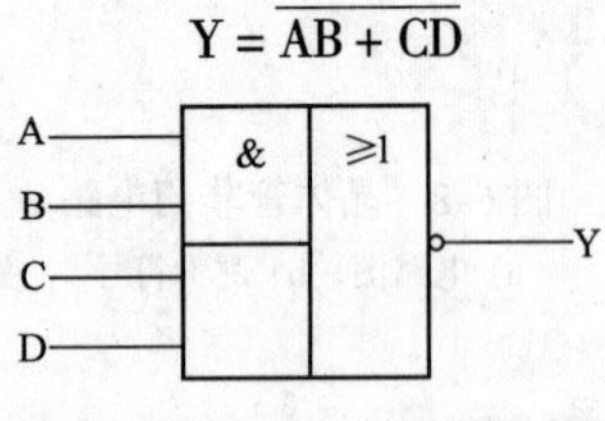

图 6-11　与或非门的逻辑符号

4. 异或门

异或门的逻辑符号如图 6-12 所示，真值表见表 6-15。其逻辑表达式为

$$Y=\overline{A}B+A\overline{B}=A\oplus B$$

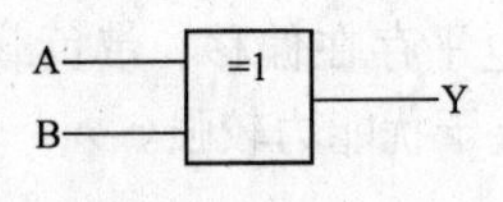

图 6-12　异或门的逻辑符号

表 6-15　异或门真值表

A	B	Y
0	0	0
0	1	1
1	0	1
1	1	0

5. 同或门（异或非门）

在异或门后面加上一个非门就构成同或门。同或门的逻辑符号如图 6-13 所示，真值表见表 6-16。其逻辑表达式为

$$Y=\overline{A}\,\overline{B}+AB=A\odot B$$

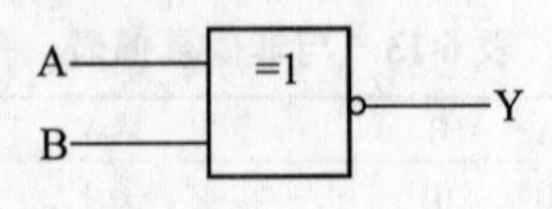

图 6-13　同或门的逻辑符号

表 6-16　同或门真值表

A	B	Y
0	0	1
0	1	0
1	0	0
1	1	1

第三节　TTL 门电路

数字集成电路是一种将逻辑电路的元器件和连线都集成在一块硅片上，具有一定逻辑功能的集成电路。由于集成电路具有体积小、重量轻、可靠性好等优点，因而在大多数领域里

取代了分立元件电路。目前广泛应用的数字集成电路主要有双极型（晶体管）和单极型（MOS）门电路两种，其中以 TTL 门电路和 CMOS 门电路的应用最为广泛。

TTL 电路的输入端和输出端均为晶体管结构，称为晶体管—晶体管逻辑电路（Transistor - transistor Logic），简称 TTL 电路。TTL 门电路常用于中、小规模集成电路中，它具有功耗低、开关速度快、带负载能力和抗干扰能力较强等优点，因此应用极为广泛。

一、TTL 与非门

1. 电路组成

图 6-14 是 TTL 与非门的典型电路。它由三部分组成：多发射极晶体管 VT_1 和电阻 R_1 组成输入级；VT_2 和 R_2、R_3 组成中间级；VT_3、VT_4、VT_5 和 R_4、R_5 组成输出级。

2. 工作原理

输入级通过 VT_1 的各个发射极实现与逻辑的功能；中间级从 VT_2 的集电极和发射极输出两个相位相反的信号，分别驱动 VT_3、VT_4 和 VT_5；输出级输出信号驱动负载。

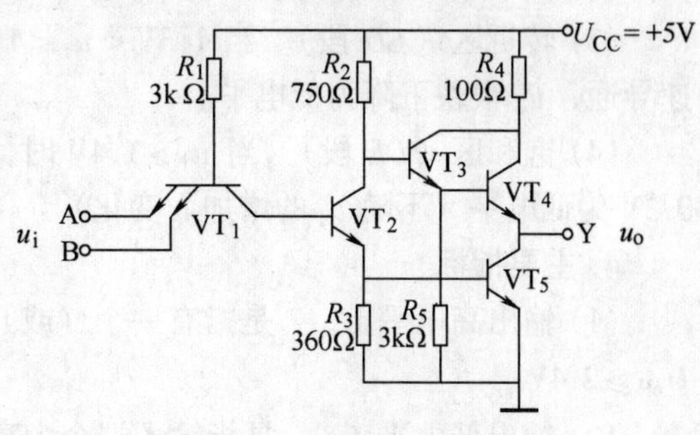

图 6-14　TTL 与非门电路

1）当输入端至少有一个接低电平，即 $U_{iL}=0.3V$ 时，对应于输入端接低电平的发射结导通，即 VT_1 的基极电位 $U_{B1}=0.3V+0.7V=1V$。U_{B1}加于 VT_1 的集电结和 VT_2、VT_5 的发射结上，使 VT_2、VT_5 都截止；由于 VT_2 截止，U_{CC}通过 R_2 向 VT_3 提供基极电流，使 VT_3 导通；VT_3 的发射极电位 $U_{E3}=U_{CC}-I_{B3}R_2-U_{BE3}\approx 4.3V$ 为高电平；VT_4 的基极电位 $U_{B4}=U_{E3}$，使 VT_4 导通；输出电压 $u_o=U_{E3}-U_{BE4}=3.6V$ 为高电平，实现了与非门的逻辑关系：输入有低，输出为高。

当输出端接负载门时，由于 VT_5 截止、VT_4 导通，电流从 U_{CC}经 R_4 流向每个负载门，这些从与非门流出的电流称为拉电流。

2）当输入都接高电平，即 $U_{iH}=3.6V$ 时，U_{CC}通过 R_2 和 VT_1 的集电结向 VT_2、VT_5 提供基极电流，即 $U_{B1}=U_{BC1}+U_{BE2}+U_{BE5}=(0.7+0.7+0.7)V=2.1V$。这时，$VT_1$ 处于发射结和集电结倒置使用的放大状态，VT_2、VT_5 处于饱和状态，即 $U_{C2}=U_{CE2}+U_{BE5}=(0.3+0.7)V=1V$，使 VT_3 导通、VT_4 截止。输出电压 $u_o=U_{CE5}=0.3V$ 为低电平，同样也实现了与非门的逻辑关系：输入全高，输出为低。

当输出端接负载门时，由于 VT_4 截止、VT_5 导通，电流从负载门流向 VT_5 的集电极，这些向与非门流入的电流称为灌电流。

TTL 与非门输入变量 A、B 和输出变量 Y 的电平关系及逻辑真值表，见表 6-17 和表 6-18。

表 6-17　TTL 与非门电平关系

A/V	B/V	Y/V
0.3	0.3	3.6
0.3	3.6	3.6
3.6	0.3	3.6
3.6	3.6	0.3

表 6-18　TTL 与非门真值表

A	B	Y
0	0	1
0	1	1
1	0	1
1	1	0

3. 电压传输特性

TTL与非门的电压传输特性是指在空载条件下，输出电压 u_o 随输入电压 u_i 变化的特性，如图6-15所示。

(1) 截止区（AB 段） 当 $0 \leqslant u_i < 0.6V$ 时，VT_1 饱和，$U_{B1} <（0.6+0.7）V = 1.3V$，$VT_2$、$VT_5$ 都截止，VT_3、VT_4 导通，$u_o \approx 3.6V$ 为高电平。

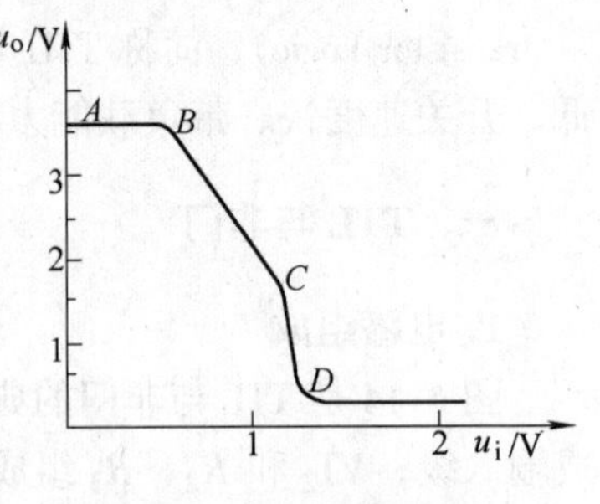

图6-15 电压传输特性

(2) 线性区（BC 段） 当 $0.6V < u_i < 1.3V$ 时，$U_{B1} <（1.3+0.7）V = 2.0V$，$U_{B2} < 1.3V$，$VT_2$ 导通并处于放大状态，U_{C2}随 u_i 的增加而线性下降，VT_5 截止，u_o 随 U_{C2}线性下降。

(3) 转折区（CD 段） 当 $1.3V < u_i \leqslant 1.4V$ 时，VT_5 迅速导通，u_o 很快下降为低电平。

(4) 饱和区（DE 段） 当 $u_i > 1.4V$ 时，VT_2、VT_5 饱和，使 VT_3 导通、VT_4 截止，$u_o = 0.3V$ 为低电平（不随 u_i 的增加而变化）。

4. 主要指标

(1) 输出高电平 U_{oH} 是指有一个（或几个）输入端为低电平时的输出电平。一般规定 $U_{oH} \geqslant 2.4V$。

(2) 输出低电平 U_{oL} 是指输入端全为高电平时的输出电平。一般规定 $U_{oL} \leqslant 0.4V$。

(3) 低电平输入电流 I_{iL} 是指某一输入端接地而其余输入端悬空时，流经这个输入端的电流。一般规定 $I_{iL} \leqslant 1.6mA$。

(4) 高电平输入电流 I_{iH} 是指某一输入端接高电平而其余输入端接地时，流经这个输入端的电流。一般规定 $I_{iH} \leqslant 40\mu A$。

(5) 扇出系数 N_o 是指与非门的输出端最多能接几个同类的与非门。对典型电路，$N_o \geqslant 8$。

(6) 开门电平 U_{ON} 是指在保证输出为标准低电平 U_{SL}时所允许输入的最小高电平值。若 $U_{SL} = 0.4V$，由图6-15得 $U_{ON} = 1.4V$。

(7) 关门电平 U_{OFF} 是指在保证输出为标准高电平 U_{SH}时所允许输入的最小低电平值。若 $U_{SH} = 2.4V$，由图6-15得 $U_{OFF} = 0.9V$。

(8) 平均传输延迟时间 t_{pd} 是用来表示电路开关速度的参数，如图6-16所示。在图6-16中，t_{pd1}是从输入波形上升沿中点到输出波形下降沿中点的延迟时间，称为上升延迟时间；t_{pd2}是从输入波形下降沿中点到输出波形上升沿中点的延迟时间，称为下降延迟时间，则平均传输延迟时间 t_{pd}为

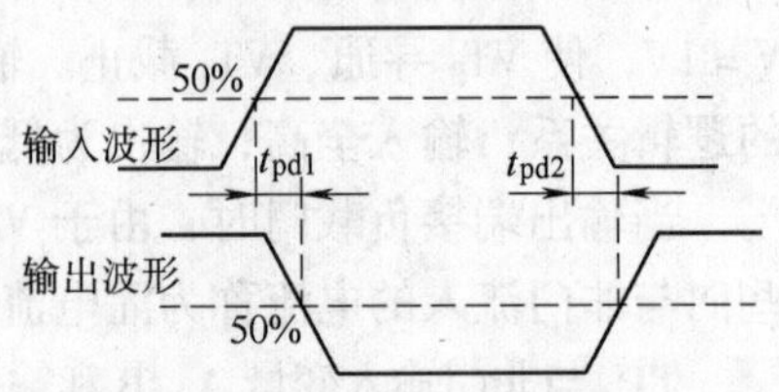

图6-16 平均传输延迟时间

$$t_{pd} = \frac{t_{pd1} + t_{pd2}}{2}$$

TTL与非门的 t_{pd}一般为3~30ns。

(9) 功耗 P 空载时电源电压与电源供给电路的平均电流的乘积。

二、集电极开路与非门

集电极开路与非门又称为 OC 门，它的电路结构和逻辑符号如图 6-17 所示。由图 6-17a 可知，OC 门与普通 TTL 与非门的差别在于用外接电阻 R_C 代替图 6-14 中的 VT_3、VT_4 和 R_4、R_5，它主要用于实现线与的功能。

所谓线与是指将多个门电路的输出端直接相连来实现与的逻辑功能。由于 TTL 与非门的输出电阻很小，输出端直接相连会使导通门的输出低电平升高，同时还可能因功耗过大而损坏与非门。因此，人们将 TTL 与非门改进为 OC 门，使之能实现线与功能。

如图 6-18 所示，当多个 OC 门的输出端相连时，可共用一个外接电阻 R_C。只要 R_C 足够大，在 U_{CC}和地之间就不会形成低阻通路，从而实现线与功能。

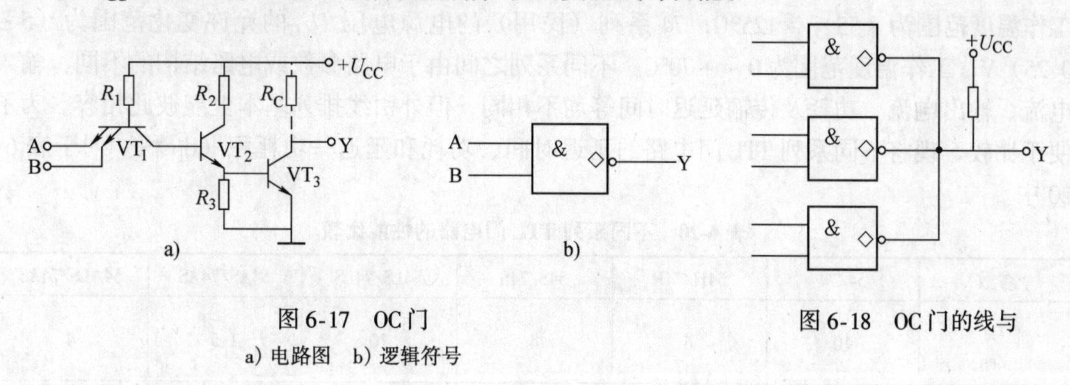

图 6-17　OC 门

a）电路图　b）逻辑符号

图 6-18　OC 门的线与

三、三态输出与非门

三态输出与非门又称 TSL 门（简称三态门），它的输出除了具有输出电阻很小的高电平、低电平两种状态以外，还具有高输出阻抗的第三种状态（高阻态或禁止态）。图 6-19 为三态门的逻辑符号。

图 6-19 中，EN、$\overline{EN}$为控制端，又称使能端。EN 表示高电平有效，即 EN = 1 时三态门工作，$Y = \overline{AB}$；EN = 0 时，三态门输出高阻状态。$\overline{EN}$表示低电平有效，即$\overline{EN}$ = 0 时三态门工作，$Y = \overline{AB}$；$\overline{EN}$ = 1 时，三态门输出高阻状态。表 6-19 为三态门的真值表。

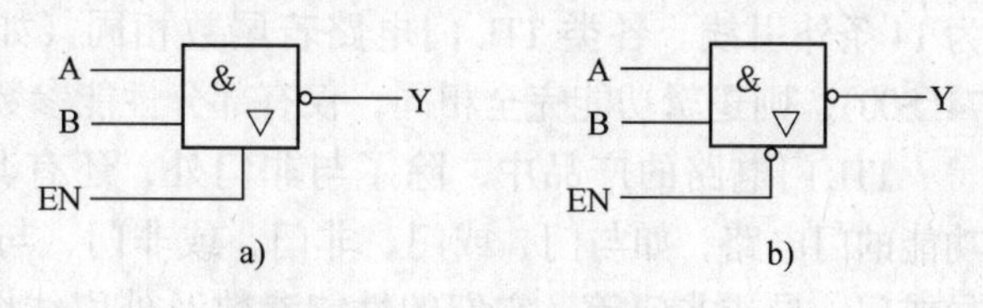

图 6-19　三态门的逻辑符号

a）使能端高电平有效　b）使能端低电平有效

表 6-19　三态门的真值表

EN	$\overline{EN}$	A	B	Y
1	0	0	0	1
		0	1	1
		1	0	1
		1	1	0
0	1	×	×	高阻

在计算机系统中，三态门常用作各部件的输出级，便于将数据传输到总线上。如图 6-20 所示，当某一部件的数据需要传输到总线上时，对应三态门的使能端加以有效电平，而其他三态门的使能端施加相反的电平（处于高阻状态），就能实现数据的传送。

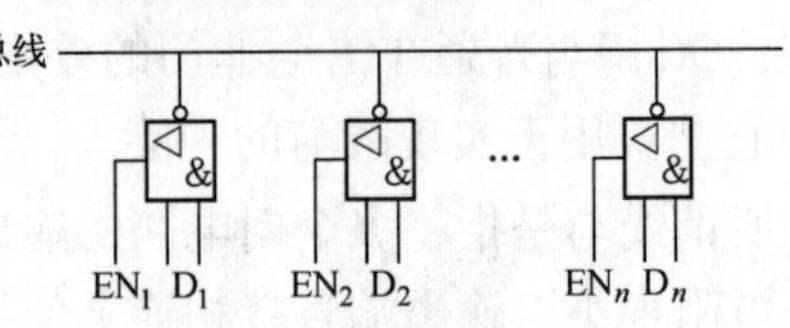

图 6-20　三态门用于总线传输

四、TTL 门电路的分类

国产的 TTL 集成电路产品共有五个与国际通用的系列：CT54/74 通用系列、CT54/74H 高速系列、CT54/74S 肖特基系列、CT54/74AS 先进肖特基系列、CT54/74LS 低功耗肖特基系列和 CT54/74ALS 先进低功耗肖特基系列。54 系列（军用）的电源电压 U_{CC} 的允许变化范围为（5 ± 0.5）V，工作温度范围为 −55 ~ +125°C；74 系列（民用）的电源电压 U_{CC} 的允许变化范围为（5 ± 0.25）V，工作温度范围为 0 ~ +70°C。不同系列之间由于电路参数或电路结构的不同，输入电流、输出电流、功耗及传输延迟时间等均不相同，但外引线排列基本上能彼此相容。为了便于比较，现将不同系列 TTL 门电路的延迟时间、功耗和延迟—功耗积（dp 积）列于表 6-20 中。

表 6-20　不同系列 TTL 门电路的性能比较

参数	54/74	54H/74H	54S/74S	54LS/74LS	54AS/74AS	54ALS/74AS
t_{pd} /ns	10	6	4	10	1.5	4
P/每门 /mW	10	22.5	20	2	20	1
dp 积/ ns·mW	100	135	80	20	30	4

TTL 门电路除少数产品采用 16 条外引线外，其余全部为 14 条外引线。各类 TTL 门电路若尾数相同（如 7400 和 74LS00），则逻辑功能完全相同，仅有部分性能参数不同。

TTL 门电路的产品中，除了与非门外，还有其他逻辑功能的门电路，如与门、或门、非门、或非门、与或非门、异或门、异或非门等，它们的性能参数及外引线图可查阅相关手册。目前常用的 TTL 产品是 74LS（低功耗肖特基）系列产品，图 6-21 为 74LS00（四 2 输入与非门）芯片的外引线图。

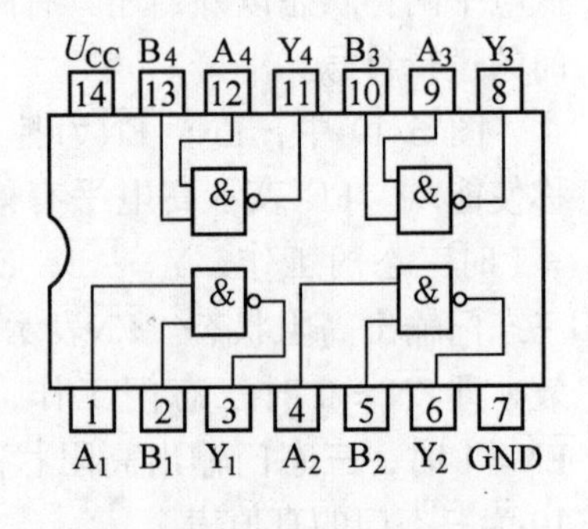

图 6-21　74LS00 外引线图

五、TTL 门电路在使用时的注意事项

1）电路的工作条件和电源电压不应超过所规定的范围。如果电源电压过低，则可能造成逻辑功能不正常；如果电源电压过高，则可能造成集成电路的损坏。

2）各输入端不能直接与高于 5.5V 和低于 −0.5V 的低内阻电源连接，以防止产生较大电流而烧坏电路。

3）各输出端不能与低内阻电源直接相连，但可以通过适当数值的电阻相连；输出端所接负载不能超过扇出系数；除具有 OC 结构和三态输出结构的电路以外，输出端不允许并联使用。

4）多余的输入端最好不要悬空，以防止外界干扰。对于与门和与非门可将其通过上拉电阻（1～3kΩ）接至电源正极或与其他使用的输入端并联；对于或门和或非门可将其接地或与其他使用的输入端并联。

第四节　CMOS 门电路

CMOS 门电路是由增强型 PMOS 管和增强型 NMOS 管组成的互补对称 MOS 门电路，它具有功耗低、电源电压范围宽、输入阻抗高、扇出系数大、逻辑摆幅大等优点。因此，应用范围极广，在大规模集成电路中占有较大优势。下面介绍几种主要的 CMOS 门电路。

一、CMOS 反相器

1. 电路结构

图 6-22 是 CMOS 反相器的简化电路，其中 VF_P 是 P 沟道增强型 MOS 管（工作管），VF_N 是 N 沟道增强型 MOS 管（负载管），两管的参数对称相同。为使电路能正常工作，要求电源电压大于两管的开启电压的绝对值之和，即 $U_{DD} > (|U_{GS(th)P}| + U_{GS(th)N})$。

2. 工作原理

1）当输入信号 $u_i = U_{iL} = 0$ 时，$u_{GSN} = 0 < U_{GS(th)N}$，$VF_N$ 截止；$u_{SGP} = U_{DD} > |U_{GS(th)P}|$，$VF_P$ 导通。输出电压 $u_o = U_{oH} \approx U_{DD}$。

2）当输入信号 $u_i = U_{iH} = U_{DD}$时，$u_{GSN} = U_{DD} > U_{GS(th)N}$，$VF_N$ 导通；$u_{SGP} = 0 < |U_{GS(th)P}|$，$VF_P$ 截止。输出电压 $u_o = U_{oL} \approx 0$。

由上述分析可得，图 6-22 所示电路具有逻辑非的功能，其逻辑表达式为 $Y = \overline{A}$。

二、CMOS 与非门

图 6-23 是二输入 CMOS 与非门的电路图，其中 VF_{P1}、VF_{P2}为两个并联的 P 沟道增强型 MOS 管（工作管），VF_{N1}、VF_{N2}为两个串联的 N 沟道增强型 MOS 管（负载管）。该电路中各管的工作状态及输入输出关系见表 6-21。

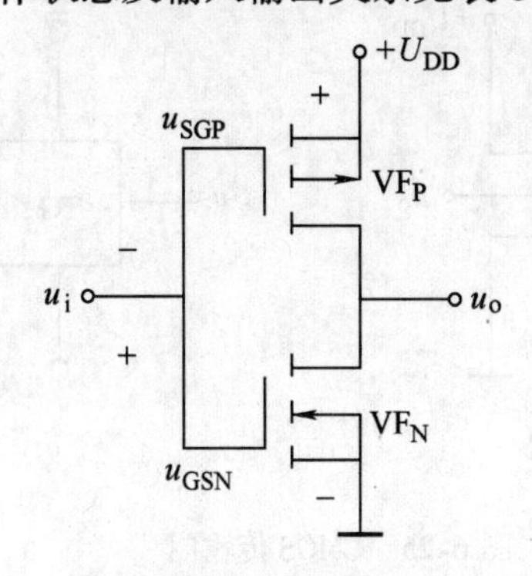

图 6-22　CMOS 反相器

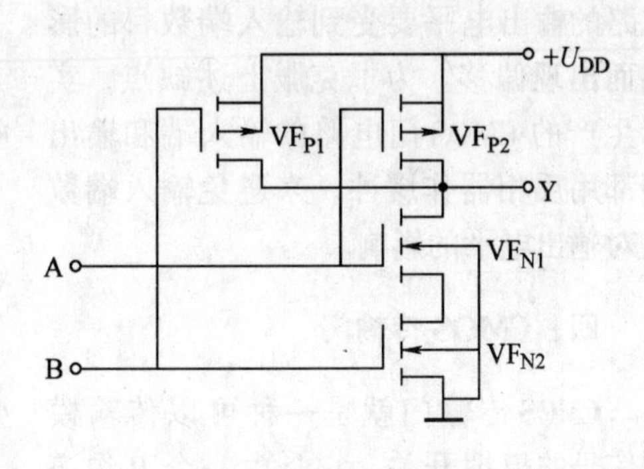

图 6-23　CMOS 与非门

表 6-21 CMOS 与非门的工作情况

A	B	VF_{P1}	VF_{P2}	VF_{N1}	VF_{N2}	Y
0	0	导通	导通	截止	截止	1
0	1	截止	导通	截止	导通	1
1	0	导通	截止	导通	截止	1
1	1	截止	截止	导通	导通	0

由表 6-21 可得，图 6-23 所示电路具有与非的逻辑功能，其逻辑表达式为 $Y=\overline{AB}$。

三、CMOS 或非门

图 6-24 是二输入 CMOS 或非门的电路图，其中 VF_{P1}、VF_{P2}为两个串联的 P 沟道增强型 MOS 管（工作管），VF_{N1}、VF_{N2}为两个并联的 N 沟道增强型 MOS 管（负载管）。该电路中各管的工作状态及输入输出关系见表 6-22。

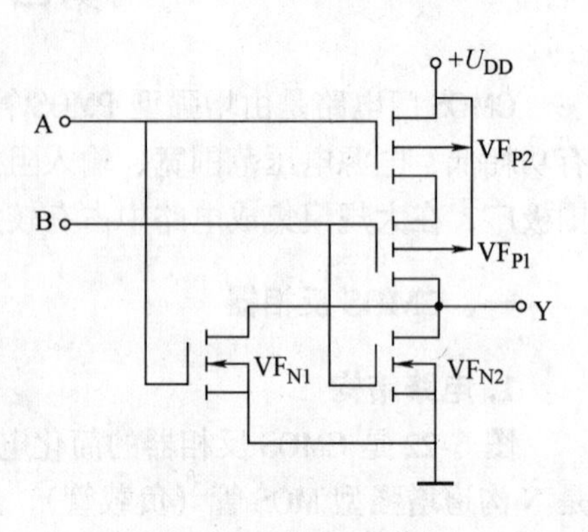

图 6-24 CMOS 或非门

表 6-22 CMOS 或非门的工作情况

A	B	VF_{P1}	VF_{P2}	VF_{N1}	VF_{N2}	Y
0	0	导通	导通	截止	截止	1
0	1	截止	导通	截止	导通	0
1	0	导通	截止	导通	截止	0
1	1	截止	截止	导通	导通	0

由表 6-22 可得，图 6-24 所示电路具有或非的逻辑功能，其逻辑表达式为 $Y=\overline{A+B}$。

由于在 N 个输入端的 CMOS 与非门（或非门）电路中，必须有 N 个 PMOS 管并（串）联和 N 个 NMOS 管串（并）联。因此，电路的输出电平要受到输入端数目的影响而出现偏移。为了克服上述缺点，实际生产的 CMOS 门电路的输入端和输出端都用反相器作缓冲，来避免输入端数目对输出电平的影响。

四、CMOS 传输门

CMOS 传输门就是一种可以传输模拟信号的模拟开关，它是由一个 P 沟道

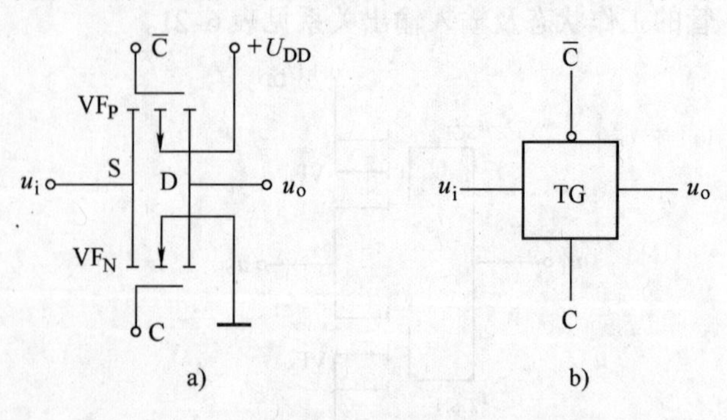

图 6-25 CMOS 传输门
a) 电路图 b) 逻辑符号

增强型 MOS 管（VF_P）和一个 N 沟道增强型 MOS 管（VF_N）并联组成的，两管的结构和参数是互补对称的。图 6-25 是 CMOS 传输门的电路图及逻辑符号。

图 6-25a 所示电路中，VF_P 和 VF_N 的源极、漏极分别相连作为传输门的输入端和输出端，C 和 $\overline{C}$ 为加在栅极上的互补的控制信号。设控制信号的高电平 $U_{CH}=U_{DD}$，低电平 $U_{CL}=0$，输入信号 u_i 的变化范围为 $0\sim U_{DD}$，其工作原理如下：

(1) 当 $C=0$（$\overline{C}=1$）时，VF_P 和 VF_N 都截止，相当于开关断开。

(2) 当 $C=1$（$\overline{C}=0$）时，若 $0\leqslant u_i<(U_{DD}-U_{GS(th)N})$，则 VF_N 导通；若 $|U_{GS(th)p}|\leqslant u_i\leqslant U_{DD}$，则 VF_P 导通。因为 $U_{GS(th)N}=|U_{GS(th)p}|$（对称），所以只要 $U_{DD}>2U_{GS(th)N}$，两管就至少会有一个处于导通状态，其导通电阻值约为几百欧姆，相当于开关接通。

由于 VF_P 和 VF_N 的结构是对称的，其源极和漏极是可以互换的，因此 CMOS 传输门具有双向性，又称为双向开关。

五、CMOS 门电路的分类

国产的 CMOS 集成电路产品主要分为：CC4000 系列和 CC54/74HC、CC54/74HCT 高速系列。CC4000 系列产品的工作电压为 3~18V，它与国际标准相同，只要 4 后面的数字相同，均为相同功能、特性的器件，可以与国外的 CD、MC、TC 等系列直接互换（如 CC4011 和 CD4011、MC14011、TC4011 等）。CC54/74HC 和 CC54/74HCT 高速系列产品的工作电压分别为 2~6V 和 4.5~5.5V，输出电平与 TTL 电路兼容。只要它们和 54/74LS 的尾数相同，则两种器件的逻辑功能、外引线完全相同。

CMOS 门电路的产品中，除了上述门电路外，还有其他逻辑功能的门电路，如与门、或门、异或门、异或非门等，它们的功能参数及引脚图可查阅相关手册。图 6-26 为 CC4011（四 2 输入与非门）芯片的外引线图。

六、CMOS 门电路在使用时的注意事项

(1) 注意静电防护，预防栅极击穿损坏。

(2) 电源电压不应超过所规定的范围。

(3) 输入信号电压必须控制在 $U_{DD}\sim U_{SS}$之间；输入端接低内阻电源或大电容时，应串接限流电阻。

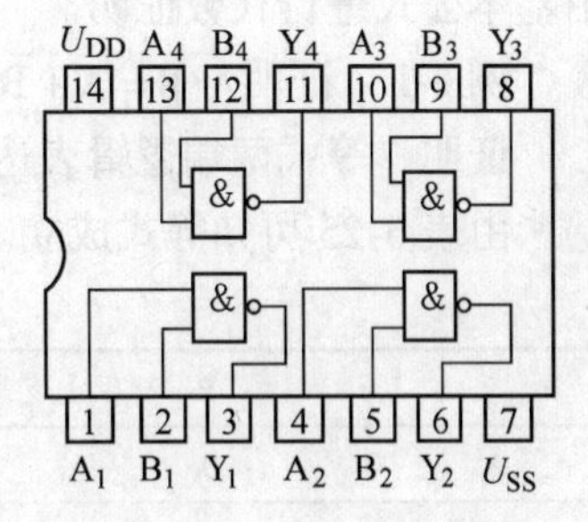

图 6-26　CC4011 外引线图

(4) 输出端不能和 U_{DD}或 U_{SS}直接短接；除具有 OC 结构和三态输出结构的电路以外，输出端不允许并联使用。

(5) 多余的输入端不允许悬空，以防止外界干扰。对于与门和与非门可将其接至 U_{DD}或与其他使用的输入端并联；对于或门和或非门可将其接 U_{SS}或与其他使用的输入端并联。

第五节　逻 辑 代 数

逻辑代数（又称布尔代数）是英国数学家 George Boole 在 19 世纪中叶创立的，它是用代数的方法研究逻辑问题的一种数学工具。利用逻辑代数，可以将数字电路中的逻辑关系抽象为数学表达式，并且可以用逻辑运算的方法来分析和设计逻辑电路。

一、逻辑代数的运算法则

1. 基本公式

逻辑代数的基本公式见表 6-23。

表 6-23　基 本 公 式

逻辑加	逻辑乘	逻辑非
$A+0=A$ $A+1=1$ $A+A=A$ $A+\overline{A}=1$	$A\cdot 0=0$ $A\cdot 1=A$ $A\cdot A=A$ $A\cdot\overline{A}=0$	$A=\overline{\overline{A}}$

2. 基本定律

逻辑代数的基本定律见表 6-24。

表 6-24　基 本 定 律

交换律	结合律	分配律	吸收律	摩根定律
$A+B=B+A$ $AB=BA$	$(A+B)+C=A+(B+C)$ $(AB)C=A(BC)$	$A(B+C)=AB+AC$ $A+BC=(A+B)(A+C)$	$A+AB=A$ $A+\overline{A}B=A+B$	$\overline{A\cdot B\cdot C\cdots}=\overline{A}+\overline{B}+\overline{C}+\cdots$ $\overline{A+B+C+\cdots}=\overline{A}+\overline{B}+\overline{C}\cdots$

表 6-24 所列各定律，可通过检验等式两端逻辑表达式的真值表是否相等来证明，也可利用基本公式进行代数证明。

例 6-1　证明 $\overline{A\cdot B}=\overline{A}+\overline{B}$。

证明　等式两端逻辑表达式的真值表见表 6-25。

由表 6-25 可知等式成立。

表 6-25　$\overline{A\cdot B}$ 和 $\overline{A}+\overline{B}$ 的真值表

A	B	$\overline{A\cdot B}$	$\overline{A}+\overline{B}$
0	0	1	1
0	1	1	1
1	0	1	1
1	1	0	0

例 6-2　证明 $A+AB=A$。

证明　左式 $A+AB=A(1+B)=A\cdot 1=$ 右式

例 6-3　证明 $A+\overline{A}B=A+B$。

证明　左式 $A+\overline{A}B=A+AB+\overline{A}B=A+(A+\overline{A})B=A+1\cdot B=A+B=$ 右式

3. 基本规则

(1) 代入规则　在任何含有变量 X 的逻辑等式中，如将所有出现 X 的位置都用同一个逻辑函数代替，则等式仍然成立，这个规则称为代入规则。

例如，在 $A+AB=A$ 中，将所有出现 A 的位置都用函数（A+C）代替，则等式仍然成立，即 $(A+C)+(A+C)B=(A+C)$。

(2) 反演规则　在求一个逻辑函数 Y 的非函数 $\overline{Y}$ 时，可将 Y 中的与（·）换成或（+），或（+）换成与（·）；“0”换成“1”，“1”换成“0”；原变量换为非变量，非变量换为原变量，则所得的函数式就是 $\overline{Y}$，这个规则称为反演规则。注意变换时要保持原式中先与后或的顺序，而且不是一个变量上的非号应保持不变，否则容易出错。

例如，求 $Y=AB+\overline{A}C$ 的 $\overline{Y}$ 时，由反演规则可得 $\overline{Y}=(\overline{A}+\overline{B})(A+\overline{C})$。

(3) 对偶规则　将一个逻辑函数 Y 中的与（·）换成或（+），或（+）换成与（·）；“0”换成“1”，“1”换成“0”，则所得的函数式 Y^1 就是 Y 的对偶式。变换时仍需注意保持原式中先与后或的顺序。所谓对偶规则，是指若某个逻辑恒等式成立，则其对偶式也成立。利用对偶规则，可以从已知的公式中得到更多的公式。

例如，求 $A+\overline{A}B=A+B$ 的对偶式，由对偶规则可得 $A(\overline{A}+B)=AB$。

二、逻辑函数的表示方法

在数字电路中，若输入变量 A、B、C、…的取值确定后，输出变量 Y 的值也就被惟一确定了。这样，我们就称 Y 是 A、B、C、…的函数。它的一般表达式可写作

$$Y=f(A,B,C,\cdots)$$

其中 f 为某种固定的函数关系。当输入变量的取值是逻辑值 0 和 1 时，输出变量 Y 的值也只能是逻辑值 0 和 1。因此，我们常将具有逻辑属性的输入、输出变量称为逻辑变量和逻辑函数，将 $Y=f(A,B,C,\cdots)$ 称为逻辑表达式。

逻辑函数常用的表示方法有真值表、逻辑表达式、卡诺图和逻辑图等，可以根据实际需要来选择。

1. 真值表

真值表是用来描述逻辑函数各个变量的取值组合与函数值之间对应关系的表格，它具有直观明了的优点。n 个变量有 2^n 个不同的取值组合，列写真值表时要包含其全部组合。在研究实际逻辑问题时，往往需要先列出真值表，再由真值表写出逻辑表达式。

2. 逻辑表达式

一个逻辑函数可以有多种不同的逻辑表达式，常见的如与－或表达式、或－与表达式、与非－与非表达式、或非－或非表达式以及与－或－非表达式等。

例如，$Y_1=AB+CD$　　与－或表达式

$Y_2=(A+B)(C+D)$　　或－与表达式

$Y_3=\overline{\overline{AB}\cdot\overline{CD}}$　　与非－与非表达式

$Y_4=\overline{\overline{A+B}+\overline{C+D}}$　　或非－或非表达式

$Y_5=\overline{AB+CD}$　　与－或－非表达式

上述五种形式中，与－或式比较简单，并且容易转换成其他形式的表达式。因此，我们常用与－或表达式来表示逻辑函数。

(1) 标准与－或表达式　标准与－或表达式是由若干个乘积项的逻辑加构成的。它的乘

积项具有标准的形式，称为最小项，标准与－或表达式也称为最小项表达式。

对 n 个变量来说，最小项共有 2^n 个，其特点为：① 每项都含有 n 个因子；② 每项都含有 n 个变量；③ 每项中各个变量以原变量或反变量的形式只出现一次。

例如，三个变量 A、B、C 的最小项有 $2^3=8$ 个，最小项的编号分别用 $m_0 \sim m_7$ 来表示，其真值表见表 6-26。

表 6-26　三个变量最小项真值表

A B C	$\overline{A}\,\overline{B}\,\overline{C}$ (m_0)	$\overline{A}\,\overline{B}C$ (m_1)	$\overline{A}B\overline{C}$ (m_2)	$\overline{A}BC$ (m_3)	$A\overline{B}\,\overline{C}$ (m_4)	$A\overline{B}C$ (m_5)	$AB\overline{C}$ (m_6)	ABC (m_7)
0 0 0	1	0	0	0	0	0	0	0
0 0 1	0	1	0	0	0	0	0	0
0 1 0	0	0	1	0	0	0	0	0
0 1 1	0	0	0	1	0	0	0	0
1 0 0	0	0	0	0	1	0	0	0
1 0 1	0	0	0	0	0	1	0	0
1 1 0	0	0	0	0	0	0	1	0
1 1 1	0	0	0	0	0	0	0	1

由表 6-26 可看出，最小项具有下列性质：

1）每个最小项只有一组变量的取值使其值为 1。

2）每组变量的取值只能使一个最小项的值为 1。

3）对于变量的每组取值，任意两个最小项的乘积为 0。

4）对于变量的每组取值，全体最小项之和为 1。

利用逻辑函数的真值表可以直接写出它的标准与－或式，也可以利用逻辑代数的基本公式和定律将逻辑函数表达式变换成标准与－或式。任何一个逻辑函数都可以化成惟一的标准与－或表达式。

例如，

$$
\begin{aligned}
Y(A,B,C) &= AB+BC+AC\\
&= AB(C+\overline{C})+BC(A+\overline{A})+AC(B+\overline{B})\\
&= ABC+AB\overline{C}+ABC+\overline{A}BC+ABC+A\overline{B}C\\
&= ABC+AB\overline{C}+\overline{A}BC+A\overline{B}C\\
&= m_3+m_5+m_6+m_7\\
&= \Sigma m(3,5,6,7)
\end{aligned}
$$

(2)最简与－或表达式　最简与－或表达式是乘积项的数目最少，且每个乘积项中变量的数目也最少的最简与－或式。利用最简与－或表达式，可以比较容易地得到与非－与非、与－或－非等形式的最简表达式。

3. 卡诺图

卡诺图是逻辑函数的最小项方格图。用卡诺图表示逻辑函数，就是将逻辑函数的最小项表达式中的各个最小项相应地填入一个特定的方格图内。

(1)卡诺图的画法　因为 n 个变量的最小项有 2^n 个,所以卡诺图的方格数为 2^n 个。当变量数 $n>5$ 时,由于卡诺图太大,使用起来就不方便了。常见的 3 ~ 5 个变量的卡诺图如图 6-27 所示。

图 6-27a 中的 m_i 表示变量的最小项,i 为最小项的编号。图 6-27b、c、d 为卡诺图的简化画法,只标出最小项的编号,省去了 m。卡诺图中的变量取值是按格雷码排列的(见表 6-2)。

A \ BC	00	01	11	10
0	m_0	m_1	m_3	m_2
1	m_4	m_5	m_7	m_6

a)

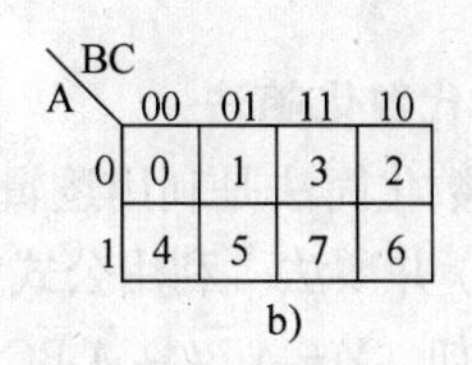

b)

AB \ CD	00	01	11	10
00	0	1	3	2
01	4	5	7	6
11	12	13	15	14
10	8	9	11	10

c)

AB \ CDE	000	001	011	010	110	111	101	100
00	0	1	3	2	18	19	17	16
01	4	5	7	6	22	23	21	20
11	12	13	15	14	30	31	29	28
10	8	9	11	10	26	27	25	24

d)

图 6-27　3 ~ 5 个变量的卡诺图

a) 三变量卡诺图　b) 简化卡诺图　c) 四变量卡诺图　d) 五变量卡诺图

(2)卡诺图的特点　卡诺图可以形象地描述出最小项的相邻性。所谓相邻性是指两个最小项中只有一个因子不同,且该因子为互补变量。

图 6-27 所示的卡诺图中,任意一个最小项和它所在方格的上、下、左、右相邻方格的最小项都具有相邻性,而且任意一行或一列两端的最小项也具有相邻性。如图 6-27c 中的 5 和 1、5 和 4、5 和 7、5 和 13、0 和 2、1 和 9 等。

(3)逻辑函数的卡诺图　用卡诺图表示逻辑函数时,应先根据逻辑函数表达式中的变量数 n,画出 n 变量卡诺图;再根据表达式中所有最小项的编号,在相应编号的方格内填入 1。

例如,画出 $Y(A,B,C)=\overline{A}BC+A\overline{B}C+AB\overline{C}+ABC$ 的卡诺图。

$$
\begin{aligned}
\text{由于 } Y(A,B,C) &= \overline{A}BC+A\overline{B}C+AB\overline{C}+ABC \\
&= m_3+m_5+m_6+m_7 \\
&= \Sigma m(3,5,6,7)
\end{aligned}
$$

所以，卡诺图如图 6-28 所示。

A \ BC	00	01	11	10
0			1	
1		1	1	1

图 6-28　逻辑函数的卡诺图

4. 逻辑图

逻辑电路中的各种门电路可以用逻辑符号来表示，由各种逻辑符号及它们之间的连线构成的图形称为逻辑图。逻辑图是逻辑函数的一种图示法，它具有比较接近工程实际的优点。

根据逻辑函数的表达式可以画出逻辑图，也可由逻辑图写逻辑表达式。

例如，画出 $Y(A,B,C,D)=\overline{AB+BC+CA}$ 的逻辑图，如图 6-29 所示。

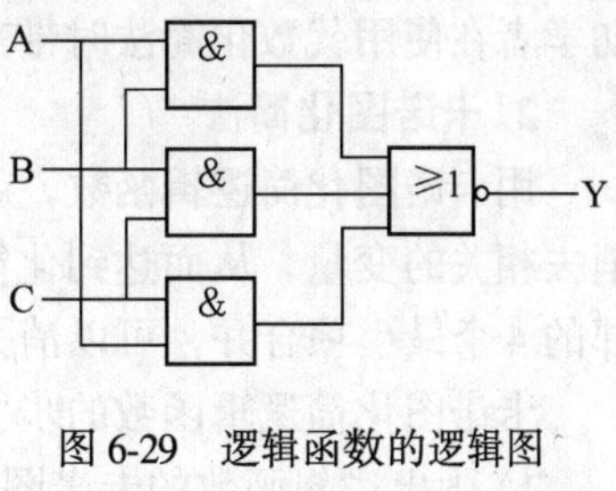

图 6-29　逻辑函数的逻辑图

三、逻辑函数的化简

不同的逻辑表达式，可以用不同的逻辑门来实现。在实际电路中，可以把一个已知的逻辑表达式根据需要进行转换，便于合理使用逻辑门来实现电路。

用最简的表达式构成逻辑电路，可以节省器件、降低成本、提高工作的可靠性。因而常将各种逻辑表达式化简为最简的与－或表达式。常用的逻辑函数化简法有代数法和卡诺图法。

1. 代数化简法

代数化简法是利用逻辑代数的基本公式和定律对逻辑函数进行化简，常用的方法如下。

(1) 并项法　利用公式 $A+\overline{A}=1$，将两项合并为一项，并消去一个变量。

例如，$Y=A\overline{B}C+\overline{A}\,\overline{B}C=(A+\overline{A})\overline{B}C=\overline{B}C$

(2) 吸收法　利用公式 $A+AB=A$，消去多余的项。

例如，$Y=A\overline{B}+A\overline{B}C(D+E)=A\overline{B}$

(3) 消去法　利用公式 $A+\overline{A}B=A+B$，消去多余的因子。

例如，$Y=\overline{A}+AB+\overline{B}CD=\overline{A}+B+\overline{B}CD=\overline{A}+B+CD$

(4) 配项法　利用公式 $A+\overline{A}=1$,将它作配项用,然后消去多余的项。

例如,
$$
\begin{aligned}
Y &= AB+\overline{A}C+BC \\
&= AB+\overline{A}C+BC(A+\overline{A}) \\
&= AB+\overline{A}C+ABC+\overline{A}BC \\
&= AB+\overline{A}C
\end{aligned}
$$

其中　$AB+\overline{A}C+BC=AB+\overline{A}C$ 可作恒等式使用。

例 6-4　化简函数 $Y=AD+A\overline{D}+AB+\overline{A}C+BD$。

解
$$
\begin{aligned}
Y &= AD+A\overline{D}+AB+\overline{A}C+BD \\
&= A(D+\overline{D})+AB+\overline{A}C+BD \\
&= A+AB+\overline{A}C+BD \\
&= A+\overline{A}C+BD \\
&= A+C+BD
\end{aligned}
$$

例 6-5　化简函数 $Y=A\overline{B}+B\overline{C}+\overline{B}C+\overline{A}B$。

解
$$
\begin{aligned}
Y &= A\overline{B}+B\overline{C}+\overline{B}C+\overline{A}B \\
&= A\overline{B}+B\overline{C}+(A+\overline{A})\overline{B}C+\overline{A}B(C+\overline{C}) \\
&= A\overline{B}+B\overline{C}+A\overline{B}C+\overline{A}\,\overline{B}C+\overline{A}BC+\overline{A}B\overline{C} \\
&= A\overline{B}+B\overline{C}+\overline{A}C
\end{aligned}
$$

由于代数化简法要求使用者必须熟练掌握逻辑代数的基本公式、定律，而且还需要一定的经验与技巧，尤其是经代数法化简后得到的逻辑表达式是否最简，往往难以判断，这就给初学者在使用代数化简法时带来一定的困难。为了解决这一问题，常采用卡诺图化简法。

2. 卡诺图化简法

用卡诺图化简逻辑函数，就是利用卡诺图中最小项的相邻性，通过合并相邻的最小项，消去相关的变量，从而达到化简的目的。将相邻的 2 个最小项合并，可以消去 1 个变量；相邻的 4 个最小项合并，可以消去 2 个变量；相邻的 2^n 个最小项合并，可以消去 n 个变量。

卡诺图化简逻辑函数的步骤：

1) 画出逻辑函数的卡诺图。

2) 合并卡诺图中相邻的最小项。

将卡诺图中为 1 的 2^n 个相邻方格，用包围圈圈起来进行合并，每个包围圈对应一个“与”项。

3) 只有相邻的 2^n 个 1 方格才能圈在一起，即圈里 1 的个数必须是 1、2、4、6、8、…个。

4) 1 方格可以被不同的包围圈重复圈用，但每个包围圈内至少有一个 1 方格未被其他包围圈圈过，否则该包围圈是多余的。

5) 将合并后的各个“与”项逻辑加，所得结果为逻辑函数的最简与 - 或表达式。

例 6-6　用卡诺图化简 Y（A，B，C，D）$=\Sigma m$（2，3，4，5，8，10，11，12，13）。

解　①画出 Y 的卡诺图，并画出包围圈，如图 6-30 所示。

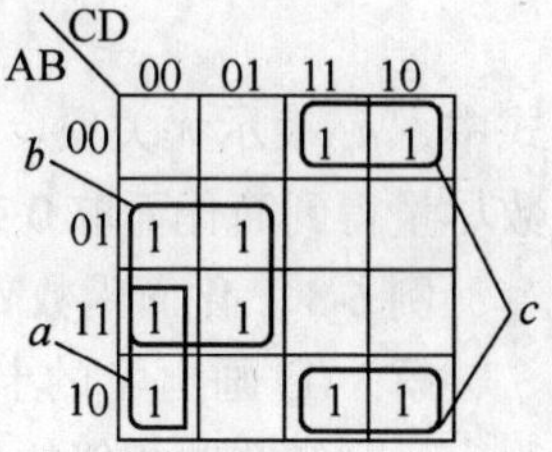

②合并相邻的最小项。

$$Y_a = AB\overline{C}\,\overline{D} + A\overline{B}\,\overline{C}\,\overline{D} = A\overline{C}\,\overline{D}(B+\overline{B}) = A\overline{C}\,\overline{D}$$

$$Y_b = \overline{A}B\overline{C}\,\overline{D} + \overline{A}B\overline{C}D + AB\overline{C}\,\overline{D} + AB\overline{C}D = \overline{A}B\overline{C} + AB\overline{C} = B\overline{C}$$

$$Y_c = \overline{A}\,\overline{B}CD + \overline{A}\,\overline{B}C\overline{D} + A\overline{B}CD + A\overline{B}C\overline{D} = \overline{A}\,\overline{B}C + A\overline{B}C = \overline{B}C$$

图 6-30　例 6-6 的卡诺图

③将各个“与”项逻辑加得最简与 - 或表达式。

$$Y(A,B,C,D) = Y_a + Y_b + Y_c = A\overline{C}\,\overline{D} + B\overline{C} + \overline{B}C$$

例 6-7　已知逻辑函数 Y（A，B，C，D）的真值表如表 6-27 所示，用卡诺图法将其化简为与 - 或表达式和与非 - 与非表达式。

表 6-27　例 7 的真值表

A	B	C	D	Y	A	B	C	D	Y
0	0	0	0	1	1	0	0	0	1
0	0	0	1	0	1	0	0	1	0
0	0	1	0	0	1	0	1	0	1
0	0	1	1	0	1	0	1	1	0
0	1	0	0	1	1	1	0	0	1
0	1	0	1	1	1	1	0	1	0
0	1	1	0	0	1	1	1	0	0
0	1	1	1	0	1	1	1	1	1

解　①由真值表可写出逻辑函数 Y（A，B，C，D）的表达式为

$$Y(A,B,C,D) = \Sigma m(0,4,5,8,10,12,15)$$

②画出 Y 的卡诺图，如图 6-31 所示。

③合并相邻的最小项，得最简与 - 或表达式。

$$Y(A,B,C,D) = ABCD + A\overline{B}\,\overline{D} + \overline{A}B\overline{C} + \overline{C}\,\overline{D}$$

④求与非 - 与非表达式。

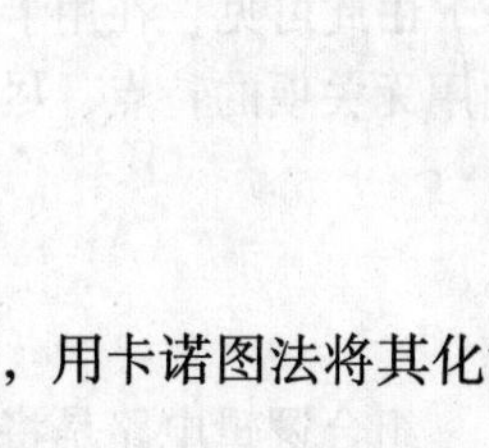

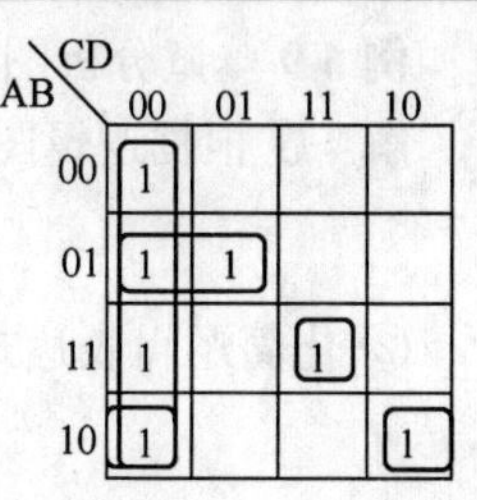

图 6-31　例 6-7 的卡诺图

$$Y(A,B,C,D)=\overline{\overline{ABCD+A\overline{B}\,\overline{D}+AB\overline{C}+\overline{C}\,\overline{D}}}\quad（二次求非）$$

$$=\overline{\overline{ABCD}\cdot\overline{A\overline{B}\,\overline{D}}\cdot\overline{AB\overline{C}}\cdot\overline{\overline{C}\,\overline{D}}}\qquad（摩根定律）$$

3. 具有无关项的逻辑函数的化简

在逻辑电路中经常会遇到这样的问题，逻辑变量的某些取值与逻辑关系无关或者是不允许出现的，这些变量取值所对应的最小项就称为无关项（或任意项）。无关项的值可以取 0，也可以取 1。

具有无关项的逻辑函数的表达式常写成

$$Y(A,B,C,\cdots)=\Sigma m_i+\Sigma d_k$$

式中，d_k 表示无关项。用卡诺图化简时，无关项对应的方格填入“×”，它们可以根据使函数尽量得到简化而取 0 或取 1。

例 6-8 化简函数$Y(A,B,C,D)=\Sigma m(0,1,2,12,13)+\Sigma d(3,7,10,11,14,15)$。

解 ① 画出 Y 的卡诺图，如图 6-32 所示。

②合并相邻的最小项。

当无关项都取 0 时，得

$$Y(A,B,C,D)=\overline{A}\,\overline{B}\,\overline{C}+\overline{A}\,\overline{B}\,\overline{D}+AB\overline{C}$$

当 d_3、d_{14}、d_{15}取 1，d_7、d_{10}、d_{11}取 0 时，得

$$Y(A,B,C,D)=\overline{A}\,\overline{B}+AB$$

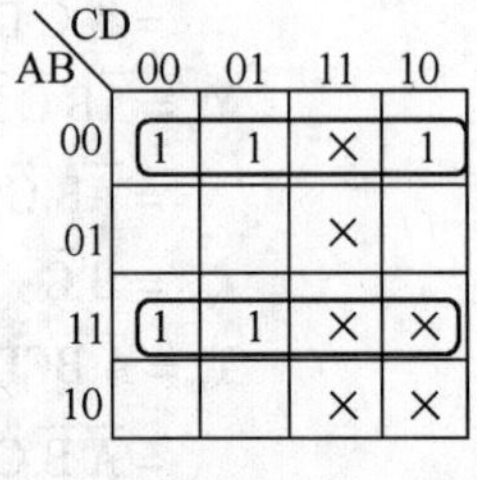

AB \ CD	00	01	11	10
00	1	1	×	1
01			×	
11	1	1	×	×
10			×	×

图 6-32 例 6-8 的卡诺图

由此可见，在用卡诺图化简具有无关项的逻辑函数时，要充分利用无关项的特点，尽量将结果化为最简。

第六节 组合逻辑电路的分析

组合逻辑电路是将逻辑门按一定的方式组合在一起，使其具有一定逻辑功能的电路。在任何时刻，组合逻辑电路的输出状态只取决于同一时刻各输入状态的组合，而与此前电路的状态无关。因此，它具有无记忆、无反馈的特点。

分析组合逻辑电路的目的是为了确定电路的逻辑功能，其分析步骤大致如下：

1）由逻辑图写出逻辑表达式。

2）化简和变换逻辑表达式。

3）列出真值表。

4）根据真值表和逻辑表达式确定电路的逻辑功能。

下面举例来说明组合逻辑电路的分析方法。

例 6-9 试分析图 6-33 所示电路的逻辑功能。

解 ①根据逻辑图的连接方式，从输入到输出分级写出各逻辑表达式。

$$Y_1=\overline{A\overline{B}},\ Y_2=\overline{\overline{A}B},\ Y=\overline{\overline{A\overline{B}}\cdot\overline{\overline{A}B}}$$

② 化简逻辑表达式。由摩根定律，得

$$Y=\overline{\overline{A\overline{B}}}+\overline{\overline{\overline{A}B}}=A\overline{B}+\overline{A}B$$

③ 列出真值表，见表 6-28。

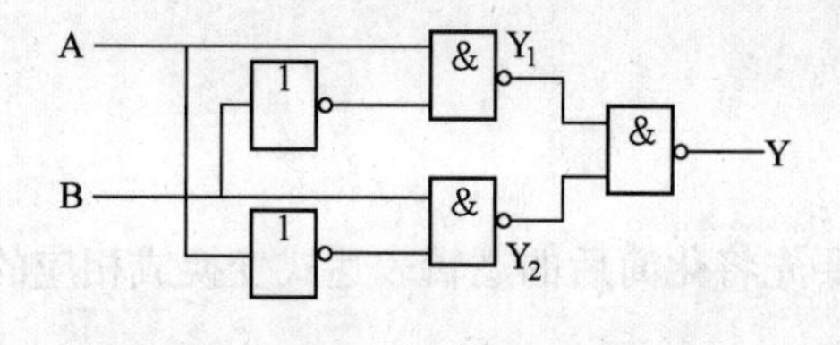

图 6-33　例 6-9 的逻辑图

表 6-28　例 6-9 的真值表

A	B	Y
0	0	0
0	1	1
1	0	1
1	1	0

④分析电路的逻辑功能。

由逻辑表达式或真值表可知，该电路是异或逻辑电路。其逻辑功能为：输入相同，输出为 0；输入相异，输出为 1。

例 6-10　试分析图 6-34 所示电路的逻辑功能。

解　①逐级写出各逻辑表达式，得

$$Y_1=\overline{A\,\overline{BC}},\quad Y_2=\overline{\overline{A}B\,\overline{C}},\quad Y_3=\overline{\overline{A}\,\overline{B}C},\ Y_4=\overline{ABC}$$

$$Y=\overline{\overline{A\,\overline{BC}}\cdot\overline{\overline{A}B\,\overline{C}}\cdot\overline{\overline{A}\,\overline{B}C}\cdot\overline{ABC}}$$

② 由摩根定律化简，得

$$Y=A\,\overline{BC}+\overline{A}B\,\overline{C}+\overline{AB}C+ABC$$

③ 列出真值表，见表 6-29。

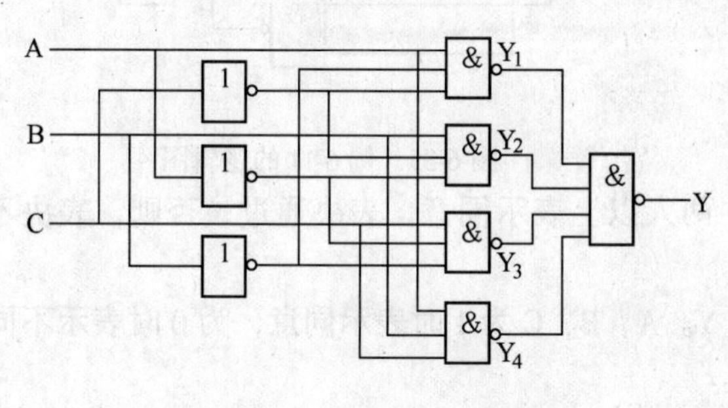

图 6-34　例 6-10 的逻辑图

表 6-29　例 6-10 的真值表

A	B	C	Y
0	0	0	0
0	0	1	1
0	1	0	1
0	1	1	0
1	0	0	1
1	0	1	0
1	1	0	0
1	1	1	1

④ 分析电路的逻辑功能。

由真值表可知，该逻辑电路为三位奇偶校验器。其逻辑功能为：输入有奇数个 1 时，输出为 1；否则，输出为 0。

第七节　组合逻辑电路的设计

在实际应用中经常会遇到，要求根据给定的逻辑功能，设计出合理的逻辑电路。组合逻辑电路的设计方法与分析过程相反，其设计步骤大致如下：

1）分析给定的逻辑功能，确定输入和输出变量，并用 0 和 1 表示输入、输出变量的状态。

2）根据给定的逻辑功能，列出真值表。

3）由真值表写出逻辑函数的与－或表达式。

4）化简和变换逻辑表达式。

5）根据逻辑表达式画出逻辑图。

如果限定实现逻辑电路的门电路的类型，需要先将化简后的逻辑表达式变换成相应的形式，再画出逻辑图，最后用相应的逻辑门来实现。

例 6-11　设计一个一位相同比较器。要求：二输入量相同时，输出量为 1；否则，输出量为 0。用反相器和与非门实现。

解　①设输入量为 A、B，输出量为 Y。

② 根据要求列出真值表，见表 6-30。

③ 由真值表得逻辑表达式为 $Y=\overline{A}\,\overline{B}+AB$。

④ 变换逻辑表达式。

$$Y=\overline{\overline{\overline{A}\,\overline{B}+AB}}\qquad（二次求非）$$

$$=\overline{\overline{\overline{A}\,\overline{B}}\cdot\overline{AB}}\qquad（摩根定律）$$

⑤ 由逻辑表达式画出逻辑图，如图 6-35 所示。

表 6-30　例 6-11 的真值表

A	B	Y
0	0	1
0	1	0
1	0	0
1	1	1

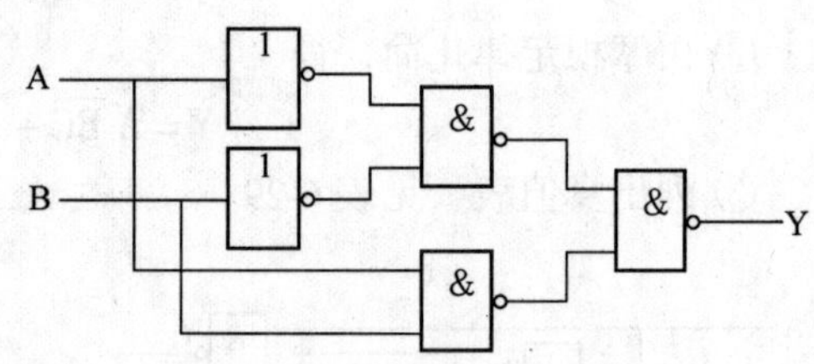

图 6-35　例 6-11 的逻辑图

例 6-12　设计一个三人表决器。要求：两人以上表示同意，表决通过；否则，表决不通过。分别用与非门和或非门实现。

解　①设输入量为 A、B、C，输出量为 Y。A、B、C 为 1 时表示同意，为 0 时表示不同意；Y 为 1 时表决通过，为 0 时表决不通过。

② 根据要求列出真值表，见表 6-31。

表 6-31　例 6-12 的真值表

A	B	C	Y
0	0	0	0
0	0	1	0
0	1	0	0
0	1	1	1
1	0	0	0
1	0	1	1
1	1	0	1
1	1	1	1

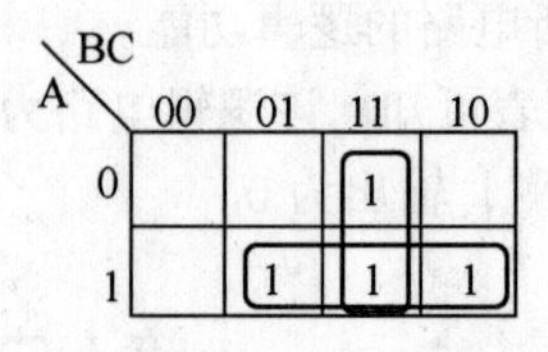

图 6-36　例 6-12 的卡诺图

③ 由真值表得逻辑表达式为 $Y=\overline{A}BC+A\overline{B}C+AB\overline{C}+ABC$。

④ 画出卡诺图，如图 6-36 所示。由卡诺图化简得

$$Y=AB+BC+AC$$

⑤ 变换逻辑表达式。

$$Y=\overline{\overline{AB+BC+AC}}=\overline{\overline{AB}\cdot\overline{BC}\cdot\overline{AC}} \quad （与非－与非式）$$

$$\overline{Y}=\overline{A}\,\overline{B}+\overline{B}\,\overline{C}+\overline{A}\,\overline{C} \quad （反演规则或在卡诺图中圈 0）$$

$$Y=\overline{\overline{A}\,\overline{B}+\overline{B}\,\overline{C}+\overline{A}\,\overline{C}}=\overline{A+B}+\overline{B+C}+\overline{A+C} \quad （或非－或非式）$$

⑥ 由逻辑表达式画出逻辑图，如图 6-37 所示。

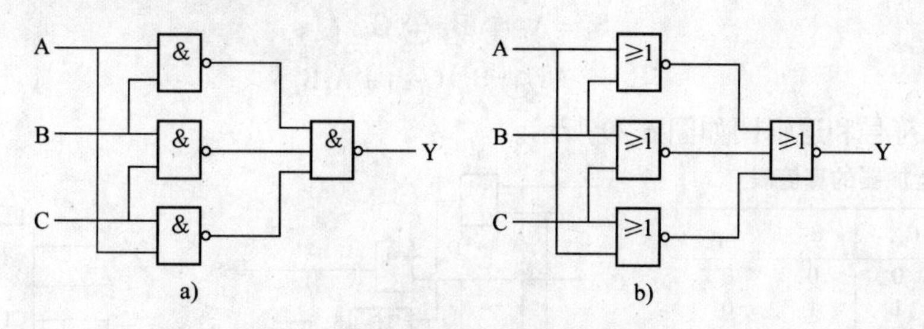

图 6-37　例 6-12 的逻辑图

a）与非逻辑图　b）或非逻辑图

第八节　典型组合逻辑电路

组合逻辑电路的应用十分广泛，典型的组合逻辑电路已制作成一系列中规模集成器件，常见的有加法器、编码器、译码器、数据选择器、数据分配器、数值比较器、数码显示器等。

一、加法器

算术运算是数字系统的基本功能，它主要由四则运算（加、减、乘、除）组成。加法运算是算术中最基本的运算，其他的运算都可以用加法运算来实现。能够实现加法运算的逻辑电路称为加法器。

1. 半加器

能够实现两个一位二进制数相加的运算电路称为半加器。设两个一位二进制数分别为 A 和 B，A、B 相加的本位和为 S，向高位的进位为 C。根据二进制数的加法运算规则，列出半加器的真值表，见表 6-32。由真值表可写出半加器的逻辑表达式为

$$S=\overline{A}B+A\overline{B}=A\oplus B$$

$$C=AB$$

半加器的逻辑符号和逻辑图如图 6-38 所示。

表 6-32　半加器的真值表

A	B	S	C
0	0	0	0
0	1	1	0
1	0	1	0
1	1	0	1

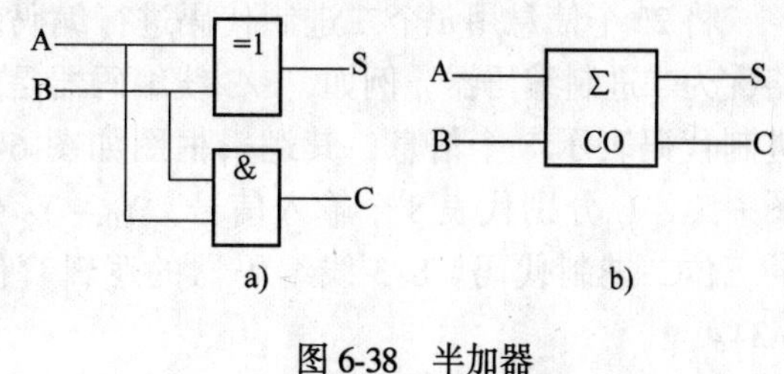

图 6-38　半加器

a）逻辑图　b）逻辑符号

2. 全加器

能够实现两个两个多位二进制数的第 i 位及相邻低位的进位相加的运算电路称为全加器。设两个多位二进制数的第 i 位分别为 A_i 和 B_i，相邻低位的进位为 C_{i-1}，A、B 相加的本位和为 S_i，向高位的进位为 C_i，则全加器的真值表见表 6-33。

由真值表可得，全加器的逻辑表达式为

$$S_i = A_i \oplus B_i \oplus C_{i-1}$$

$$C_i = (A_i \oplus B_i)C_{i-1} + A_iB_i$$

全加器的逻辑符号和逻辑图如图 6-39 所示。

表 6-33　全加器的真值表

A_i	B_i	C_{i-1}	S_i	C_i
0	0	0	0	0
0	0	1	1	0
0	1	0	1	0
0	1	1	0	1
1	0	0	1	0
1	0	1	0	1
1	1	0	0	1
1	1	1	1	1

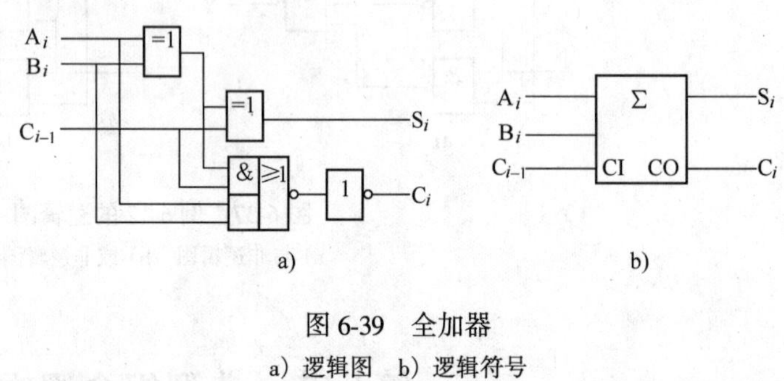

图 6-39　全加器
a）逻辑图　b）逻辑符号

3. 多位加法器

多位加法器是由多个全加器组成的，它能实现多位二进制数的加法运算。多位加法器的进位方式分为串行进位和超前（并行）进位两种。

串行进位加法器是将低位全加器的输出进位信号依次加到相邻高位全加器的输入进位端，并且每一位的加法运算必须在低一位的加法运算完成之后才能进行。所以，串行进位加法器的运算速度较慢。而在超前进位加法器中，每位的进位信号只由加数和被加数决定，与低位的进位信号无关，它们是并行产生的，可以消除串行进位所需要的时间。因此，超前进位加法器的应用较多。图 6-40 所示为 74LS283（四位超前进位加法器）的外引线图。

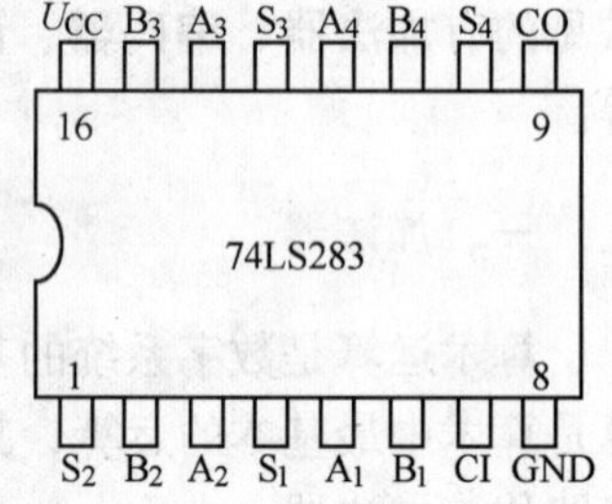

图 6-40　74LS283 的外引线图

二、编码器

所谓编码，就是用二进制代码来表示某种具有特定含义的信息的过程。能够实现编码功能的逻辑电路称为编码器。

1. 二进制编码器

将 2^n 个信息用 n 个二进制代码进行编码的逻辑电路称为二进制编码器。例如，8/3 线编码器是用 3 位二进制代码表示 8 个信息，其逻辑框图如图 6-41 所示。图中 $I_0 \sim I_7$ 分别代表 8 个输入信号，$Y_0 \sim Y_2$ 代表输出的三位二进制代码。8/3 线编码器的逻辑真值表见表 6-34。

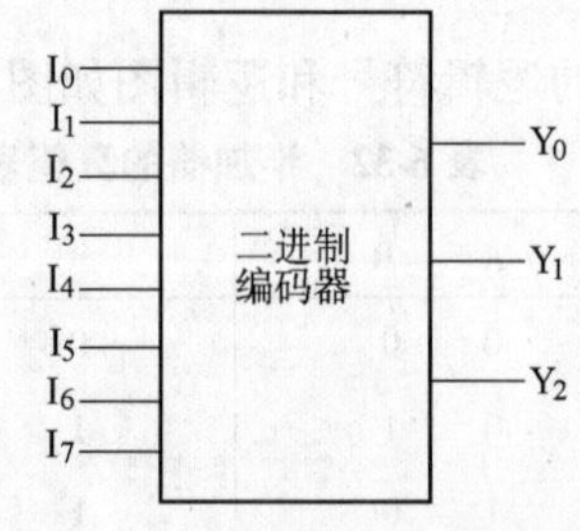

图 6-41　二进制编码器的逻辑框图

表 6-34　8/3 线编码器的真值表

I_7	I_6	I_5	I_4	I_3	I_2	I_1	I_0	Y_2	Y_1	Y_0
0	0	0	0	0	0	0	1	0	0	0
0	0	0	0	0	0	1	0	0	0	1
0	0	0	0	0	1	0	0	0	1	0
0	0	0	0	1	0	0	0	0	1	1
0	0	0	1	0	0	0	0	1	0	0
0	0	1	0	0	0	0	0	1	0	1
0	1	0	0	0	0	0	0	1	1	0
1	0	0	0	0	0	0	0	1	1	1

由真值表可得 8/3 线编码器的输出逻辑表达式为

$$Y_2 = I_4 + I_5 + I_6 + I_7 = \overline{\overline{I_4}\cdot\overline{I_5}\cdot\overline{I_6}\cdot\overline{I_7}}$$

$$Y_1 = I_2 + I_3 + I_6 + I_7 = \overline{\overline{I_2}\cdot\overline{I_3}\cdot\overline{I_6}\cdot\overline{I_7}}$$

$$Y_0 = I_1 + I_3 + I_5 + I_7 = \overline{\overline{I_1}\cdot\overline{I_3}\cdot\overline{I_5}\cdot\overline{I_7}}$$

8/3 线编码器的逻辑图如图 6-42 所示。图中没有 I_0 输入端，当输入端 $I_1 \sim I_7$ 全为低电平时，输出端 $Y_0 \sim Y_2$ 全为低电平，相当于对$\overline{I_0}$进行了编码。

通过分析 8/3 线编码器的逻辑关系可以看出：在任何时刻，它只能对一个输入信号进行编码，不允许有两个或两个以上的输入信号同时请求编码，否则编码输出将发生混乱。因此，这种编码器的输入信号是互相排斥的。为了解决这一问题，人们设计出优先编码器。

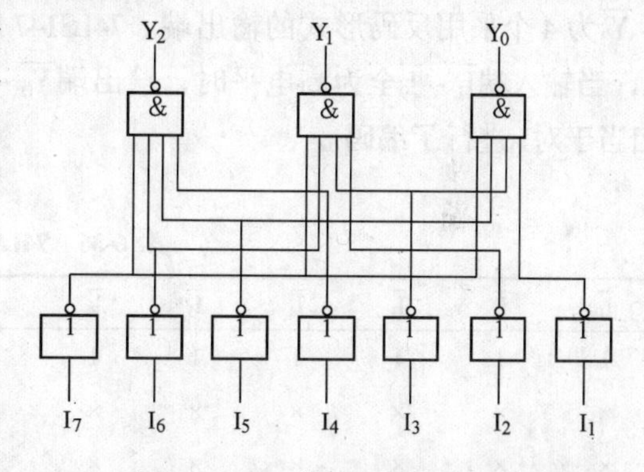

图 6-42　8/3 线编码器的逻辑图

2. 优先编码器

优先编码器允许同时有多个输入信号发出编码请求，它在设计时已经对所有输入端按优先顺序排列出了优先级别。因此，在有多个输入信号发出编码请求时，编码器只对其中优先级别最高的输入信号进行编码，而不会出现混乱。常见的集成优先编码器如 8/3 线优先编码器 74LS148 和 10/4 线 8421BCD 码优先编码器 74LS147。

74LS148 的外引线图如图 6-43 所示，它的逻辑真值表见表 6-35。在图 6-43 中，$\overline{I_0} \sim \overline{I_7}$为 8 个低电平有效的输入端，其中优先级别从$\overline{I_7} \sim \overline{I_0}$依次降低；$\overline{Y_0} \sim \overline{Y_2}$为 3 个采用反码形式的输出端；$\overline{ST}$为使能输入端，$Y_S$为使能输出端，$\overline{Y_{EX}}$为扩展输出端。当$\overline{ST} = 1$时编码器处于禁止状态，输出全为 1；当$\overline{ST} = 0$时编码器处于工作状态，无编码信号时 $Y_S = \overline{Y_{EX}} = 1$，有编码信号时 $Y_S = \overline{Y_{EX}} = 0$。

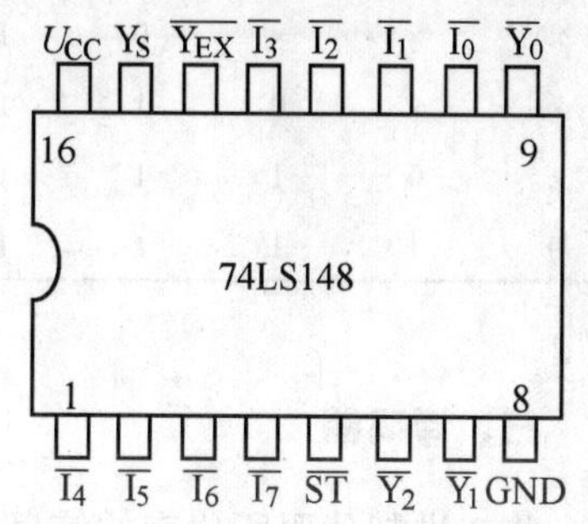

图 6-43　74LS148 的外引线图

表 6-35　74LS148 的真值表

$\overline{ST}$	$\overline{I_0}$	$\overline{I_1}$	$\overline{I_2}$	$\overline{I_3}$	$\overline{I_4}$	$\overline{I_5}$	$\overline{I_6}$	$\overline{I_7}$	$\overline{Y_2}$	$\overline{Y_1}$	$\overline{Y_0}$	$\overline{Y_{EX}}$	$\overline{Y_S}$
1	×	×	×	×	×	×	×	×	1	1	1	1	1
0	1	1	1	1	1	1	1	1	1	1	1	1	0
0	×	×	×	×	×	×	×	0	0	0	0	0	1
0	×	×	×	×	×	×	0	1	0	0	1	0	1
0	×	×	×	×	×	0	1	1	0	1	0	0	1
0	×	×	×	×	0	1	1	1	0	1	1	0	1
0	×	×	×	0	1	1	1	1	1	0	0	0	1
0	×	×	0	1	1	1	1	1	1	0	1	0	1
0	×	0	1	1	1	1	1	1	1	1	0	0	1
0	0	1	1	1	1	1	1	1	1	1	1	0	1

10/4 线 8421BCD 码优先编码器是将 0 ~ 9 十个十进制数用 8421BCD 码进行编码的集成器件。74LS147 的外引线图如图 6-44 所示，它的逻辑真值表见表 6-36。在图 6-44 中，$\overline{I_1}$ ~ $\overline{I_9}$为 9 个低电平有效的输入端，其中优先级别从$\overline{I_9}$ ~ $\overline{I_1}$依次降低；$\overline{Y_0}$ ~ $\overline{Y_3}$为 4 个采用反码形式的输出端。74LS147 的输入端中没有$\overline{I_0}$，当输入端$\overline{I_1}$ ~ $\overline{I_9}$全为高电平时，输出端$\overline{Y_0}$ ~ $\overline{Y_3}$全为高电平，相当于对$\overline{I_0}$进行了编码。

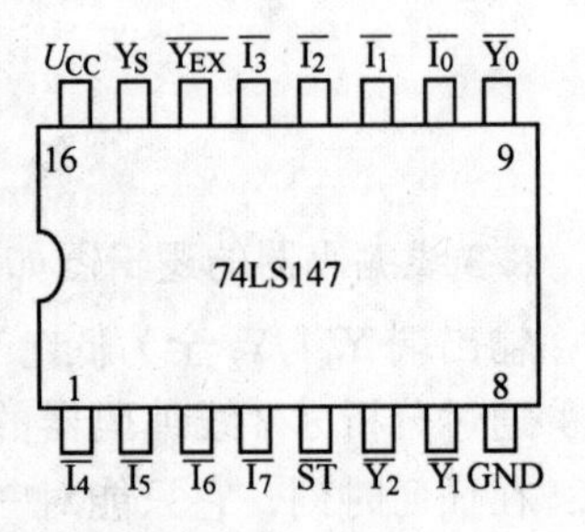

图 6-44　74LS147 的外引线图

表 6-36　74LS147 的真值表

$\overline{I_1}$	$\overline{I_2}$	$\overline{I_3}$	$\overline{I_4}$	$\overline{I_5}$	$\overline{I_6}$	$\overline{I_7}$	$\overline{I_8}$	$\overline{I_9}$	$\overline{Y_3}$	$\overline{Y_2}$	$\overline{Y_1}$	$\overline{Y_0}$
1	1	1	1	1	1	1	1	1	1	1	1	1
×	×	×	×	×	×	×	×	0	0	1	1	0
×	×	×	×	×	×	×	0	1	0	1	1	1
×	×	×	×	×	×	0	1	1	1	0	0	0
×	×	×	×	×	0	1	1	1	1	0	0	1
×	×	×	×	0	1	1	1	1	1	0	1	0
×	×	×	0	1	1	1	1	1	1	0	1	1
×	×	0	1	1	1	1	1	1	1	1	0	0
×	0	1	1	1	1	1	1	1	1	1	0	1
0	1	1	1	1	1	1	1	1	1	1	1	0

三、译码器

将二进制代码所代表的信息翻译出来的过程称为译码，译码是编码的反过程。能够实现译码功能的逻辑电路称为译码器，它能将具有特定含义的二进制代码转换成相应的输出信号。译码器按其功能特点可分为：通用译码器和显示译码器。

1. 通用译码器

(1) 二进制译码器　将 n 个二进制代码转换成相应的 2^n 个信息的译码器称为二进制译码器，其逻辑框图如图 6-45 所示。

常见的集成二进制译码器如 3/8 线译码器 74LS138。74LS138 的外引线图如图 6-46 所示，它的逻辑真值表见表 6-37。在图 6-46 中，$A_0 \sim A_2$ 为 3 个输入端；$\overline{Y_0} \sim \overline{Y_7}$为 8 个输出端；$\overline{ST_A}$、$\overline{ST_B}$、$\overline{ST_C}$为 3 个使能输入端。当 $ST_A = 0$ 或$\overline{ST_B} + \overline{ST_C} = 1$ 时译码器不工作，输出全为 1；当 $ST_A = 1$ 且$\overline{ST_B} + \overline{ST_C} = 0$ 时译码器工作，其输出为：$\overline{Y_0} = \overline{m_0}$，$\overline{Y_1} = \overline{m_1}$，…，$\overline{Y_7} = \overline{m_7}$（$m_0 \sim m_7$ 为 $A_2A_1A_0$ 的最小项）。

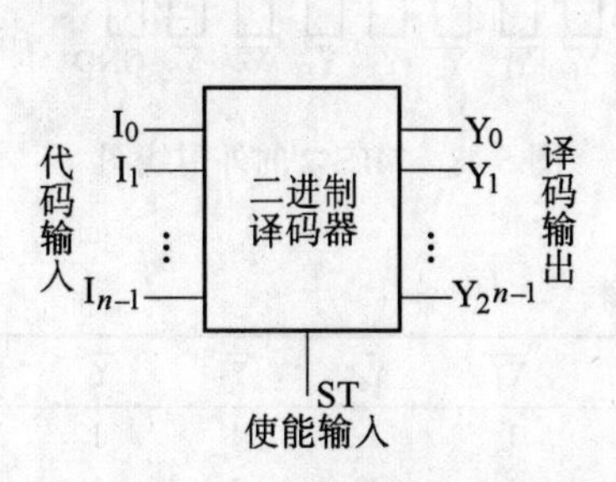

图 6-45　二进制译码器的逻辑框图

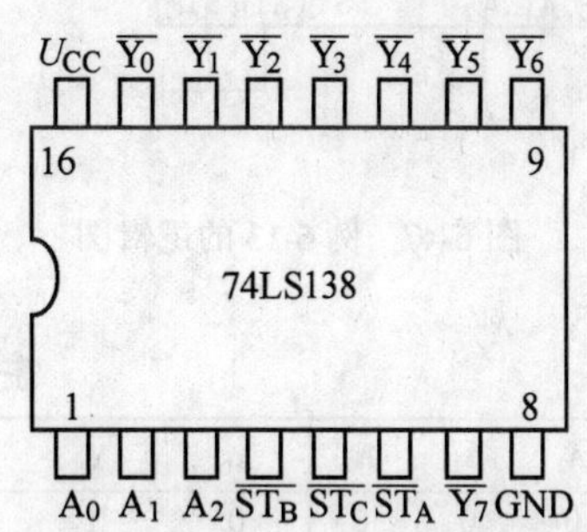

图 6-46　74LS138 的外引线图

表 6-37　74LS138 的真值表

ST_A	$\overline{ST_B} + \overline{ST_C}$	A_2	A_1	A_0	$\overline{Y_0}$	$\overline{Y_1}$	$\overline{Y_2}$	$\overline{Y_3}$	$\overline{Y_4}$	$\overline{Y_5}$	$\overline{Y_6}$	$\overline{Y_7}$
×	1	×	×	×	1	1	1	1	1	1	1	1
0	×	×	×	×	1	1	1	1	1	1	1	1
1	0	0	0	0	0	1	1	1	1	1	1	1
1	0	0	0	1	1	0	1	1	1	1	1	1
1	0	0	1	0	1	1	0	1	1	1	1	1
1	0	0	1	1	1	1	1	0	1	1	1	1
1	0	1	0	0	1	1	1	1	0	1	1	1
1	0	1	0	1	1	1	1	1	1	0	1	1
1	0	1	1	0	1	1	1	1	1	1	0	1
1	0	1	1	1	1	1	1	1	1	1	1	0

例 6-13　试用 3/8 线译码器 74LS138 和门电路实现逻辑函数 Y(A, B, C) = AB + BC + CA。

解

$$
\begin{aligned}
Y(A,B,C) &= AB + BC + AC \\
&= \overline{A}BC + A\overline{B}C + AB\overline{C} + ABC \\
&= m_3 + m_5 + m_6 + m_7
\end{aligned}
$$

将输入变量 A，B，C 分别对应地接到 74LS138 的输入端 A_2，A_1，A_0，得

$$\overline{Y_3} = \overline{m_3},\ \overline{Y_5} = \overline{m_5},\ \overline{Y_6} = \overline{m_6},\ \overline{Y_7} = \overline{m_7};$$

$$Y(A,B,C) = Y_3 + Y_5 + Y_6 + Y_7 = \overline{\overline{Y_3} \cdot \overline{Y_5} \cdot \overline{Y_6} \cdot \overline{Y_7}}。$$

由上式得逻辑图如图 6-47 所示。

(2) 二—十进制译码器　将输入的 BCD 码转换成相应的十进制数的译码器称为二—十进制译码器。常见的集成二—十进制译码器如 4/10 线译码器 74LS42。

74LS42 的外引线图如图 6-48 所示，它的逻辑真值表见表 6-38。在图 6-48 中，A_0 ~ A_3 为四位 BCD 码的输入端，$\overline{Y_0}$ ~ $\overline{Y_0}$为 10 个输出端，无使能端。

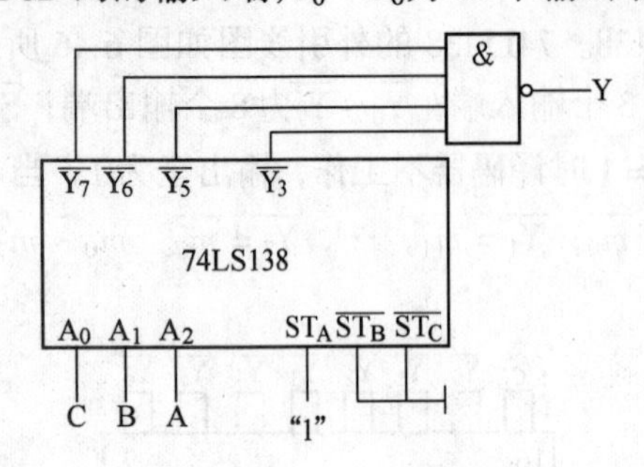

图 6-47　例 6-13 的逻辑图

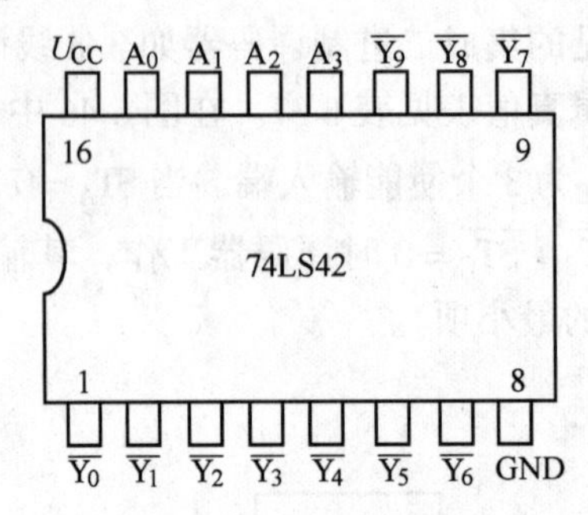

图 6-48　74LS42 的外引线图

表 6-38　74LS42 的真值表

A_3	A_2	A_1	A_0	$\overline{Y_0}$	$\overline{Y_1}$	$\overline{Y_2}$	$\overline{Y_3}$	$\overline{Y_4}$	$\overline{Y_5}$	$\overline{Y_6}$	$\overline{Y_7}$	$\overline{Y_8}$	$\overline{Y_9}$
0	0	0	0	0	1	1	1	1	1	1	1	1	1
0	0	0	1	1	0	1	1	1	1	1	1	1	1
0	0	1	0	1	1	0	1	1	1	1	1	1	1
0	0	1	1	1	1	1	0	1	1	1	1	1	1
0	1	0	0	1	1	1	1	0	1	1	1	1	1
0	1	0	1	1	1	1	1	1	0	1	1	1	1
0	1	1	0	1	1	1	1	1	1	0	1	1	1
0	1	1	1	1	1	1	1	1	1	1	0	1	1
1	0	0	0	1	1	1	1	1	1	1	1	0	1
1	0	0	1	1	1	1	1	1	1	1	1	1	0

2. 显示译码器

显示译码器是能将表示数字或字符的代码译出，并驱动显示器件显示出数字或字符的一种功能器件。数字显示电路通常包含译码/驱动器和数码显示器两部分。

(1)数码显示器　数码显示器是用来显示数字、字符的器件。数码显示器的种类较多，目前常用的有半导体数码显示器(LED)和液晶显示器(LCD)，这两种显示器都是由七段可发光的字段组成。

半导体数码显示器是由发光二极管(LED)组成的字型来显示数字和字符，又称为 LED 数码管。它具有工作电压低、体积小、响应速度快、显示清晰等优点。图 6-49 为带小数点的七段数

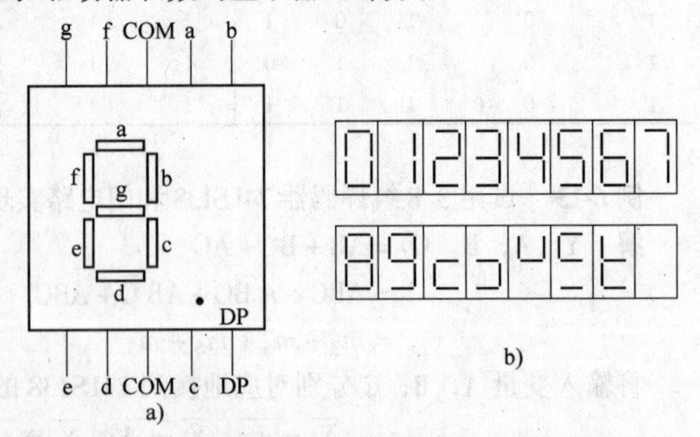

图 6-49　半导体数码显示器

a) 七段数码显示器　b) 显示数字的字型

码显示器及显示数字的字型，图 6-49a 中 a ~ f 分别表示七段发光管和各自的驱动输入端，DP 为小数点的显示和驱动输入端，COM 为公共阴极或公共阳极；图 6-49b 为其显示数字 0 ~ 15 的字型。

七段数码显示器有共阴极和共阳极两种工作方式，如图 6-50 所示。当译码驱动器的输出是高电平有效时，要选用共阴极工作方式；当译码驱动器的输出是低电平有效时，要选用共阳极工作方式。

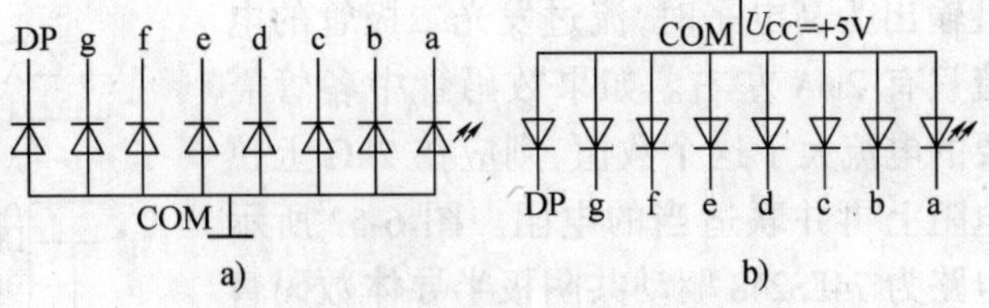

图 6-50 七段数码显示器的工作方式
a) 共阴极工作方式 b) 共阳极工作方式

液晶显示器一般是将液晶夹持在两个平板玻璃之间，并在玻璃板上制成七段式笔划电极，在笔划电极上加一定的电压就可以改变液晶的光学特性，从而显示出数字或字符。由于液晶本身并不发光，因而需要借助外部光源才能显示。

(2) 译码/驱动器 译码/驱动器是为数码显示器提供所要显示的数字信号的器件。常见的集成译码/驱动器如 BCD 七段译码/驱动器 74LS248，其外引线图如图 6-51 所示。

在图 6-51 中，$A_0 \sim A_3$ 为四位 8421BCD 码的输入端。$Y_a \sim Y_g$ 为七个输出端，且 $Y_a \sim Y_g$ 为集电极开路输出结构(带上拉电阻 2kΩ)。$\overline{LT}$为灯测试输入端，用来检查各段数码管是否正常工作。$\overline{RBI}$为灭零输入端，用来将不希望显示的零熄灭。$\overline{BI}/\overline{RBO}$为灭灯输入/灭零输出端，当$\overline{BI}=0$ 时，各段数码管均熄灭(灭灯输入端)；当输入 $A_0 \sim A_3$ 均为 0 且$\overline{RBI}=0$ 时，各段数码管均熄灭(灭零输出端)，此时$\overline{RBO}=0$。74LS248 的逻辑功能表见表 6-39。

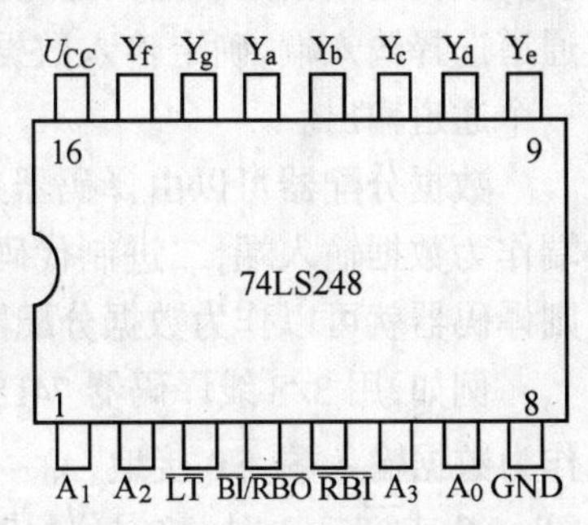

图 6-51 74LS248 的外引线图

表 6-39 74LS248 的功能表

十进制或功能	输入						$\overline{BI}/\overline{RBO}$	输出						
	$\overline{LT}$	$\overline{RBI}$	A_3	A_2	A_1	A_0		Y_a	Y_b	Y_c	Y_d	Y_e	Y_f	Y_g
0	1	1	0	0	0	0	1	1	1	1	1	1	1	0
1	1	×	0	0	0	1	1	0	1	1	0	0	0	0
2	1	×	0	0	1	0	1	1	1	0	1	1	0	1
3	1	×	0	0	1	1	1	1	1	1	1	0	0	1
4	1	×	0	1	0	0	1	0	1	1	0	0	1	1
5	1	×	0	1	0	1	1	1	0	1	1	0	1	1
6	1	×	0	1	1	0	1	1	0	1	1	1	1	1
7	1	×	0	1	1	1	1	1	1	1	0	0	0	0
8	1	×	1	0	0	0	1	1	1	1	1	1	1	1
9	1	×	1	0	0	1	1	1	1	1	1	0	1	1
10	1	×	1	0	1	0	1	0	0	0	1	1	0	1
11	1	×	1	0	1	1	1	0	0	1	1	0	0	1
12	1	×	1	1	0	0	1	0	1	0	0	0	1	1
13	1	×	1	1	0	1	1	1	0	0	1	0	1	1
14	1	×	1	1	1	0	1	0	0	0	1	1	1	1
15	1	×	1	1	1	1	1	0	0	0	0	0	0	0
灭灯	×	×	×	×	×	×	0	0	0	0	0	0	0	0
灭零	1	0	0	0	0	0	0	0	0	0	0	0	0	0
灯测试	0	×	×	×	×	×	1	1	1	1	1	1	1	1

用 74LS248 可以直接驱动共阴极的半导体数码管。由于 74LS248 的输出端为集电极开路输出结构(带上拉电阻 2kΩ),当 $U_{CC}=5V$ 且输出为高电平时,流过发光二极管的电流只有 2mA 左右。如果数码管中各管需要的电流大于这个数值,则应在 2kΩ 上拉电阻上再并联适当的电阻。图 6-52 所示电路为 74LS248 驱动共阴极半导体数码管 BS201 的电路图。

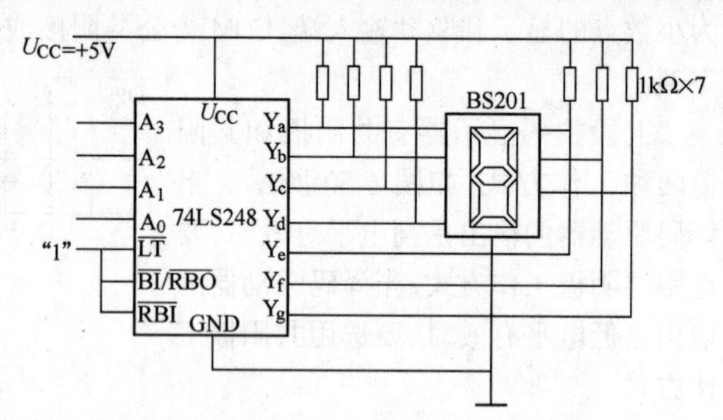

图 6-52 74LS248 驱动 BS201 的电路图

四、数据分配器

数据分配器能将公共数据线上的数据按要求传送到指定的输出通道上,即对数据进行分配,其逻辑框图如图 6-53 所示。它由 n 个通道选择输入端,确定输入数据从 2^n 个数据输出通道中的哪一个通道输出。

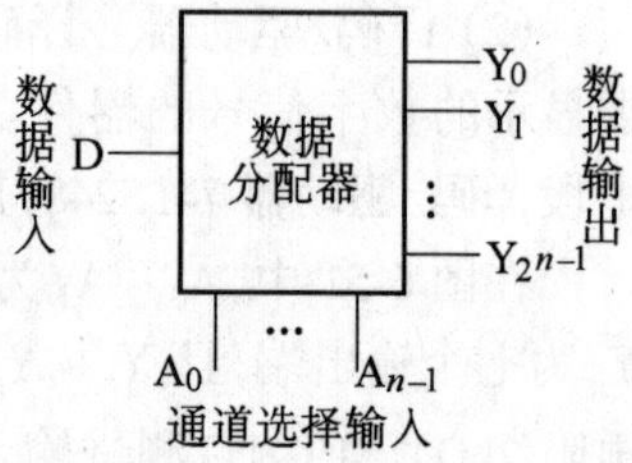

数据分配器可以由译码器来构成。如果将译码器的使能端作为数据输入端,二进制代码输入端作为通道选择输入端,则译码器就可以作为数据分配器使用。

图 6-53 数据分配器的逻辑框图

例如,用 3/8 线译码器 74LS138 构成数据分配器,可将$\overline{ST_B}$作为数据输入端,$\overline{ST_C}$接地,$A_0 \sim A_2$ 作为通道选择输入端,则当 $ST_A=0$ 或$\overline{ST_B}=1$ 时,数据分配器不工作,输出$\overline{Y_i}=\overline{m_i}=1$;当$ST_A=1$ 且$\overline{ST_B}=0$ 时,数据分配器工作,输出$\overline{Y_i}=\overline{m_i}=0$。

五、数据选择器

数据选择器(MUX)又称多路开关,它能将多个通道的数据传送到公共数据线上,其逻辑框图如图 6-54 所示。具有 2^n 个数据输入端的数据选择器,必须有 n 个通道选择输入端,由 n 个通道选择输入信号确定输出哪一个数据。常见的集成数据选择器如八选一数据选择器 74LS151,其外引线图如图 6-55 所示。

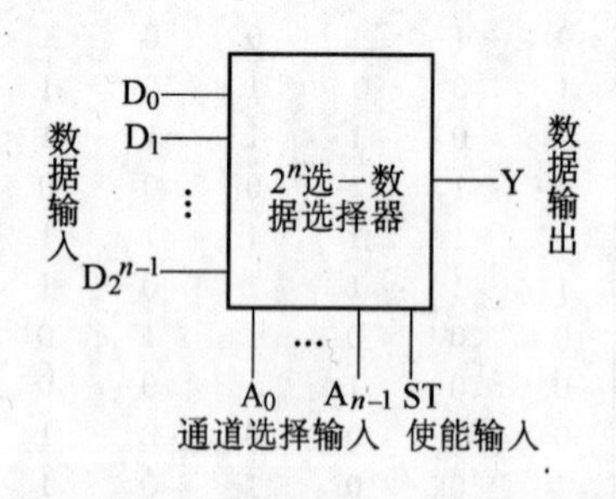

图 6-54 数据选择器的逻辑框图

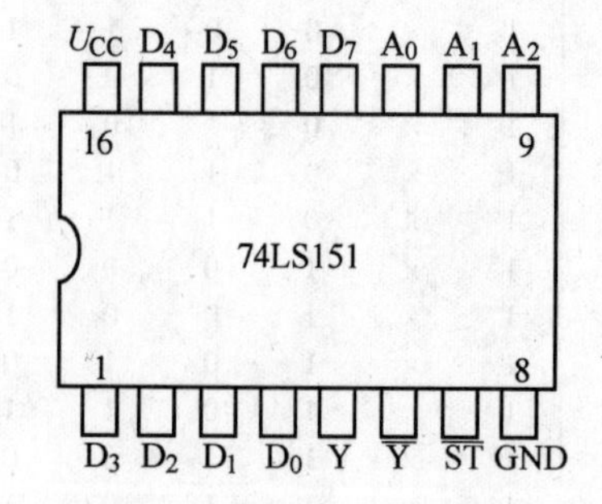

图 6-55 74LS151 的外引线图

在图 6-55 中,$D_0 \sim D_7$ 为 8 个数据输入端, A_0、A_1、A_2 为 3 个通道选择输入端,Y 和 $\overline{Y}$ 为输出端,$\overline{ST}$为使能输入端。当$\overline{ST}=1$ 时,数据选择器不工作,$Y=0$,$\overline{Y}=1$;当$\overline{ST}=0$ 时,数据选择器

工作，

$$Y = \sum_{i=0}^{7} m_i D_i$$

式中，m_i 为 A_2、A_1、A_0 的最小项。例如，当 $A_2A_1A_0 = 101$ 时，根据最小项的性质，只有 m_5 为 1，得 $Y = D_5$，即只有 D_5 传送到输出端。74LS151 的逻辑功能表见表 6-40。

表 6-40　74LS151 的功能表

$\overline{ST}$	A_2	A_1	A_0	Y	$\overline{Y}$
1	×	×	×	0	1
0	0	0	0	D_0	$\overline{D_0}$
0	0	0	1	D_1	$\overline{D_1}$
0	0	1	0	D_2	$\overline{D_2}$
0	0	1	1	D_3	$\overline{D_3}$
0	1	0	0	D_4	$\overline{D_4}$
0	1	0	1	D_5	$\overline{D_5}$
0	1	1	0	D_6	$\overline{D_6}$
0	1	1	1	D_7	$\overline{D_7}$

数据选择器除了能够传送数据外，还可用来实现逻辑函数，其逻辑框图如图 6-56 所示。

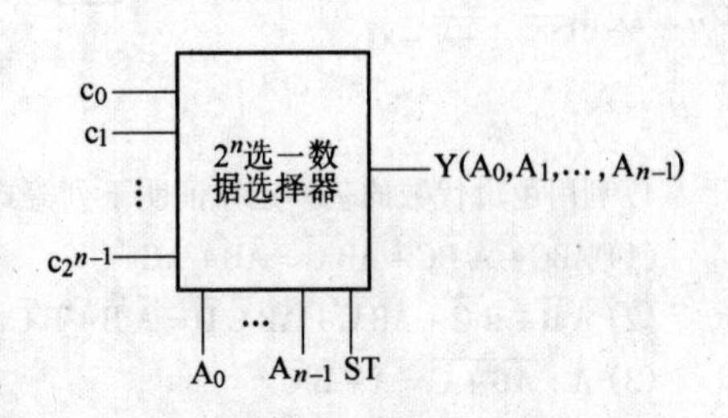

图 6-56　数据选择器实现逻辑函数

在图 6-56 中，通道选择输入端为逻辑函数的 n 个逻辑变量（$A_0 \sim A_{n-1}$），数据输入端为逻辑变量的 2^n 个最小项（$m_0 \sim m_{2^n-1}$）的值（$c_0 \sim c_{2^n-1}$），数据输出端为逻辑函数表达式。根据数据选择器的功能特点，可得输出表达式为

$$Y = \sum_{i=0}^{2^n-1} m_i c_i$$

式中 m_i 是值为 1 的最小项。

例 6-14　试用八选一数据选择器实现逻辑函数 $Y(A,B,C) = \overline{A}BC + A\overline{B}C + AB$。

解　将逻辑函数变换为最小项表达式

$$\begin{aligned} Y(A,B,C) &= \overline{A}BC + A\overline{B}C + AB \\ &= \overline{A}BC + A\overline{B}C + AB\overline{C} + ABC \\ &= m_3 + m_5 + m_6 + m_7 \end{aligned}$$

由此得逻辑框图如图 6-57 所示。

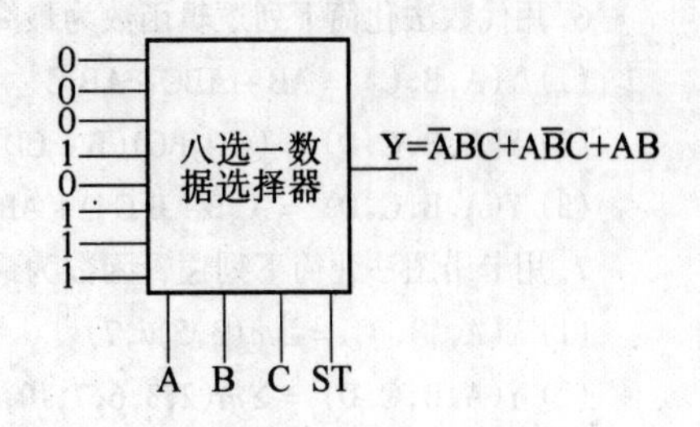

图 6-57　例 6-14 的逻辑框图

本章小结

1. 组合逻辑电路的逻辑特点是：在任一时刻的输出，仅由该时刻输入组合决定，而与在此以前的输入无关。

2. 对给定组合逻辑电路的逻辑功能分析和对实际问题的逻辑电路设计是两个相反的过程；前者主要是找出输入输出信号间逻辑关系，后者关键是列出真值表、写出逻辑表达式，并用适当器件实现之。

3. 编码器、译码器、加法器是常用组合逻辑电路。该类集成器件型号甚多，要了解其逻辑功能，并能正确使用。

习 题 六

1. 将下列二进制数转换成十进制数。

(1) $(101001)_B$　　(2) $(1011111)_B$　　(3) $(10110.01011)_B$

2. 将下列十进制数转换成二进制数。

(1) $(43)_D$　　(2) $(256)_D$　　(3) $(128.35)_D$

3. 分别画出图 6-58 所示各逻辑门的输出波形。

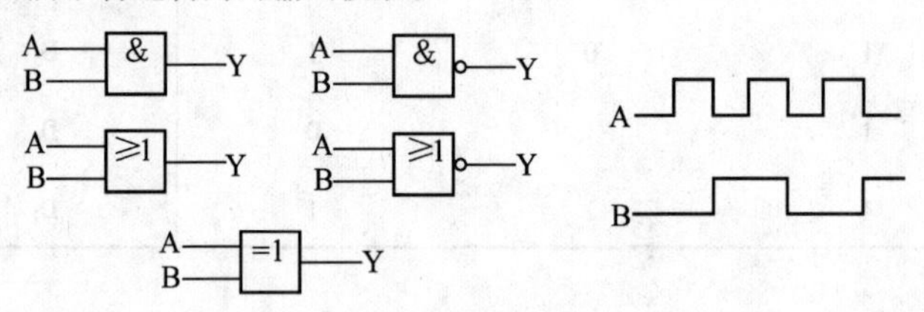

图 6-58　习题 3 图

4. 利用逻辑代数的基本定律证明下列等式。

(1) $ABC + A\overline{B}C + AB\overline{C} = AB + AC$

(2) $A\overline{B} + B\overline{C} + AB\overline{C} + AB\overline{C}\,\overline{D} = A\overline{B} + B\overline{C}$

(3) $A + \overline{AB + C} = A + \overline{B}\,\overline{C}$

5. 利用反演规则求下列逻辑函数的反函数。

(1) $Y = \overline{A}B + A\overline{B}$

(2) $Y = A + \overline{B}(CD + E)$

6. 用代数法化简下列逻辑函数为最简与-或式。

(1) $Y(A,B,C) = AB + \overline{A}BC + \overline{A}B\overline{C}$

(2) $Y(A,B,C,D) = (\overline{A} + BC)(B + CD)$

(3) $Y(A,B,C,D) = A\overline{B} + B\overline{C}\,\overline{D} + ABD + \overline{A}B\overline{C}D$

7. 用卡诺图法化简下列逻辑函数为最简与-或式。

(1) $Y(A, B, C) = \sum m(3,5,6,7)$

(2) $Y(A,B,C,D) = \sum m(2,3,6,7,10,11,12,15)$

(3) $Y(A,B,C,D) = A\overline{B}\,\overline{C}D + \overline{A}B\overline{C}\,\overline{D} + \overline{A}\,\overline{B}\cdot CD + B\overline{C}D + ABC + BCD$

8. 用卡诺图法化简下列具有无关项的逻辑函数。

(1) $Y(A, B, C) = \sum m(3,5,6,7) + \sum d(2,4)$

(2) $Y(A,B,C,D) = \sum m(2,3,4,7,12,13,14) + \sum d(5,6,8,9,10,11)$

9. 写出图 6-59 所示各逻辑图的逻辑表达式。

10. 画出下列各逻辑表达式的逻辑图（用与非门实现）。

(1) $Y(A, B, C) = AB + AC$

(2) $Y(A,B,C,D) = \overline{(A+B)(C+D)}$

11. 试分析图 6-60 所示逻辑电路的功能。

12. 某组合逻辑电路输入与输出的关系如图 6-61 所示，试说明其逻辑功能。

13. 设计一个监测交通信号灯工作状态的逻辑电路。信号灯有红、绿、黄三种颜色，正常工作时只有一种颜色的灯亮，其他情况为故障状态，该逻辑电路要能发出故障信号。

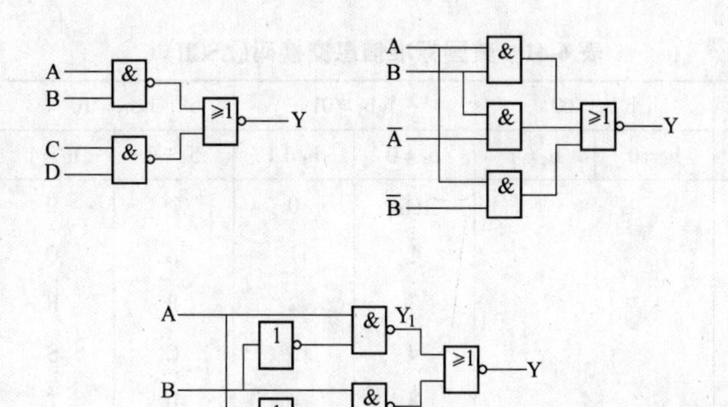

图 6-59　习题 9 图

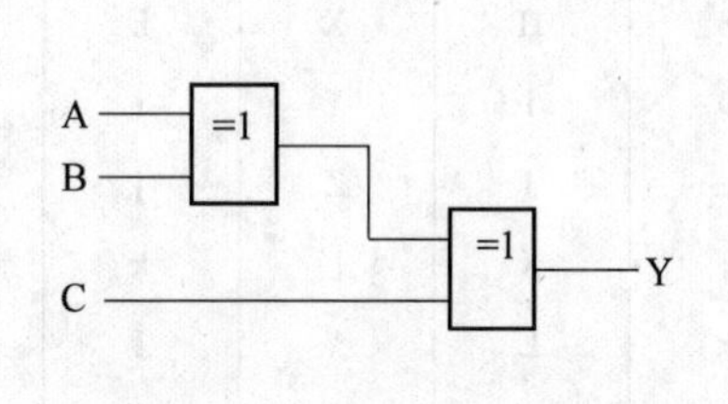

图 6-60　习题 11 图

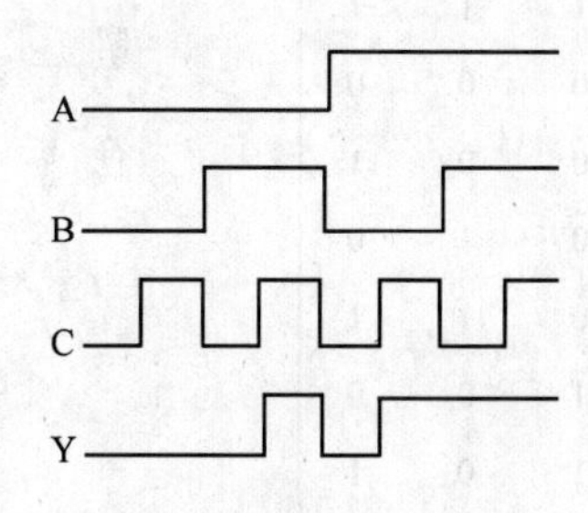

图 6-61　习题 12 图

14. 用二输入与非门和反相器设计一个四位的奇偶校验器。

15. 用 3/8 线译码器 74LS138 和门电路实现下列逻辑函数。

(1) $Y(A, B, C) = \overline{A}B + A\overline{B}C$

(2) $Y(A, B, C) = \overline{A}B\overline{C} + \overline{B}\,\overline{C} + ABC$

16. 用 3/8 线译码器 74LS138 和门电路设计一个一位全加器。

17. 用八选一数据选择器 74LS151 实现下列逻辑函数。

(1) $Y(A, B, C) = AB + BC + AC$

(2) $Y(A, B, C) = A \oplus B \oplus C$

18. 设计一个三个开关控制一盏灯的逻辑电路，要求改变任何一个开关的状态都能控制灯的状态（用数据选择器来实现）。

阅读材料 美国标准信息交换码(ASCII)

ASCII 采用 7 位二进制数($b_6b_5b_4b_3b_2b_1b_0$),可以表示 $2^7=128$ 个符号,见表 6-41,任何符号或控制功能都由高三位 $b_6b_5b_4$ 和低四位 $b_3b_2b_1b_0$ 确定。对所有控制符有 $b_6b_5=00$;而对其他符号,则有 $b_6b_5=01$ 或 $b_6b_5=10$ 或 $b_6b_5=11$。

表 6-41 美国标准信息交换码(ASCII)

b_3	b_2	b_1	b_0	$b_6b_5=00$		$b_6b_5=01$		$b_6b_5=10$		$b_6b_5=11$	
				$b_4=0$	$b_4=1$	$b_4=0$	$b_4=1$	$b_4=0$	$b_4=1$	$b_4=0$	$b_4=1$
0	0	0	0			空格	0	@	P		p
0	0	0	1			!	1	A	Q	a	q
0	0	1	0			“	2	B	R	b	r
0	0	1	1			#	3	C	S	c	s
0	1	0	0			$	4	D	T	d	t
0	1	0	1			%	5	E	U	e	u
0	1	1	0	控		&	6	F	V	f	v
0	1	1	1	制		‘	7	G	W	g	w
1	0	0	0			(	8	H	X	h	x
1	0	0	1	符		)	9	I	Y	i	y
1	0	1	0			*	:	J	Z	j	z
1	0	1	1			+	;	K	[	k	{
1	1	0	0			,	<	L	\	l	|
1	1	0	1			−	=	M	]	m	}
1	1	1	0			.	>	N	Ω	n	~
1	1	1	1			/	?	O	-	o	注销

第七章　触发器和时序逻辑电路

与组合逻辑电路不同，时序逻辑电路的特点是：任何时刻的输出信号不仅与当时的输入信号有关，还与电路原来状态有关（有记忆性逻辑电路）。一般由门电路和触发器组合而成。因此，先介绍触发器。

第一节　集成触发器

触发器是数字电路中具有记忆功能的基本逻辑单元。它有两个重要特征：其1触发器输出端有两个稳定状态：当 $Q=0$，$\overline{Q}=1$ 时，称0态；当 $Q=1$，$\overline{Q}=0$ 时，称1态。其2在外加信号作用下，触发器可以从一种稳定状态转换为另一种稳定状态，信号撤离，稳定状态仍能保持，所以触发器也称双稳态触发器。

一、基本 RS 触发器

演示实验　用两与非门交叉连接，组成如图 7-1a 所示电路，在输入端分别加入表 7-1 中的几组输入信号。①观察输入信号变化与输出状态变化关系；②观察在相同输入信号条件下，输出端状态变化与原状态关系。

由实验可得表 7-1，表中 Q^n 为信号输入前触发器输出状态，通常称为现态；Q^{n+1} 为信号输入后触发器状态，称为次态。

表 7-1　用“与非”门组成的基本 RS 触发器特性表

$\overline{R}$ $\overline{S}$	Q^n	Q^{n+1}	功　能	$\overline{R}$ $\overline{S}$	Q^n	Q^{n+1}	功　能
0 0	0	不定		1 0	0	1	置1
0 0	1	不定		1 0	1	1	
0 1	0	0	置0	1 1	0	0	保持
0 1	1	0		1 1	1	1	

1. 工作原理

(1) 当 $\overline{R}=0$、$\overline{S}=1$ 时，因 $\overline{R}=0$ 门2截止，$\overline{Q}=1$，$Q=0$，显然与信号输入前原状态无关。这说明 $\overline{R}=0$、$\overline{S}=1$ 时触发器置“0”（或称复位）。$\overline{R}$ 称置0”端（或称复位端）。

(2) 当 $\overline{R}=1$、$\overline{S}=0$ 时，因 $\overline{S}=0$ 门1截止，$Q=1$，$\overline{Q}=0$，显然与信号输入前原状态也无关。这说明 $\overline{R}=1$、$\overline{S}=0$ 时触发器置“1”（或称置位）。$\overline{S}$ 称置“1”端（或称置位端）。

(3) 当 $\overline{R}=1$、$\overline{S}=1$ 时，门1输出 $Q^{n+1}=Q^n$，$\overline{Q}=0$，门2输出 $\overline{Q}^{n+1}=\overline{Q}^n$ 为互补的稳定状态，这说明 $\overline{R}$

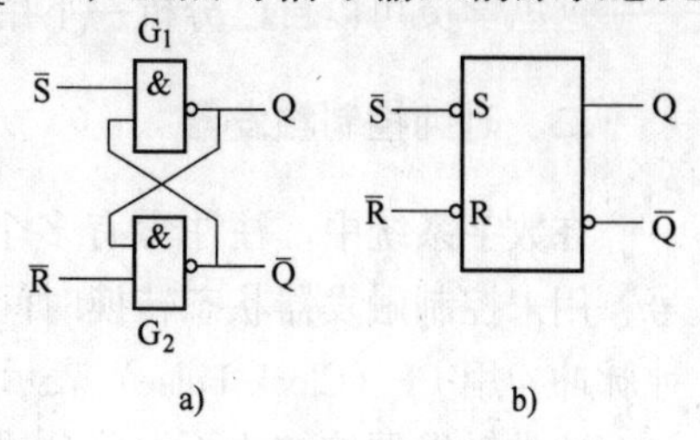

图 7-1　用与非门组成的基本 RS 触发器及图形
a) 电路　b) 图形符号

$=\overline{S}=1$ 时，触发器保持原来状态不变。所以这种电路我们称为输入信号低电平有效。

(4) 当 $\overline{R}=0$、$\overline{S}=0$ 时，两个与非门截止，$Q^{n+1}=\overline{Q}^{n+1}=1$，这不符合触发器任何一种稳定状态。当有效的低电平输入信号同时撤离后，由于各门的传输时间不确定，所以输出的状态也不确定，这是不允许的，$\overline{R}+\overline{S}=1$，这是与非门组成的基本 RS 触发器的约束条件。

2. 基本 RS 触发器特征表和特征方程

在上面的分析中我们看到：触发器的输出不仅与输入信号有关，还与信号输入前触发器原来状态有关，表 7-1 描述的是基本 RS 触发器输入信号和状态变量 Q^n 间的关系，我们把这种含有状态变量的真值表叫触发器的特性表，该表也可以列成表 7-2 所示的简化形式。

表 7-2 基本 RS 触发器简化特性表

$\overline{R}$	$\overline{S}$	Q^{n+1}	$\overline{R}$	$\overline{S}$	Q^{n+1}
0	0	不定	1	0	1
0	1	0	1	1	Q^n

简化特性表完整而清晰地描述了在输入信号 R、S 作用下，触发器的现态 Q^n 和次态 Q^{n+1}间的转换关系。

若用逻辑表达式描述现态 Q^n 和次态 Q^{n+1}间的转换关系，称为特征方程。我们可以用卡诺图的方法得到，如图 7-2 所示。

$$Q^{n+1}=S+\overline{R}Q^n$$

$$\overline{R}+\overline{S}=1\ \text{（约束条件）}$$

例 7-1 对于图 7-1 的基本 RS 触发器输入图 7-3 所示的 $\overline{R}$、$\overline{S}$ 信号，设触发器的原始状态为 0，试画出输出端 Q、$\overline{Q}$ 的波形。

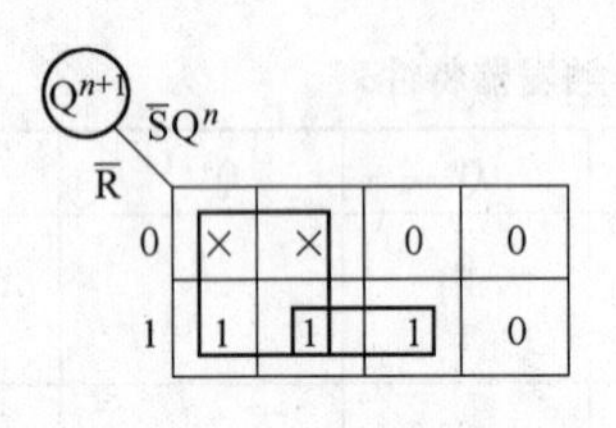

图 7-2 用与非门组成的基本 RS 触发器卡诺图

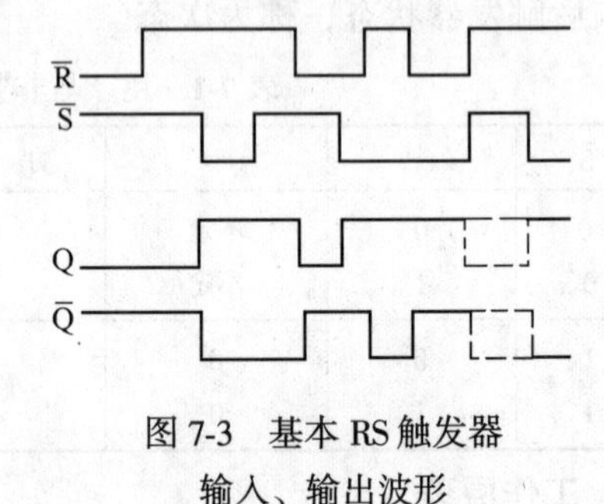

图 7-3 基本 RS 触发器输入、输出波形

这里学员可以自己分析一下用或非门组成的基本 RS 触发器的特性表。

二、时钟控制触发器

在数字系统中，往往含有多个触发器。为了保证数字电路协调工作，引入一个时钟信号，用来控制触发器状态转换时间。这类触发器称时钟控制触发器，这个时钟控制信号称时钟脉冲，用 CP（Clock Pulse）表示。

这类触发器按结构不同可分成：同步触发器、主从触发器和边沿触发器。前两种触发器在时钟脉冲持续时间里会产生多次翻转或一次翻转现象，可能影响触发正常工作，造成逻辑错误。因此，用这类触发器时要注意保持 CP 作用时间内信号不变。后一种触发器的状态变化发生在 CP 上升沿或下降沿到来时刻，其他时间触发器状态均不变。所以边沿触发器抗干扰能力强，工作可靠。作为应用，主要应了解触发器的逻辑功能。下面介绍几种不同逻辑功能的边沿触发器。

1. JK 触发器

图 7-4 是边沿 JK 触发器图形符号。"—▷"是边沿触发符号，其中"—▷"表示 CP 上升沿有效，而"—○▷"表示 CP 下降沿有效。即 CP 对下降沿前一瞬间的 JK 信号起作用，输出端相应翻转。

根据完整的 JK 触发器的特性表，就可以通过卡诺图的方法得到 JK 触发器的特征方程

$$Q^{n+1} = J\overline{Q}^n + \overline{K}Q^n$$

JK 触发器的简化特性表见表 7-3。

表 7-3　JK 触发器简化特性表

J	K	Q^{n+1}	J	K	Q^{n+1}
0	0	Q^n	1	0	1
0	1	0	1	1	$\overline{Q}^n$

JK 触发器的特性表可归纳为四句话：①00 不变、②J1 置 1、③K1 置 0、④11 翻。

例 7-2　对于图 7-4 的边沿 JK 触发器输入图 7-5 的 J、K 信号，设触发器的原始状态为 0，试画出输出端 Q、$\overline{Q}$ 的波形。

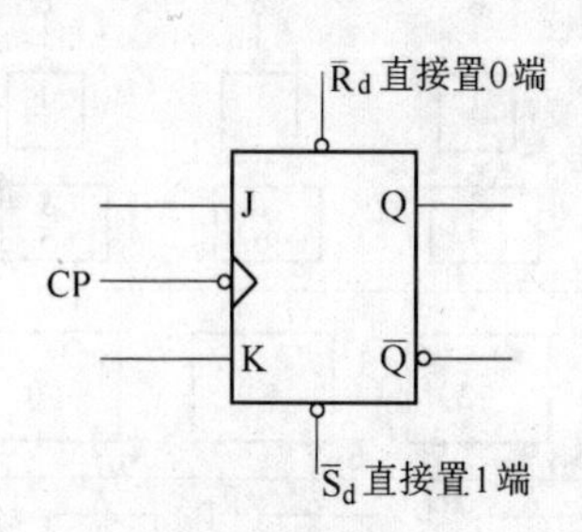

图 7-4　边沿 JK 触发器图形符号

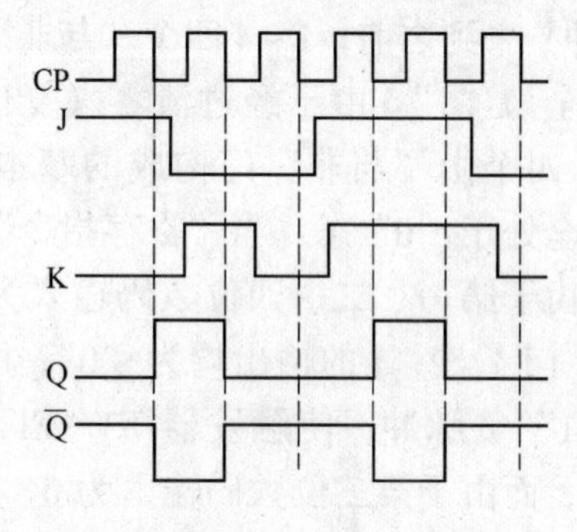

图 7-5　例 7-2 图

2. D 触发器

图 7-6a 是边沿 D 触发器图形符号。D 触发器的特征方程非常简单，即 $Q^{n+1} = D^n$。

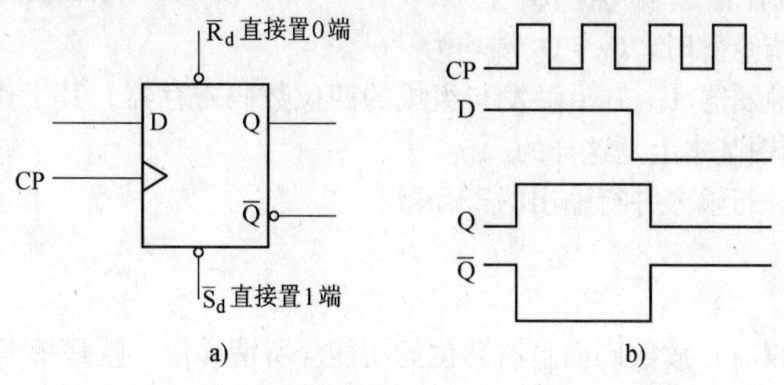

图 7-6　边沿 D 触发器图形符号及输入、输出波形

a) 图形符号　b) 波形图

D 触发器的输出总是响应时钟脉冲作用瞬间前的 D 端状态。图 7-6b 反映了 D 触发器输入、输出和时钟脉冲的关系。

第二节 寄 存 器

触发器具有时序逻辑的特征，可以由它组成各种时序逻辑电路。本节主要介绍寄存器和计数器。

寄存器用来暂时存放参与运算的数据和运算结果。一个触发器只能寄存一位二进制数，要存多位数时，就得用多个触发器。常用的有四位、八位、十六位等寄存器。

寄存器存放数码的方式有并行和串行两种。并行方式就是数码各位从各对应位输入端同时输入到寄存器中；串行方式就是数码从一个输入端逐位输入到寄存器中。

从寄存器取出数码的方式也有并行和串行两种。在并行方式中，被取出的数码各位在对应于各位的输出端上同时出现；而在串行方式中，被取出的数码在一个输出端逐位出现。

寄存器常分为数码寄存器和移位寄存器两种，其区别在于有无移位的功能。

一、数码寄存器

这种寄存器只有寄存数码和清除原有数码的功能。图 7-7 是一种四位数码寄存器。设输入的二进制数为“1011”。在“寄存指令”（正脉冲）来到之前，1~4 四个“与非”门的输出全为“1”。由于经过清零（复位），F0~F3 四个由“与非”门构成的基本 RS 触发器全处于“0”态。当“寄存指令”来到时，由于第一、二、四位数码输入为 1，“与非”门 4，2，1 的输出均为“0”，即输出置“1”负脉冲，使触发器 F3，F1，F0 置“1”，而由于第三位数码输入为 0，“与非”门 3 的输出仍为“1”，故 F2 的状态不变。这样，就把数码存放进去。若要取出时，可给“与非”门 5~8“取出指令”（正脉冲），各位数码就在输出端 Q_0~Q_3 上取出。在未给“取出指令”时，Q_0~Q_3 端均为“0”。

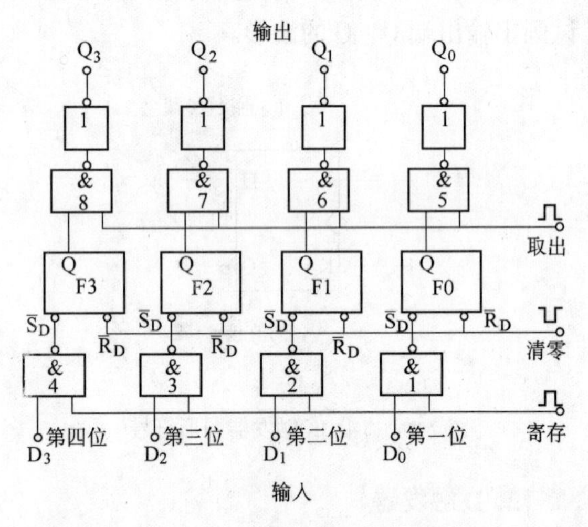

图 7-7 一种四位数码寄存器

图 7-8 是由 D 触发器（上升沿触发）组成的四位数码寄存器，其工作情况可自行分析。寄存器 T451 的逻辑图基本上是这样的。

上述两种都是并行输入并行输出的寄存器。

二、移位寄存器

移位寄存器不仅有存放数码而且有移位的功能。所谓移位，就是每当来一个移位正脉冲（时钟脉冲），触发器的状态便向右或向左移一位，也就是指寄存的数码可以在移位脉冲的控制下依次进行移位。移位寄存器在计算机中应用广泛。

图 7-9 是由 JK 触发器组成的四位移位寄存器。F0 接成 D 触发器，数码由 D 端输入。设寄 存的二进制数为“1011”，按移位脉冲（即时钟脉冲）的工作节拍从高位到低位依次串行送到 D 端。工作之初先清零。首先 D=1，第一个移位脉冲的下降沿来到时使触发器 F0 翻转，$Q_0=1$，其他仍保持“0”态。接着 D=0，第二个移位脉冲的下降沿来到时使 F0 和 F1 同时翻转，由于 F1 的 J 端为 1，F0 的 J 端为 0，所以 $Q_1=1$，$Q_0=0$，Q_2 和 Q_3 仍为“0”。以后过程如表 7-4 所示，移位一次，存入一个新数码，直到第四个脉冲的下降沿来到时，存数结束。这时，可以从四个触发器的 Q 端得到并行的数码输出。

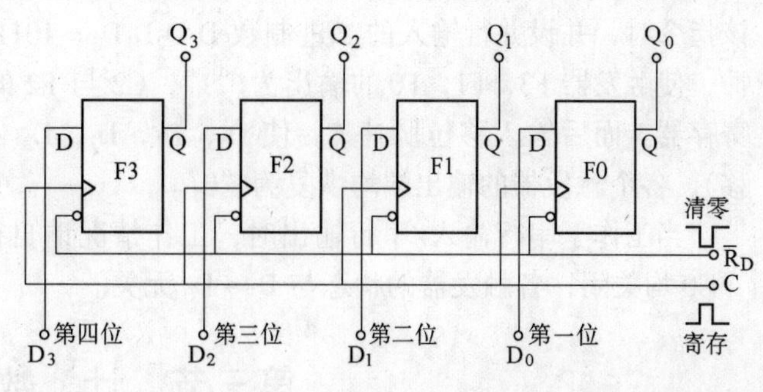

图 7-8 由 D 触发器（上升沿触发）组成的四位数码寄存器

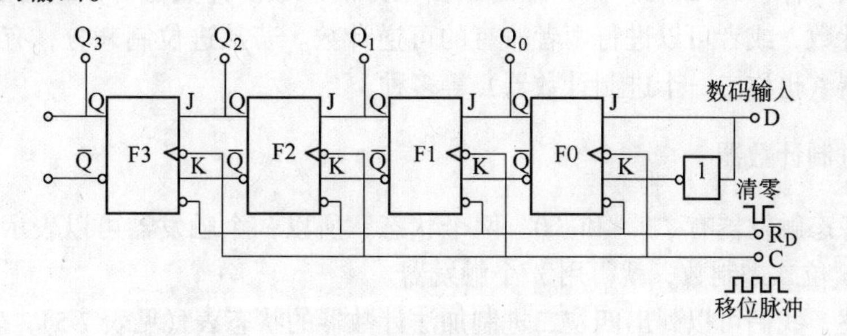

图 7-9 由 JK 触发器组成的四位移位寄存器

表 7-4 移位寄存器的状态表

移位脉冲数	寄存器中的数码				移位过程	移位脉冲数	寄存器中的数码				移位过程
	Q_3	Q_2	Q_1	Q_0			Q_3	Q_2	Q_1	Q_0	
0	0	0	0	0	清　零	3	0	1	0	1	左移三位
1	0	0	0	1	左移一位	4	1	0	1	1	左移四位
2	0	0	1	0	左移二位						

如果再经过四个移位脉冲，则所存的“1011”逐位从 Q_3 端串行输出。

图 7-10 是由 D 触发器组成的四位移位寄存器。它既可并行输入（输入端为 D_3，D_2，D_1，D_0）/串行输出（输出端为 Q_0），又可串行输入（输入端为 D）/串行输出。

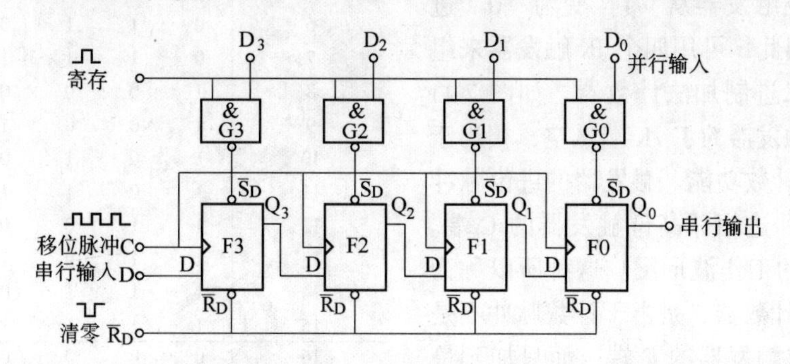

图 7-10 由 D 触发器组成的并行、串行输入/串行输出的四位移位寄存器

当工作于并行输入/串行输出时（串行输入端 D 为“0”），首先清零，使四个触发器的输出全为“0”。在给“寄存指令”之前，G3～G0 四个“与非”门的输出全力“1”。当加上该指令时，并设并行输入的二进制数 $D_3D_2D_1D_0=1011$，于是 G3，G1，G0 输出置“1”负脉冲，使触发器 F3，F1，F0 的输出为“1”，G2 与 F2 的输出未变。这样，就把“1011”输入寄存器。而后输入移位脉冲 C，使 D_0，D_1，D_2，D_3 依次（从低位到高位）从 Q_0 输出（右移），各个触发器的输出端均恢复为“0”。

当工作于串行输入/串行输出时，工作情况请自行分析。此时寄存端处于“0”态，G3～G0 均关闭，各触发器的状态与 D_3～D_0 无关。

第三节　计　数　器

在电子计算机和数字逻辑系统中，计数器是基本部件之一，它能累计输入脉冲的数目，就像我们数数一样，1，2，3，…，最后给出累计的总数。计数器可以进行加法计数，也可以进行减法计数，或者可以进行两者兼有的可逆计数。若从进位制来分，有二进制计数器、十进制计数器（也称二—十进制计数器）等多种。

一、二进制计数器

由于双稳态触发器有“1”和“0”两个状态，所以一个触发器可以表示一位二进制数。如果要表示 n 位二进制数，就得用 n 个触发器。

根据上述，我们可以列出四位二进制加法计数器的状态表（见表 7-5），表中还列出了对应的十进制数。

要实现表 7-5 所列的四位二进制加法计数，必须用四个双稳态触发器，它们具有计数功能。采用不同的触发器可有不同的逻辑电路。即使用同一种触发器也可得出不同的逻辑电路。下面介绍两种二进制加法计数器。

表 7-5　二进制加法计数器的状态表

计数脉冲数	二进制数				十进制数
	Q_3	Q_2	Q_1	Q_0	
0	0	0	0	0	0
1	0	0	0	1	1
2	0	0	1	0	2
3	0	0	1	1	3
4	0	1	0	0	4
5	0	1	0	1	5
6	0	1	1	0	6
7	0	1	1	1	7
8	1	0	0	0	8
9	1	0	0	1	9
10	1	0	1	0	10
11	1	0	1	1	11
12	1	1	0	0	12
13	1	1	0	1	13
14	1	1	1	0	14
15	1	1	1	1	15
16	0	0	0	0	0

1. 异步二进制加法计数器

由表 7-5 可见，每来一个计数脉冲，最低位触发器翻转一次；而高位触发器是在相邻的低位触发器从“1”变为“0”进位时翻转。因此，可用四个 JK 触发器来组成四位异步二进制加法计数器，如图 7-11 所示。每个触发器的 J，K 端悬空，相当于“1”，故具有计数功能。触发器的进位脉冲从 Q 端输出到达相邻高位触发器的 C 端。图 7-12 是它的工作波形图。这种所以称为“异步”加法计数器，是由于计数脉冲不是同时加到各位触发器的 C 端，而只加到最低位触发器，其他各位触发器则由相邻低位触发器输出的进位脉冲来触发，因此它们状态的变换有先有后，是异步的。

2. 同步二进制加法计数器

如果计数器还是用四个 JK 触发器组成，根据表 7-5 可得出各位触发器的 J，K 端的逻辑关系式：

(1) 第一位触发器 F0，每来一个计数脉冲就翻转一次，故 J0 = K0 = 1。

(2) 第二位触发器 F1，在 $Q_0 = 1$ 时再来一个脉冲才翻转，故 $J1 = K1 = Q_0$。

(3) 第三位触发器 F2，在 $Q_1 = Q_0 = 1$ 时再来一个脉冲才翻转，故 $J2 = K2 = Q_1Q_0$；

(4) 第四位触发器 F3，在 $Q_2 = Q_0 = Q_0 = 1$ 时再来一个脉冲才翻转，故 $J3 = K3 = Q_2Q_1Q_0$。

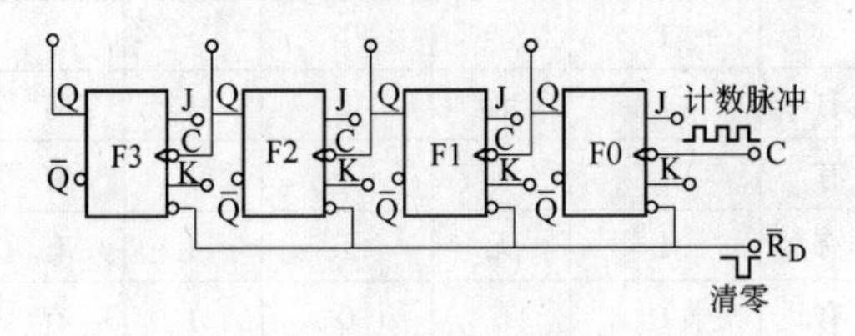

图 7-11 触发器组成的四位异步二进制加法计数器

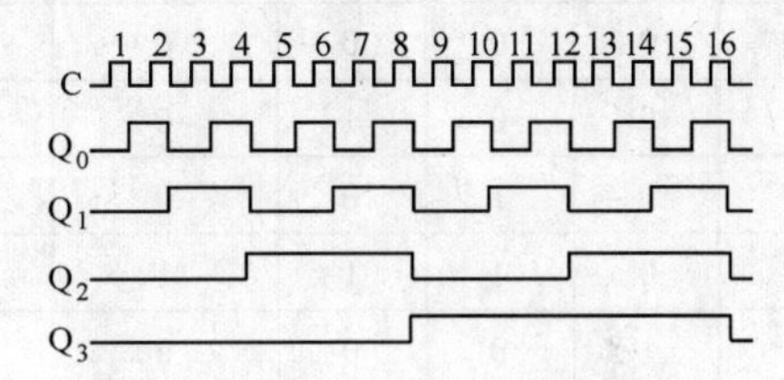

图 7-12 图 7-11 所示二进制加法计数器的工作波形图

由上述逻辑关系式可得出图 7-13 所示的四位同步二进制加法计数器的逻辑图。由于计数脉冲同时加到各位触发器的 C 端，它们的状态变换和计数脉冲同步，这是“同步”名称的由来，与“异步”相区别。同步计数器的计数速度较异步为快。

图 7-13 中，每个触发器有多个 J 端和 K 端，J 端之间和 K 端之间都是“与”的逻辑关系。

在上述的四位二进制加法计数器中，当输入第十六个计数脉冲时，又将返回起始状态“0000”。如果还有第五位触发器的话，这时应是“10000”，即十进制数 16。但是现在只有四位，这个数就记录不下来，这称为计数器的溢出。因此，四位二进制加法计数器能记的最大十进制数为 $2^4 - 1 = 15$。n 位二进制加法计数器能记的最大十进制数为 $2^n - 1$。

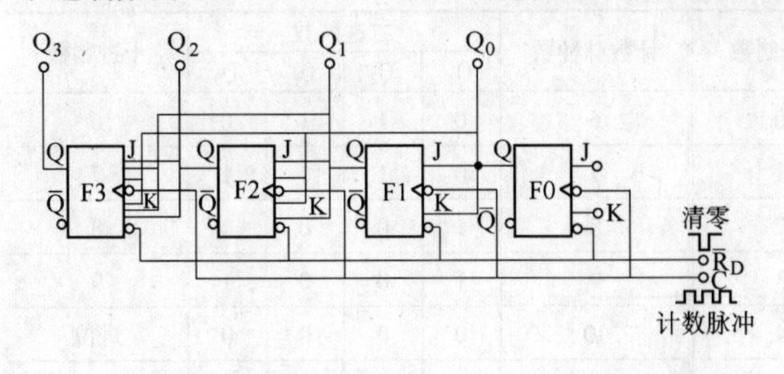

图 7-13 JK 触发器组成四位同步二进制加法计数器

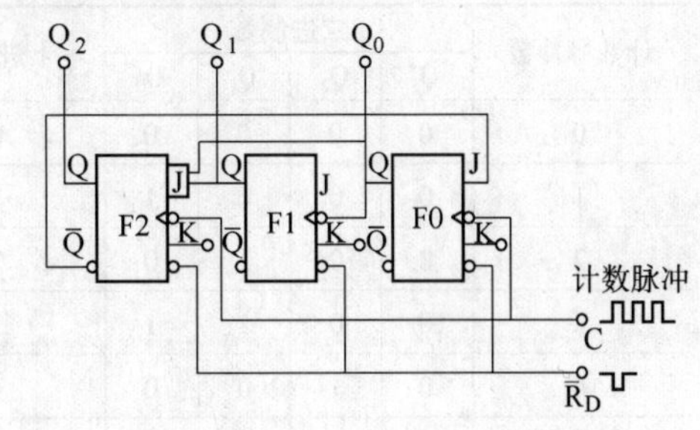

图 7-14 例 7-3 所示的逻辑电路

例 7-3 分析图 7-14 所示逻辑电路的逻辑功能，说明其用途。设初始状态为“000”。

解 ①由图 7-14 可得出各位触发器的 J，K 端的逻辑关系式，称为激励函数。

$$J2 = Q_1Q_0，K2 = 1，CP2 = CP$$

$$J1 = 1，K1 = 1，CP1 = Q_1$$

$$J0 = \overline{Q}_2，K0 = 1，CP0 = CP$$

②列出逻辑电路在计数脉冲作用下的状态转移表。首先把初始状态“000”代入各位触发器J，K端的逻辑关系式，得到各位触发器J，K端的激励函数值，然后根据CP脉冲的有无和JK触发器的特征表，得出$Q_2Q_1Q_0$的下一种状态，一直到恢复初始状态“000”。

③分析出结果。由表7-6可见，经过五个脉冲循环一次，这是五进制计数器。而且是异步五进制加法计数器。很显然如果是同步计数器，在列出逻辑电路在计数脉冲作用下的状态转移表时，不必分析CP脉冲的有无。

表7-6　图7-14所示逻辑电路的状态转移表

CP	Q_2	Q_1	Q_0	$J2=Q_1Q_0$	$K2=1$	CP2	$J1=K1=1$	CP1	$J0=\overline{Q}_2$	$K0=1$	CP0
0	0	0	0	0	1		1		1	1	
1	0	0	1	0	1	有	1	无	1	1	有
2	0	1	0	0	1	有	1	有	1	1	有
3	0	1	1	1	1	有	1	无	1	1	有
4	1	0	0	0	1	有	1	有	0	1	有
5	0	0	0			有		无			有

二、十进制计数器

二进制计数器结构简单，但是读数不习惯，所以在有些场合采用十进制计数器较为方便。十进制计数器是在二进制计数器的基础上得出的，用四位二进制数来代表十进制的每一位数，所以也称为二—十进制计数器。

前面已讲过最常用的8421编码方式，是取四位二进制数前面的“0000”~“1001”来表示十进制的0~9十个数码，而去掉后面的“1010”~“1111”六个数。也就是计数器计到第九个脉冲时再来一个脉冲，即由“1001”变为“0000”。经过十个脉冲循环一次。表7-7是8421码十进制加法计数器的状态表。

表7-7　8421码十进制加法计数器的状态表

计数脉冲数	二进制数				十进制数	计数脉冲数	二进制数				十进制数
	Q_3	Q_2	Q_1	Q_0			Q_3	Q_2	Q_1	Q_0	
0	0	0	0	0	0	6	0	1	1	0	6
1	0	0	0	1	1	7	0	1	1	1	7
2	0	0	1	0	2	8	1	0	0	0	8
3	0	0	1	1	3	9	1	0	0	1	9
4	0	1	0	0	4	10	0	0	0	0	进位
5	0	1	0	1	5						

1. 同步十进制加法计数器

与二进制加法计数器比较，来第十个脉冲不是由“1001”变为“1010”，而是恢复“0000”，即要求第二位触发器F1不得翻转，保持“0”态，第四位触发器F3应翻转为“0”。如果十进制加法计数器仍由四个JK触发器组成，JK端的逻辑关系式应为：

(1) 第一位触发器F0，每来一个计数脉冲就翻转一次，故J0=1，K0=1。

(2) 第二位触发器 F1，在 $Q_0=1$ 时，再来一个脉冲翻转，而在 $Q_3=1$ 时不得翻转，故 $J1=\overline{Q}_3Q_0$，$K1=Q_0$。

(3) 第三位触发器 F2，在 $Q_1=Q_0=1$ 时，再来一个脉冲翻转，故 $J2=Q_1Q_0$，$K2=Q_1Q_0$。

(4) 第四位触发器 F3，在 $Q_2=Q_1=Q_0=1$ 时，再来一个脉冲翻转，故 $J3=Q_2Q_1Q_0$，$K3=Q_0$。

由上述逻辑关系式可得出图 7-15 所示的同步十进制加法计数器的逻辑图。

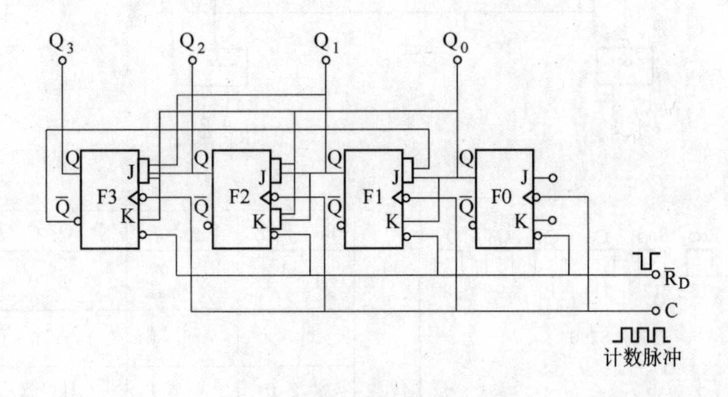

图 7-15　同步十进制加法计数器

2. 二—五—十进制计数器

图 7-16 是 CT74LS290 型二—五—十进制计数器的逻辑图、外引线排列图和功能表。$R_{0(1)}$ 和 $R_{0(2)}$ 是清零输入端，由图 7-16c 的功能表可见，当两端全为“1”时，将四个触发器清零；$S_{9(1)}$ 和 $S_{9(2)}$ 是置“9”输入端，同样，由功能表可见，当两端全为“1”时，$Q_3Q_2Q_1Q_0=1001$，即表示十进制数 9。清零时，$S_{9(1)}$ 和 $S_{9(2)}$ 中至少有一端为“0”，不使置“1”，以保证清零可靠进行。它有两个时钟脉冲输入端 C_0 和 C_1。下面按二、五、十进制三种情况来分析。

(1) 只输入计数脉冲 C_3，由 Q_0 输出，F1 ~ F3 三位触发器不用，为二进制计数器。

(2) 只输入计数脉冲 C_1，由 Q_3，Q_2，Q_1 端输出，为五进制计数器。

(3) 将 Q_0 端与 C_1 端联接，输入计数脉冲 C_0。这时，由逻辑图得出各位触发器的 J，K 端的逻辑关系式

$$J0=1,\qquad K0=1$$

$$J1=\overline{Q}_3,\qquad K1=1$$

$$J2=1,\qquad K2=1$$

$$J3=Q_2Q_1,\qquad K3=1$$

而后逐步由现状态分析下一状态（从初始状态“0000”开始），一直分析到恢复“0000”为止。读者可自行分析，列出状态表，可知为 8421 码十进制计数器。

如将计数器适当改接，利用其清零端进行反馈置“0”，可得出小于原进制的多种进制的计数器。例如接成图 7-17 所示的两个电路，就分别成为六进制和九进制计数器。

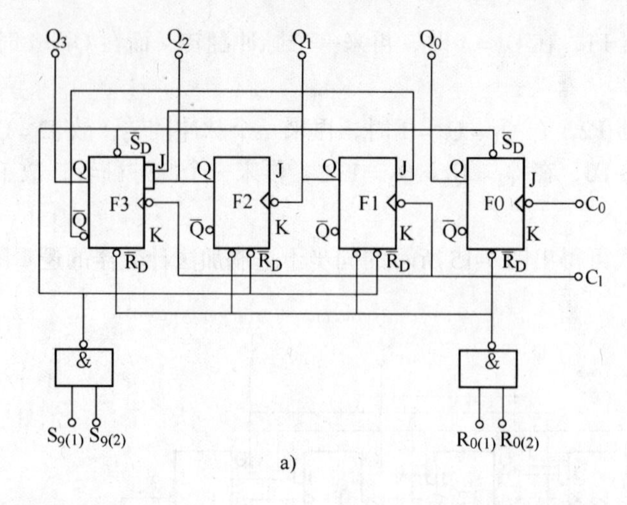

a)

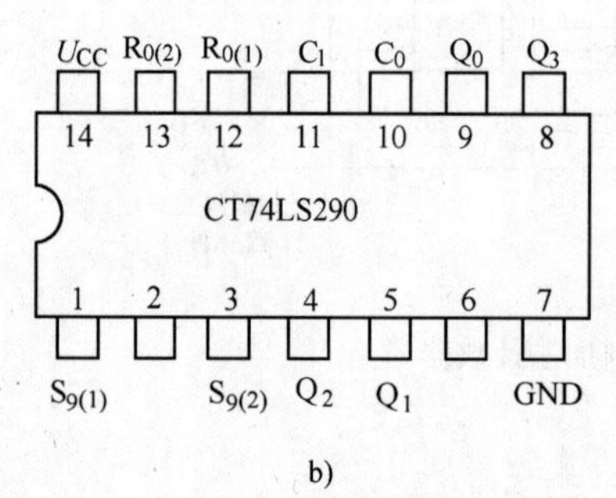

b)

$R_{0(1)}$	$R_{0(2)}$	$S_{9(1)}$	$S_{9(2)}$	Q_3 Q_2 Q_1 Q_0
1	1	0	×	0 0 0 0
		×	0	
×	×	1	1	1 0 0 1
×	0	×	0	计　数
0	×	0	×	计　数
0	×	×	0	计　数
×	0	0	×	计　数

（×表示任意态）

c)

图 7-16　CT74LS290 型计数器

a）逻辑图　b）外引线排列图　c）功能表

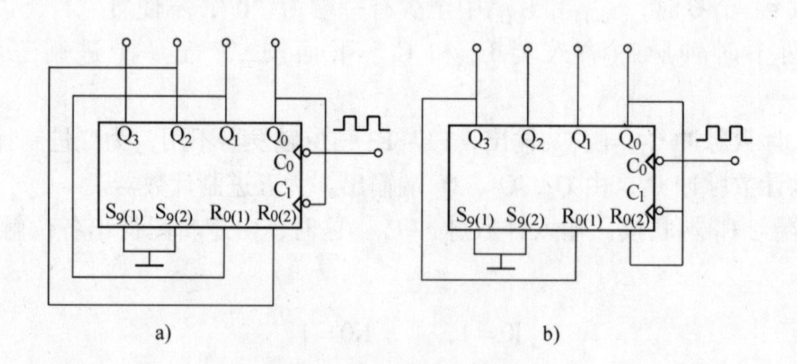

a)　　b)

图 7-17　改接计数器

a）六进制计数器　b）九进制计数器

本章小结

1. 以计数器和寄存器为代表的时序逻辑电路与组合逻辑电路（如译码器）的根本区别在于：时序逻辑电路在任一时刻输出信号的状态，不仅取决于该时刻电路的输入信号，而且还与电路原来的状态有关，同样电路中必须要有记忆功能的电路以记忆前一过程的状态。而组合逻辑电路则与此不同，它任一时刻的输出信号状态仅由该时刻的输入信号状态决定，电路无记忆功能。

由于时序逻辑电路的输出，不仅是输入信号的函数，还是电路原状态的函数，所以在分析时，一般用 Q_n 表示电路的原状态（即现态），而 Q_{n+1} 表示电路的下一个状态（即次态），并可以原状态和输入信号为依据，列出时序电路的输入—输出关系，即逻辑状态转换表（简称逻辑状态表），逻辑状态表是分析和描述时序电路最基本的方法之一。

逻辑电路图和波形图，也是描述时序电路的基本方法，波形图形象主观，有利于实验和观察。

2. 触发器是构成时序逻辑电路的主要单元，在这种单元中，当输入控制信号撤除后，触发器能保持信号作用时所具有的输出状态，这种特性称为具有保持功能或记忆功能。按逻辑功能，触发器可分为基本 RS 触发器、钟控 RS 触发器、JK 触发器、D 触发器等多种。

习 题 七

1. 某压力报警系统的逻辑电路如图 7-18 所示。已知压力传感器的输出有两种逻辑状态：压力安全时，F 端为 0 状态：反之，压力不安全时，F 端为 1 状态。按钮 SB 供维修人员使用。试通过阅读逻辑电路，回答下列问题：

(1) 设在压力安全时，F 为 0 状态：

1) RS 触发器的 Q 端是______状态；

2) 门 G1 的输出是______状态，蜂鸣器______；

3) 门 G2 的输出是______状态，______色 LED 发光。

(2) 在压力不安全时，F 为 1 状态，若 SB 处于常开：

1) RS 触发器的 Q 端输出是______状态；

2) 门 G1 的输出是______状态，蜂鸣器______；

3) 门 G2 的输出是______状态，______色 LED 发光。

(3) 压力不安全时，有维修人员在场，按下过 SB:

1) RS 触发器的 Q 端是______状态；

2) 门 G1 的输出是______状态，蜂鸣器______；

3) 门 G2 的输出是______状态，______色 LED 发光。

2. 逻辑电路如图 7-19 所示。试写出次态方程。

3. 集成电路 74LS290 构成的分频电路如图 7-20 所示。试分析它们各是几分频电路。

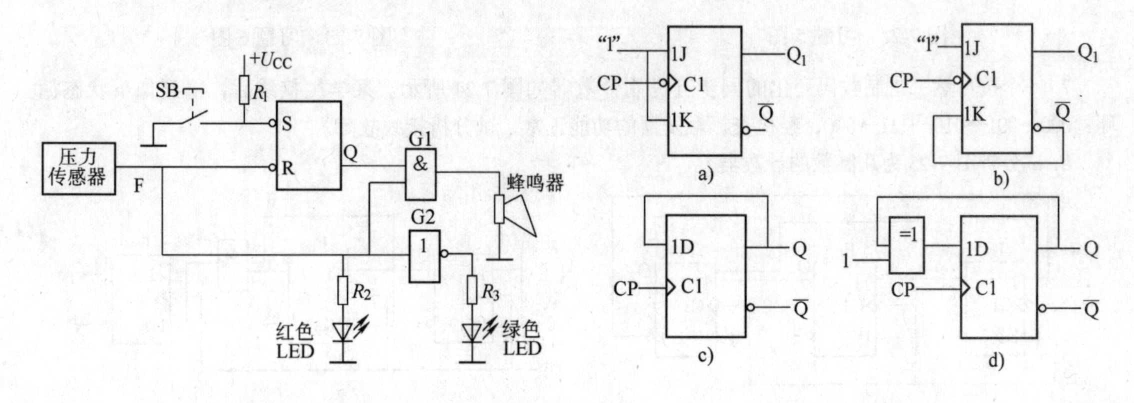

图 7-18 习题 1 图

图 7-19 习题 2 图

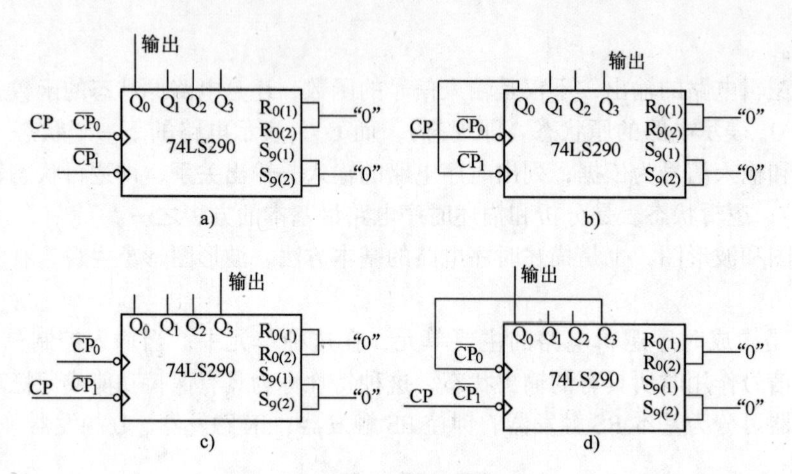

图 7-20　习题 3 图

4．JK 触发器与异或门组成的电路及输入波形如图 7-21 所示。设触发器的初态为 0，画出 Q 端的输出波形。

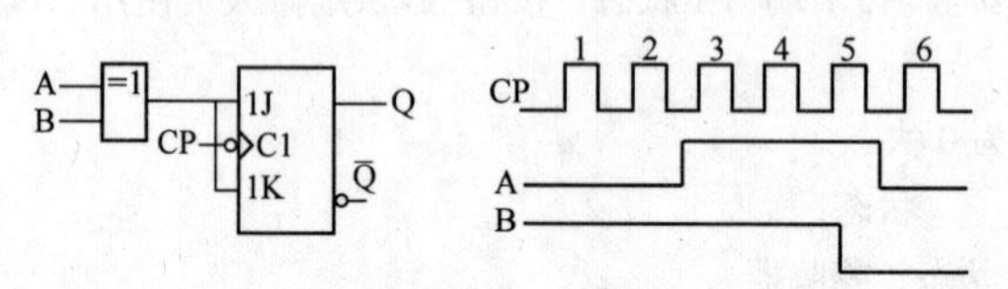

图 7-21　习题 4 图

5．集成电路 74LS194 是四位双向移位寄存器，引脚如图 7-22 所示。画出组成四位环形寄存器的电路图。

6．由 D 触发器组成的移位寄存器和输入波形如图 7-23 所示。设各触发器初态为 0，试画出 $Q_1 \sim Q_3$ 的波形。

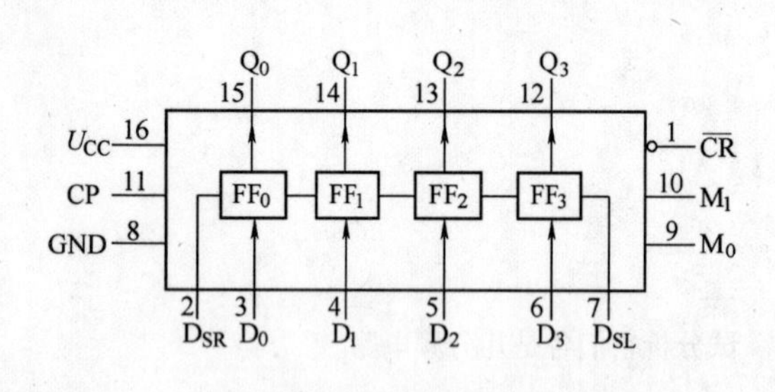

图 7-22　习题 5 图

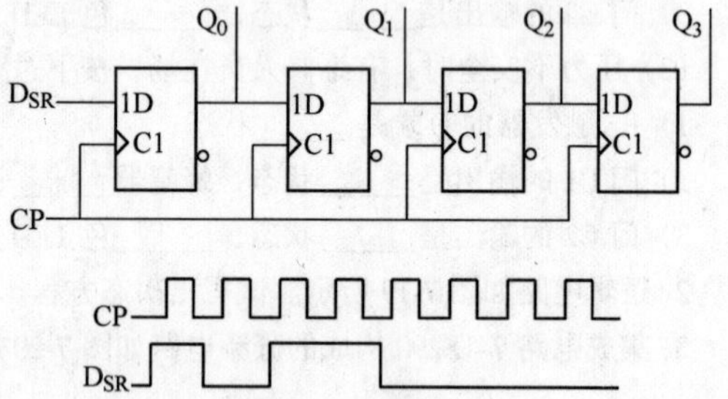

图 7-23　习题 6 图

7．一个按自然二进制数码变化的同步五进制计数器如图 7-24 所示。某学生接线后，得到如下状态循环：000→001→010→111→000，经检查，触发器的功能正常，试分析接线故障。

8．试分析图 7-25 为几制数的计数器。

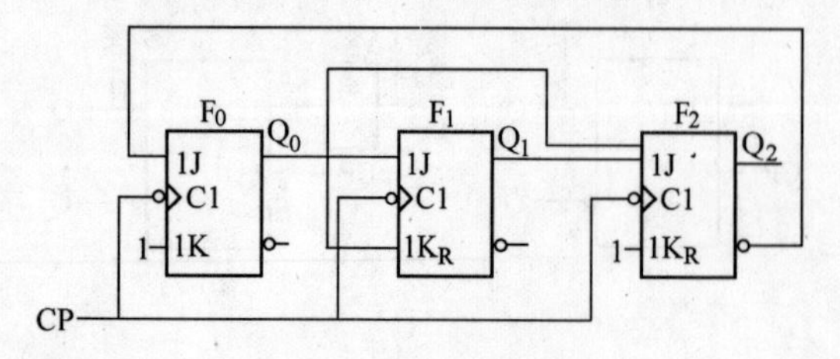

图 7-24　习题 7 图

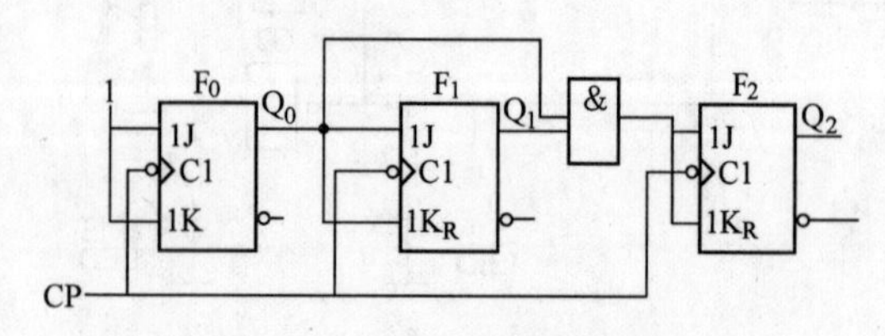

图 7-25　习题 8 图

第八章　脉冲信号的产生与整形

数字电路中传输、处理的信号为数字信号，即矩形脉冲波。产生矩形脉冲波的电路称为矩形波发生器（也称多谐振荡器）。在此介绍用集成555定时器构成的矩形波发生器。

第一节　555定时器电路结构及工作原理

集成555定时器是一种应用十分广泛的典型电路，它只要外接少量的电阻、电容，便可构成多种数字电路中的实用电路，如多谐振荡器、单稳态定时电路和整形电路等。

一、电路组成

图8-1所示为555定时器的内部结构和引脚信号分布。其内部电路由五部分组成。

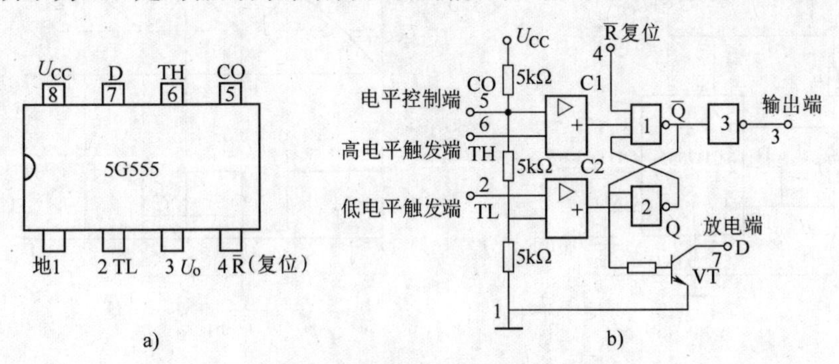

图8-1　555定时器的内部结构和引脚信号分布

a）引脚图　b）内部结构

（1）分压器　由三个5kΩ的电阻串联构成分压器，这是555定时器名称的由来。

（2）比较器　C1、C2为两个运放组成的两个开环电压比较器。

（3）基本RS触发器　与非门1和与非门2组成基本RS触发器。

（4）晶体管放电开关　由晶体管VT构成放电端D对地的可控开关。

（5）输出缓冲器　由与非门3起反相作用（即 $U_o = Q$），还兼有隔离、缓冲和提高输出带负载能力的作用。

二、各引脚的名称与作用

（1）1脚与8脚是接地端⊥与电源端 U_{CC}。作用是给555电路施加工作电压。TTL应用加5V电压；CMOS应用视具体情况加3~18V电压。

（2）3脚为输出端 U_o。

（3）6脚为高电平触发端TH。作用是当TH≥$2U_{CC}/3$时触发有效，即C1输出为低电平，而C2输出为高电平，所以输出端 U_o 为低电平。

（4）2 脚为低电平触发端 TL。作用是当 TL$\leqslant U_{CC}/3$ 时触发有效，即 C1 输出为高电平，而 C2 输出为低电平，所以输出端 U_o 为高电平。

（5）5 脚为电平控制端 CO。作用是当 CO 端加控制电压 U_{CO}时，则 $U_{TH}\geqslant U_{CO}$时触发有效；$U_{TL}\leqslant U_{CO}/2$ 时触发有效。若 5 脚不用时，常对地接电容 C。

（6）7 脚为放电端 D。作用是当输出端 U_o 为高电平时，晶体管 VT 截止，7 脚对地呈高阻状态；而当输出端 U_o 为低电平时，晶体管 VT 饱和导通，7 脚对地呈短路状态。

（7）4 脚为复位端 $\overline{\mathrm{R}}$。作用是当 $\overline{\mathrm{R}}$ 端低电平触发，输出端 U_o 为低电平。若 4 脚不用时，常接 8 脚电源端 U_{CC}。

三、用 555 定时器构成矩形波发生器

用 555 定时器构成矩形波发生器的电路如图 8-2a 所示，图中将 555 电路的高电平触发端 TH 和低电平触发端 TL 接在一起，以保证集成定时器的工作状态随电容电压 u_C 的变化而自动翻转。电路中的 R_2 是为延长电容放电时间而设。

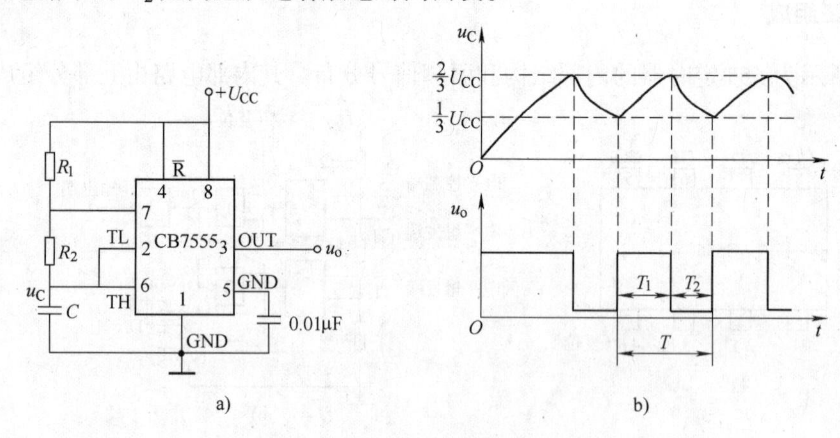

图 8-2　555 定时器构成矩形波发生器及波形

a）电路　b）波形图

电路的工作原理是：通电瞬间 U_C 电压为零，低电平触发端 TL 触发有效，输出电压 U_o 为高电平。随着电源 U_{CC}通过电阻 R_1、R_2 对电容 C 的充电，U_C 电压不断上升，当 U_C 电压上升到大于或等于 $2U_{CC}/3$ 时，高电平触发端 TH 触发有效，输出电压 U_o 为低电平。同时放电端 D 对地呈短路状态，所以 U_C 电压通过 R_2 再经 D 对地放电，u_C 电压不断下降，当 u_C 电压下降到小于或等于 $U_{CC}/3$ 时，低电平触发端 TL 又触发有效，输出电压 U_o 又为高电平。电路重复上述过程周而复始地变化，形成振荡，输出矩形脉冲波形。

电路振荡周期 T 的近似计算公式

$$T_1\approx(\ln 2)(R_1+R_2)C\approx 0.7(R_1+R_2)C$$

$$T_2\approx(\ln 2)R_2C\approx 0.7R_2C$$

所以

$$T=T_1+T_2=0.7(R_1+2R_2)C$$

四、555 定时器用于信号整形

用 555 定时器构成信号整形电路如图 8-3a 所示，图中将 555 电路的高电平触发端 TH 和低电平触发端 TL 接在一起，作为被整形的信号 u_i 的输入端。

电路的工作原理是：设被整形的信号为三角波，u_i 从最小值开始上升的过程中，当 $u_i < U_{CC}/3$ 时，低电平触发端 TL 触发有效，输出电压 U_o 为高电平；当 $U_{CC}/3 < u_i < 2U_{CC}/3$ 时，高电平触发端 TH 和低电平触发端 TL 均无有效触发信号，输出电压 U_o 保持不变，仍为高电平；当 $u_i \geqslant 2U_{CC}/3$ 时，高电平触发端 TH 触发有效，输出电压 U_o 为低电平。

在 u_i 从最大值开始下降的过程中，只要 $u_i > U_{CC}/3$，输出电压 U_o 仍为低电平；当 $u_i < U_{CC}/3$ 时，低电平触发端 TL 触发有效，输出电压 U_o 又变为高电平，其波形如图 8-3b 所示。

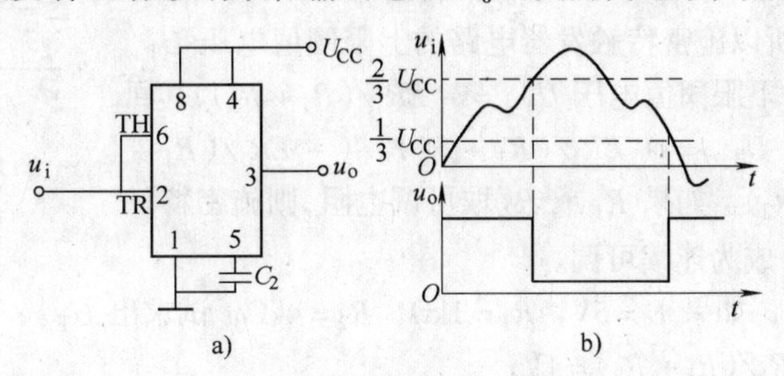

图 8-3　555 定时器构成信号整形电路

a）电路图　b）波形图

第二节　脉冲信号的变换与整形

数字电路中，十分需要一种波形变换与整形电路，它能将非矩形波变换成矩形波，而且也能把不同脉冲宽度的矩形波根据要求加以变换；同时它又能将形状较差的矩形波整形成上升沿和下降沿都十分陡峭的标准矩形波，从而有效地提高了数字电路的工作质量。这种波形变换与整形的电路，就是应用频率极高的施密特触发器。

施密特触发器是具备这样一种逻辑功能的触发器，即当输入信号大于某一数值（U_{T+}）时，电路状态翻转并保持，而当输入信号小于另一数值（U_{T-}）时，电路才翻回原来状态。

这里通常将 U_{T+} 称为上限阈值电压，U_{T-} 称为下限阈值电压，而把上限阈值电压 U_{T+} 与下限阈值电压 U_{T-} 之差称为回差电压，用 ΔU 表示，即 $\Delta U = U_{T+} - U_{T-}$。总之，施密特触发器是一种电压传输呈滞回特性的电路，其电压传输特性曲线如图 8-5 所示，该回差特性曲线的形状用作施密特触发器的电路符号标志（见图 8-4）。

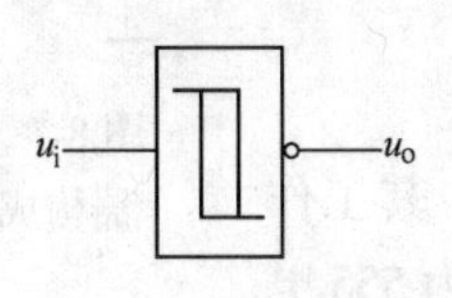

图 8-4　施密特触发器的电路符号

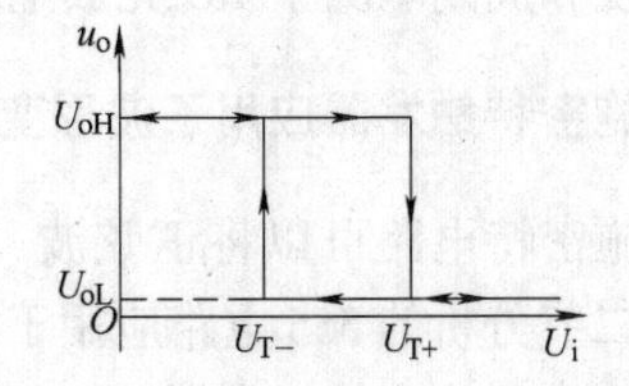

图 8-5　施密特触发器电压传输特性曲线

1. 利用 555 电路组成施密特触发器

前面已经讲述了 555 电路组成施密特触发器用于波形变换，如图 8-3a 所示。该电路因为是将555电路的高电平触发端TH和低电平触发端TL接在一起，所以作为施密特触发器的回差电压 $\Delta U = 2U_{CC}/3 - U_{CC}/3 = U_{CC}/3$，显然这个回差电压是固定不变的。

2. 利用运放电路组成施密特触发器

图8-6所示是运放电路接成的施密特触发器。其电路输出电压只有两种状态，即 $U_o = E$ 和 $U_o = -E$，这是因为电路接成正反馈。而输出电压两种状态转换的条件是

$U_{i-} \geqslant U_{i+}$（当 $U_o = -E$ 时）、$U_{i-} \leqslant U_{i+}$（当 $U_o = E$ 时）。

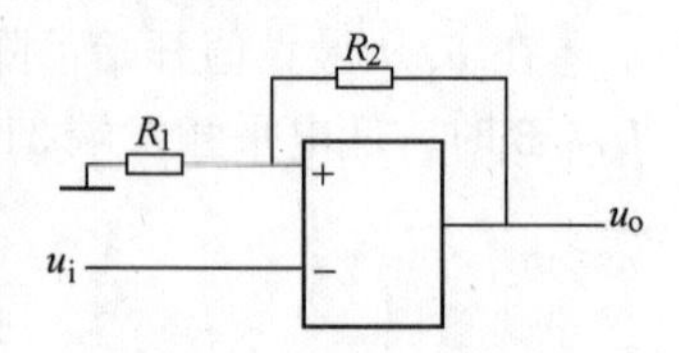

图8-6　运放电路接成的施密特触发器

当 $U_o = E$ 时，$U_{i+} = ER_1/(R_1 + R_2)$；当 $U_o = -E$ 时，$U_{i+} = -ER_1/(R_1 + R_2)$。所以施密特触发器电路的上限阈值电压 $U_{T+} = +ER_1/(R_1 + R_2)$，下限阈值电压 $U_{T-} = -ER_1/(R_1 + R_2)$，其回差电压 $\Delta U = U_{T+} - U_{T-} = +ER_1/(R_1 + R_2) - (-ER_1/(R_1 + R_2)) = 2ER_1/(R_1 + R_2)$。如果 R_1 或 R_2 取可调电阻，则施密特触发器的回差电压 ΔU 成为连续可调。

例　在图8-6中，如果 $E = 5\text{V}$，$R_1 = 1\text{k}\Omega$，$R_2 = 4\text{k}\Omega$，试求出 U_{T+}、U_{T-}、ΔU。

解　$U_{T+} = +ER_1/(R_1 + R_2) = 1\text{V}$；

$U_{T-} = -ER_1/(R_1 + R_2) = -1\text{V}$；

$\Delta U = U_{T+} - U_{T-} = 2\text{V}$

由上分析可知当输入电压 $U_{i-} \geqslant 1\text{V}$ 时，输出电压翻转 $U_o = -5\text{V}$；当输入电压 $U_{i-} \leqslant -1\text{V}$ 时，输出电压翻转 $U_o = 5\text{V}$。

第三节　施密特触发器的应用

一、施密特触发器应用于波形产生

利用施密特电路可得到方波振荡器。其原理图如图8-7所示。

图8-7所示为方波振荡器，其工作原理十分简单。当电源接通时，电容上无电压，输出为高电平，输出高电平通过电阻 R 对电容 C 充电，当电容上充到上限阈值电压 U_{T+} 时，施密特输出翻转成低电平；此时电容 C 上的电压通过电阻 R 对地放电，当电容放电到下限阈值电压 U_{T-} 时，施密特输出翻转成高电平。这样往复进行，在输出端就得到了方波信号。其波形宽度和周期取决于 RC 充放电时间常数。

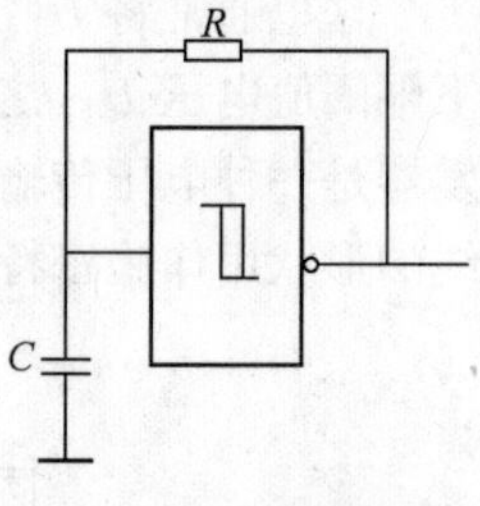

图8-7　施密特触发器构成方波振荡器

二、施密特触发器应用于波形变换

利用施密特电路可以将正弦波、三角波变换成矩形波。其工作原理如第二节分析的555电路应用于波形变换是一样的（因为555电路本身就连成了施密特触发器）。

这里介绍一种利用施密特电路将窄矩形波展宽的变换电路。其原理电路如图8-8a所示。在波形图8-8b中，当输入电压上跳为高电平时，A 点为低电平，电容上电压通过二极管对地迅速放至为零，所以输出电压为高电平；而当输入电压下跳为低电平时，A 点为高电平，

电源 U_{CC}通过电阻 R 对电容 C 充电，直至充到施密特电路的上限阈值电压 U_{T+}时，输出电压翻成低电平。输出波形被展宽的宽度由 RC 充电时间来决定。

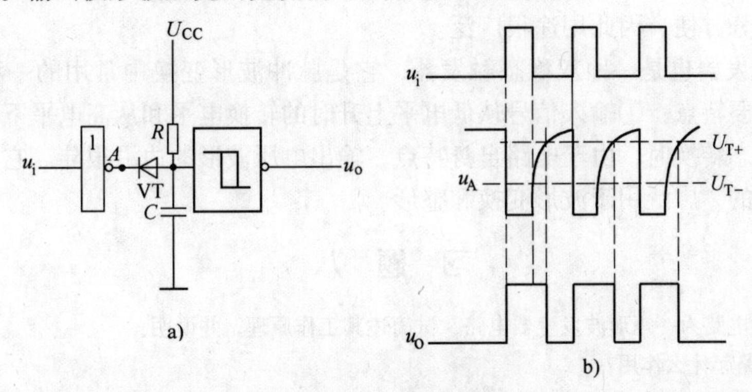

图 8-8　施密特电路的波形变换作用

a）电路图　b）波形图

三、施密特触发器应用于波形整形

有些测量装置来的信号，经放大后可能是不很规则的波形，必须经施密特触发器整形后才能输出合乎要求的脉冲波。作为整形电路时，对于施密特触发器的回差电压就有一定的要求。如果输入信号有如图 8-9a 所示的顶部干扰，而又希望整形后得到图 8-9c 所示波形，如果回差电压很小，则将出现图 8-9b 所示波形，顶部干扰造成了不良影响。反之，电路有较大的回差电压，且大于顶部干扰幅度时（上限阈值电压 U_{T+} 不可大于顶部电压值），就会得到整形后的波形。这种情况回差电压增加了电路的抗干扰能力，提高了可靠性。

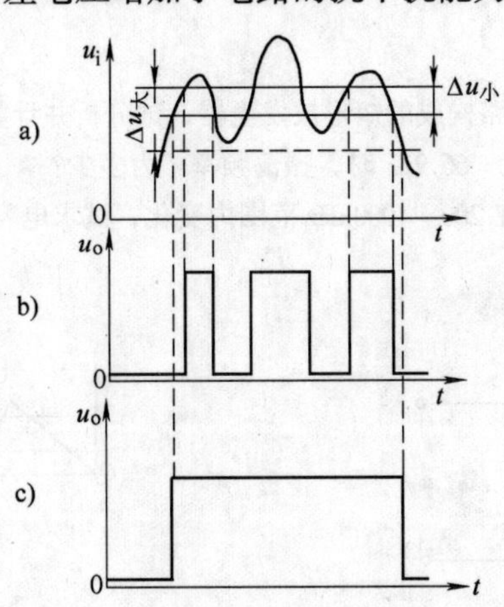

图 8-9　施密特电路的波形整形作用

本 章 小 结

1. 在数字电路中，最常见的信号是矩形脉冲波信号。获得矩形脉冲波信号的方法主要有两种，一是通过矩形波发生器产生，二是用其他信号（正弦波或三角波等）通过施密特触发器等变换而成。

2. 555 定时器是一种模拟和数字结合的中规模集成电路，它有两个触发端，引入不同的触发电平可以改变其输出状态或为高电平或为低电平。这种功能用来构成矩形波发生器和施密特触发器等十分方便，因此用途很广泛。

3. 施密特触发器也是一种双稳态触发器，它是脉冲波形变换中常用的一种电路。它在性能上有两个重要特点：①输入信号从低电平上升时的转换电平和从高电平下降时的转换电平不同；②在状态转换时，由于电路自身特点，输出电压波形的边沿很陡。它是通过信号的耦合作用来工作的，广泛用于波形变换和整形。

习 题 八

1. 图 8-10 所示电路为一矩形波发生器电路，试简述其工作原理，并说明：

(1) 比较器电路起什么作用？

(2) 背靠背的稳压管起什么作用？

(3) 电阻 R_4 和电位器 RP 起什么作用？

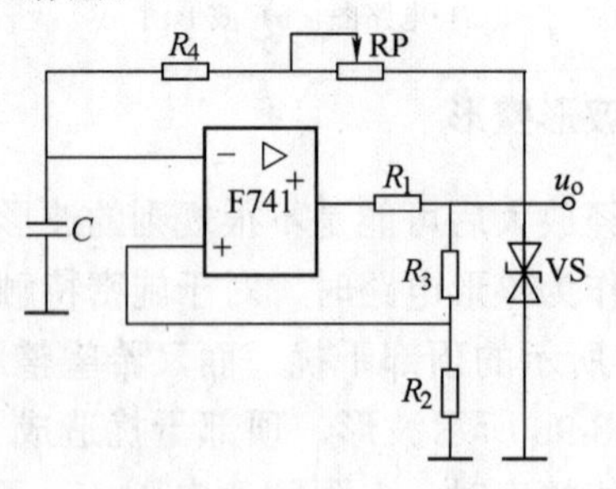

图 8-10 习题 1 图

2. 试简述 555 的主要工作原理。

3. 图 8-11 所示电路为由 555 电路构成的矩形波发生器，试分析并计算：

(1) 当 $R_A = 30\Omega$，$R_B = 20\Omega$，$C = 66.2\text{pF}$ 时，振荡频率 f 为多少？

(2) 若 R_A、R_B 不变，使频率在 200 ~ 1000kHz 范围内变化，试求电容值的调整范围。

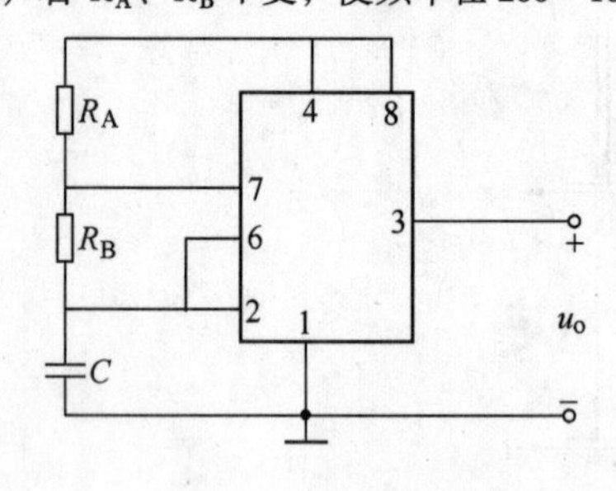

图 8-11 习题 3 图

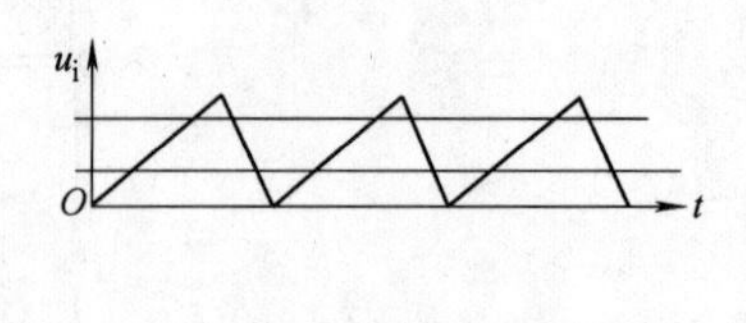

图 8-12 习题 4 图

4. 施密特触发器输入信号 u_i 波形如图 8-12 所示，试画出与此输入信号 u_i 对应的输出波形 u_o。

5. 图 8-13 是用 555 定时器构成的防火报警器电路，a、b 两端用一熔点很低的金属丝连接，金属丝置于控制火警的地方，当该处温度升高到某一特定温度时，金属丝烧断，扬声器即发出报警声，试说明报警的工作原理。

6. 图 8-14 是一简易触摸开关电路，当手摸金属片时，发光二极管亮，经过一定时间，发光二极管熄灭，试说明其工作原理，并问发光二极管能亮多长时间。

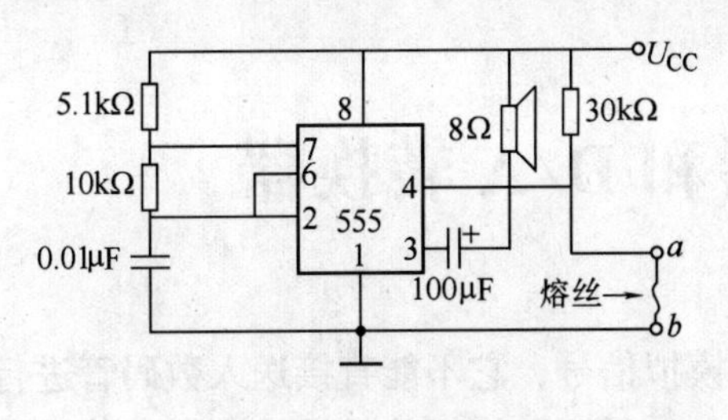

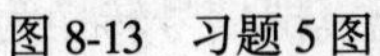
图 8-13　习题 5 图

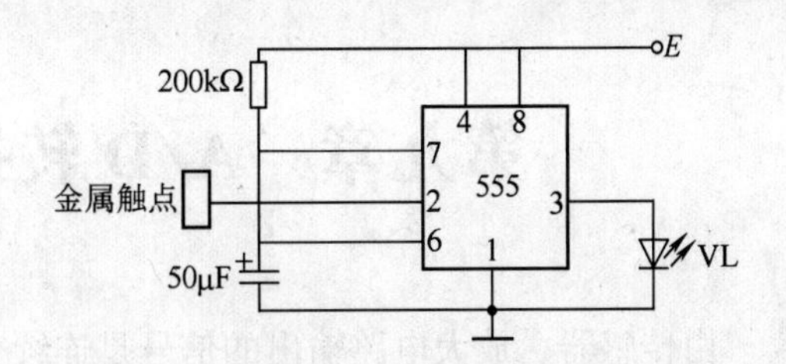

图 8-14　习题 6 图

7. 图 8-15 所示为用 555 定时器构成的温度控制电路，电路中 R_t 是热敏电阻，具有负温度特性，即温度高时，电阻值降低；温度降低时，电阻值升高。u_o 与用高低电平控制的电热器连接，试根据 555 定时器的原理，说明如何用该电路实现温度控制。

8. 图 8-16 所示电路是用 555 定时器构成的微型电动机起动、停车控制电路。按下 S1 电动机起动，松开 S1，电动机运行，按下 S2 电动机停止。根据 555 定时器的特性，试述其原理。

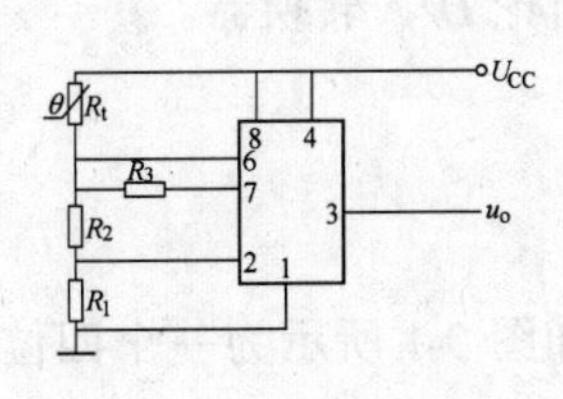

图 8-15　习题 7 图

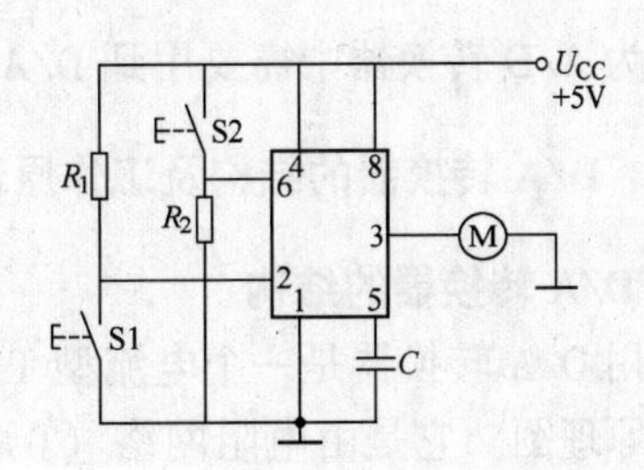

图 8-16　习题 8 图

第九章　A/D 转换器和 D/A 转换器

由传感器、放大电路输出的信号是连续变化的模拟信号，它不能直接送入数码管进行数字显示，也不能直接送入计算机进行分析处理。为此，需要把模拟信号转换为数字信号，通常称之为模-数转换。能实现模-数转换的电路称为模-数转换器，简称 A/D 转换器。反之，把数字信号转换为模拟信号称为数-模转换。能实现数-模转换的电路称为数-模转换器，简称 D/A 转换器。

第一节　D/A 转换器

因为 A/D 转换器中需要用到 D/A 转换器，所以我们先讨论 D/A 转换器。

一、D/A 转换器的结构及工作原理

1. D/A 转换器的结构

常用 D/A 转换器是一个电流型 T 形结构的电阻网络，如图 9-1 所示为一个四位 D/A 转换器的原理图。它是由电阻网络（T 形）、模拟开关（S）、电流求和放大器（A_o）和基准电源（U_{REF}）四部分组成。

2. D/A 转换器的工作原理

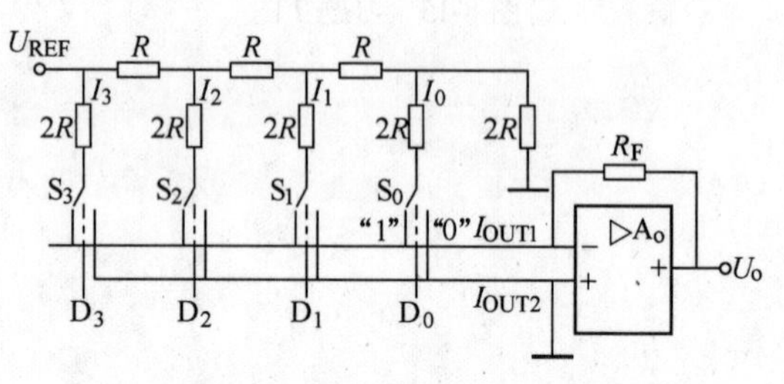

图 9-1　T 形电阻网络 D/A 转换器

(1) 电路组成分析　在图 9-1 中，模拟开关 S_3、S_2、S_1、S_0 均由输入的二进制数 $D_3D_2D_1D_0$ 控制。每一位二进制数码相应控制一个开关。以 D_3 位为例，D_3 数字量直接控制开关 S_3 的状态。当 $D_3 = 1$ 时，模拟开关 S_3 合向左边，I_3 支路电流流向 I_{OUT1}；当 $D_3 = 0$ 时，模拟开关 S_3 合向右边，I_3 支路电流流向 I_{OUT2}。在 T 形电阻网络中只有两种电阻值：R 与 $2R$，这样电阻种类少、制造方便。电流求和电路是一个反相输入的电流加法运算电路，电路输出端的电压 U_o 就是数-模转换后的模拟电压。基准电压 U_{REF} 是用作量纲基准的高精度电压，电压稳定度要求很高。整个 D/A 转换电路是由多个相同环节组成。每个环节有两个电阻和一个模拟开关，它对应一个二进制数字位。四位二进制数转换就需要四个相同环节。

(2) T 形电阻网络中电流的计算　在 T 形电阻网络中，输出总电流 I_{OUT1} 送至运放反相端。由于反相输入方式的运放，反相端为虚地。因此不论开关打向“1”还是“0”，电阻 $2R$ 接模拟开关一侧的电位总为零，其等效电路如图 9-2 所示。由图 9-2 可知，整个电阻网络的等效电阻为 R，故总电流 $I =$

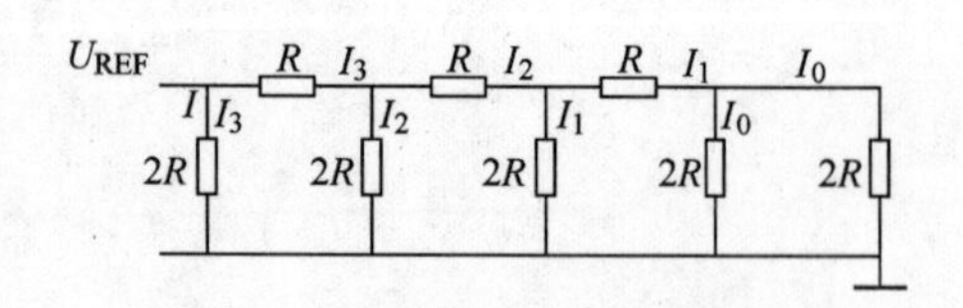

图 9-2　T 形电阻网络的等效电路

U_{REF}/R。

而且 $$I_3=2^3I/2^4,\ I_2=2^2I/2^4,\ I_1=2^1I/2^4,\ I_0=2^0I/2^4 \tag{9-1}$$

即每位支路电流与二进制权值成正比。

(3) 模拟输出量与数字输入量的关系　在图9-1中，可以看出当开关合在“1”位，则该位电流流向 I_{OUT1}，参加运算；而当开关合在“0”位，则该位电流流向地，不参加运算。于是，当不同的数字量输入时，流向 I_{OUT1} 的电流大小就不同。可用下列表达式来描述

$$I_{OUT1}=(I/2^4)(D_3\cdot 2^3+D_2\cdot 2^2+D_1\cdot 2^1+D_0\cdot 2^0) \tag{9-2}$$

由此可得运放模拟电压的表达式为

$$\begin{aligned}U_o&=-I_{OUT1}R_f=(I\cdot R_f/2^4)(D_3\cdot 2^3+D_2\cdot 2^2+D_1\cdot 2^1+D_0\cdot 2^0)\\&=(-U_{REF}R_f/2^4R)(D_3\cdot 2^3+D_2\cdot 2^2+D_1\cdot 2^1+D_0\cdot 2^0)\end{aligned} \tag{9-3}$$

例　如果基准电压 $U_{REF}=5V$，$R=2k\Omega$，$R_f=1k\Omega$。若输入4位二进制数1101，求输出模拟电压 U_o。

解　$U_o=(-U_{REF}R_f/2^4R)(D_3\cdot 2^3+D_2\cdot 2^2+D_1\cdot 2^1+D_0\cdot 2^0)=(-5\times 1/2^4\times 2)(1\times 2^3+1\times 2^2+0\times 2^1+1\times 2^0)V$

$=(-5/32)(8+4+1)V=-2\frac{1}{32}V$

二、主要技术参数

(1) 分辨率　D/A转换器的分辨率，是指输出电压最小变化值的分辨能力，用最小输出电压与最大输出电压的比值 K 表示。

最小输出电压是当输入数字量仅最低位为1时的输出电压；而最大输出电压是当输入数字量全为1时的输出电压。所以分辨率 $K=1/(2^n-1)$，式中 n 是输入数字量的位数。

(2) 转换精度　D/A转换器的转换精度，是指实际转换输出的模拟电压与理论值之间的差值。这个差值是各种因素综合影响而产生的。如元件精度、环境温度、电路受干扰等等。一般在实际应用中，要求这种差值小于或等于最小输出电压值的1/2。

(3) D/A转换器的的转换时间　从数字信号送入D/A转换器转换，到稳定的模拟电压输出之间的时间，称为D/A转换器的的转换时间。显然这个时间越短越好，但在实际应用中，还要充分考虑其性能价格比。

三、集成D/A转换器应用

5G7520是 $n=10$ 的倒T形电阻网络集成D/A转换器。倒T形电阻网络、模拟开关和求和放大器的反馈电阻被集成，求和放大器是外接的，如图9-3所示。图中的三个可调电位器是：RP_3 是调零电位器，当输入电压为0时，输出电压也应为0，这时可用 RP_3 调节；RP_1 是 R_f 上串接的外接电阻，可用来增加输出电压，方法是：将输入数字全接“1”，调 RP_1 使 U_o 达到预定满量程值；RP_2 是用来减少输出电压的，方法同上。

D/A转换器输出方式有：单极性同相输出、单极性反相输出和双极性输出。

四、阶梯波发生器

D/A转换器除了它本身定义的功能外，根据其原理还有许多用途。现介绍运用D/A转

换器加上计数器所组成的阶梯波发生器。

图 9-4 是这种阶梯波发生器的原理电路。图中 CP 脉冲的不断输入，将引起十进制计数器输出状态从 0000 到 1001 周而复始反复变化。这样只要 CP 脉冲的周期大于 D/A 转换器的转换时间，则在 D/A 转换器的输出端即可得到九个阶梯的阶梯波。

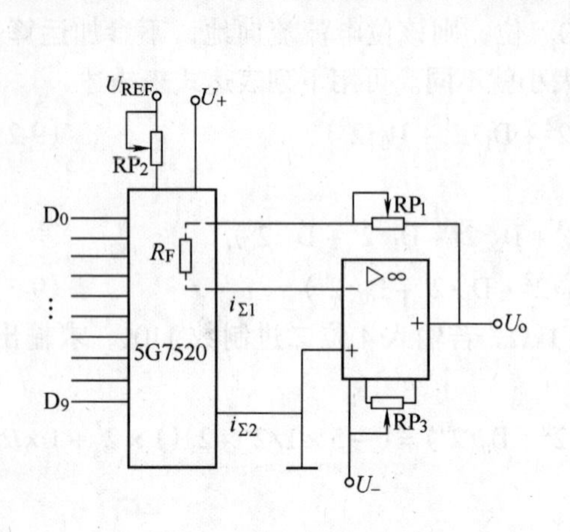

图 9-3　5G7520 单极性输出电路

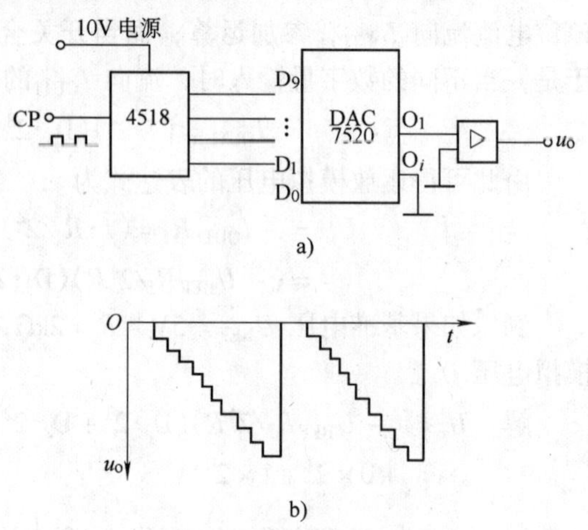

图 9-4　阶梯波发生器

a）逻辑电路　b）输出波形

第二节　A/D 转换器

A/D 转换器是将模拟信号转变为数值上等价的数字信号的装置。A/D 转换器的电路常用的有逐次逼近型 A/D 转换器和双积分 A/D 转换器。下面介绍逐次逼近型 A/D 转换器。

一、A/D 转换器结构及工作原理

1. A/D 转换器的结构

常用 A/D 转换器是由一个电压比较器、D/A 转换器、基准电压和一些控制逻辑电路所组成的逐次逼近型 A/D 转换器，如图 9-5 所示。

2. 逐次逼近型 A/D 转换器的转换原理

（1）转换的思路　被转换的模拟电压 U_X 输入到比较器的正相输入端，而 D/A 转换器的输出 U_S 连接比较器的负相输入端，不断增加 D/A 转换器的输入数字量，当 D/A 转换器的输出 $U_S \geqslant U_X$ 时，比较器输出状态翻转，一次转换完成。此时 D/A 转换器的输入数字量，就是逐次逼近型 A/D 转换器的转换结果。

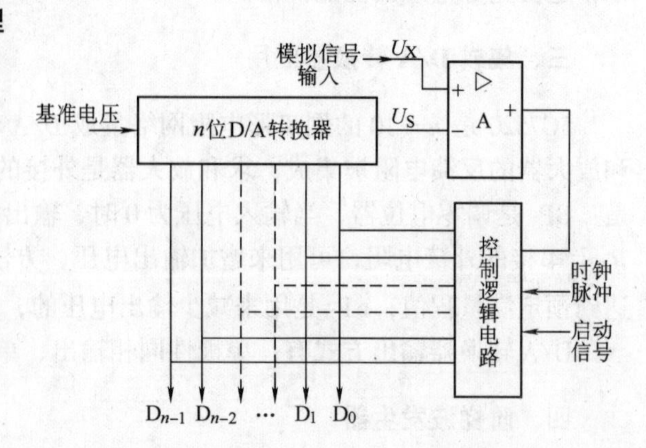

图 9-5　逐次逼近型 A/D 转换器

（2）输入数字量的变化规律　上述的转换思路显然是合乎逻辑的，但却存在一

个致命的不足，就是像天平秤物一样，不可能从最小的砝码开始，逐渐往上加，这样整个过程时间很长。而应该从最重的砝码开始依次放入，直到平衡。所以逐次逼近型 A/D 转换器，同样输入数字量是从最高位开始，如果 $U_S > U_X$，则最高位置“0”；如果 $U_S < U_X$，则最高位保留“1”。同理这样逐位比较下去，直到最低位 D_0，才算一次转换完成。最后得到的 $D_n \cdots D_0$，就是逐次逼近型 A/D 转换器对应被转换的模拟电压 U_X 的转换结果。

（3）举例说明　在图 9－4 中，设基准电压为 5V，4 位 D/A 转换器，被转换的模拟电压 U_X 为 3V，来看一看逐次逼近型 A/D 转换器的转换过程。

首先可以确定 4 位 D/A 转换器提供一套 4 位二进制基准电压是：

D_3 位对应的电压　　$U_3 = 2^3 \times 5/2^4\text{V} = 2.5\text{V}$

D_2 位对应的电压　　$U_2 = 2^2 \times 5/2^4\text{V} = 1.25\text{V}$

D_1 位对应的电压　　$U_1 = 2^1 \times 5/2^4\text{V} = 0.625\text{V}$

D_0 位对应的电压　　$U_0 = 2^0 \times 5/2^4\text{V} = 0.3125\text{V}$

转换过程如下：

1）$D_3 = 1$，$U_S = 2.5\text{V}$　　则 $U_S < U_X$，D_3 保留为 1

2）$D_2 = 1$，$U_S = 2.5\text{V} + 1.25\text{V} = 3.75\text{V}$　　则 $U_S > U_X$，D_2 置为 0

3）$D_1 = 1$，$U_S = 2.5\text{V} + 0.625\text{V} = 3.125\text{V}$　　则 $U_S > U_X$，D_1 置为 0

4）$D_0 = 1$，$U_S = 2.5\text{V} + 0.3125\text{V} = 2.8125\text{V}$　　则 $U_S < U_X$，D_0 保留为 1

至此一次转换完成，模拟信号 $U_X = 3\text{V}$ 被模-数转换为等价的数字信号“1001”。

二、主要技术参数

（1）分解度　A/D 转换器的分解度主要是指输出一个最低位的数字量所对应的模拟量。如上面的例子中，A/D 转换器的分解度为 $5\text{V}/2^4 = 0.3125\text{V}$。

A/D 转换器的输出数字量位数越多，转换精度越高，能分辨的最小模拟电压越小。

（2）转换速度　A/D 转换器的转换速度是指完成一次转换所需的时间。所谓转换时间是指从接收到转换控制信号开始，到输出端得到稳定的数字量为止这段时间。显然这个时间越短越好，但在实际应用中，还要充分考虑其性能价格比。

三、简易数字电压表

A/D 转换器的用途十分广泛。现介绍简易数字电压表的构成原理。图 9-6 是这种简易数字电压表的原理框图。

量程切换电路实质上是一个输入衰减器选择电路，作用是将输入电压 U_X 统一衰减成某一数值以下的电压（如 200mV）。如 $20\text{V} > U_X > 2\text{V}$，则衰减 100 倍，使 $U_X < 200\text{mV}$；如 $2\text{V} > U_X > 0\text{V}$，则衰减 10 倍，同样使 $U_X < 200\text{mV}$。而不同的衰减倍数要告诉逻辑控制器，使逻辑控制器控制显示电路，确定小数点的位置。

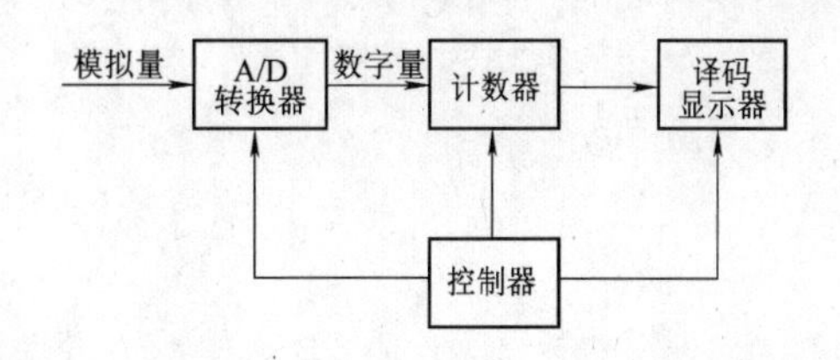

图 9-6　简易数字电压表的原理框图

统一的 $U_X < 200\text{mV}$，经 A/D 转换电路转换成数字量，再经译码器，使显示电路在数值 1999～0000 之间显示。而 A/D 转换、译码和显

示都在逻辑控制器的统一协调下工作。

本章小结

1. 把模拟量转换成相应的数字量称为模/数转换或 A/D 变换。实现这一变换的电路或集成电路器件称为模/数转换器，简称 ADC。

模/数转换器由基准电压源、比较器、编码逻辑电路三部分组成。其主要技术参数有：分解度、转换速度。

2. 把数字量向模拟量的转换称为数/模转换。实现这一转换的集成电路器件简称为 DAC。数模转换器由基准电源、电阻网络、模拟开关和电流求和放大器四部分组成，其主要技术参数有：分辨率、转换精度、转换时间。

习 题 九

1. 一个 A/D 转换器满量程输出电压为 10V，要求最小可分辨电压是 10mV，问满足此要求的转换位数至少要几位?

2. 现有十二位快速 A/D 转换器 AD574，当输入模拟电压 - 5V 时，输出数字量为 0000 0000 0000，输入电压 + 5V 时，输出为 1111 1111 1111，试问若输入 + 3V 模拟电压，经该 A/D 片转换后的二进制数应为多大?

参考文献

1 谢红主编．模拟电子技术基础．哈尔滨：哈尔滨工程大学出版社，2001
2 薛文，王丕兰编．电子技术基础（模拟部分）．北京：高等教育出版社，2001
3 张友汉主编．电子技术．北京：高等教育出版社，2001
4 卞小梅主编．电子技术基础．北京：电子工业出版社，2001
5 上海市职业技术教育课程改革与教材建设委员会组编，冯满顺主编．电子技术基础．北京：机械工业出版社，2002
6 王英主编．模拟电子技术基础．成都：西南交通大学出版社，2001
7 王瑞琴，刘素芳编．模拟电子技术．北京：中国铁道出版社，2002
8 瞿祖庚主编．模拟电子技术．北京：机械工业出版社，1991
9 陈振源主编．电子技术基础．北京：高等教育出版社，2001
10 秦曾煌主编．电工学（下册）．北京：高等教育出版社，1999
11 叶挺秀主编．应用电子学．杭州：浙江大学出版社，1994

参考文献